无人机

天空之眼的当下与未来

[美] 亚瑟·霍兰德·米歇尔◎著

白秀敏◎译

EYES
IN THE SKY

The Secret Rise of Gorgon Stare
and How It Will Watch Us All

中信出版集团 | 北京

图书在版编目（CIP）数据

无人机：天空之眼的当下与未来 /（美）亚瑟·霍
兰德·米歇尔著；白秀敏译 . -- 北京：中信出版社，
2021.8
书名原文：Eyes in the Sky: The Secret Rise of
Gorgon Stare and How It Will Watch Us All
ISBN 978-7-5217-3054-8

Ⅰ.①无… Ⅱ.①亚… ②白… Ⅲ.①无人驾驶飞机
—普及读物 Ⅳ.① V279-49

中国版本图书馆 CIP 数据核字（2021）第 064893 号

无人机：天空之眼的当下与未来

著　者：［美］亚瑟·霍兰德·米歇尔
译　者：白秀敏
出版发行：中信出版集团股份有限公司
　　　　（北京市朝阳区惠新东街甲 4 号富盛大厦 2 座　邮编．100029）
承　印　者：北京诚信伟业印刷有限公司

开　本：880mm×1230mm　1/32　　印　张：12.25　　字　数：363 千字
版　次：2021 年 8 月第 1 版　　　　印　次：2021 年 8 月第 1 次印刷
京权图字：01-2020-2874
书　号：ISBN 978-7-5217-3054-8
定　价：69.00 元

目　录

引　言 // I

引　言

　　1862 年一个天气晴好的春日，两个球状物体悄悄地在美国弗吉尼亚州东南部的战场上升起。这两个奇形怪状的东西就是美国内战中北方军队的热气球，两位侦察员站在气球篮子里，不啻天降神探。看到这一幕时，南方军队的士兵感到无比惊讶，士气遭受重创。如果侦察员持有照相机，他们就能够完美地记录下自己所看到的一切，这些南方军队的阵地地图将很快被传递到北方军队的高层指挥官手中。

　　南方军队的詹姆斯·朗斯特里特将军这样描述那次遭遇："他们从高高的天空飘浮而过，而我们只能焦虑地看着。"毫无疑问，朗斯特里特将军和他的士兵亲眼见证了人类战争史上的一个转折点，而且他们毫无应对之法。朗斯特里特将军只能哀叹："我们的枪炮打不到那两个热气球。"

　　155 年后，2017 年 6 月一个热浪灼人的下午，在美国新墨西哥州阿尔伯克基国际机场，前空军上校史蒂夫·萨达斯正通过无线电与空中交通管制中心沟通，请求放行。他向塔台报告说，本次的飞行任务是"拍摄照片"。坐在白色单螺旋桨塞斯纳飞机的副驾驶位置上，我不确定自己是否也能和萨达斯一样用这样一个温和的字眼来描述我们的飞行任务，因为这架飞机装配了军用级别的摄像机，我们计划以一种绝大多数当地居民从未想过的方式来监视这座城市的大部分地区。

空管中心允许我们在市中心上空约 3 658 米的高空自由飞行。飞机从沙漠中的机场爬升起来，地面上的景观从机翼下方一泄而过。很快，整座城市呈现在我们的脚下，在午后的阳光下闪闪发光。

飞机的风挡上装了一个显示器，上面是这座城市的卫星地图。萨达斯的座椅旁有一块无线键盘，他点了一下城市中心的一座白色大楼，屏幕上切换出一幅新的画面。它看上去像是一张卫星图片，刚好完整地覆盖了此前的画面，显示的是城市所有的建筑和道路。萨达斯放大图片，整个画面就变得像显微镜下的池塘水样本一样，充满了生命体。街道上有轿车、卡车和公交车，有的在等交通灯，有的正在路口转弯，还有的就停在路边。这就是摄像机传送来的实时视频，镜头把城市分割成了24 个板块。

萨达斯介绍说，这个摄像机是与塞斯纳飞机的自动驾驶系统连在一起的，自动驾驶系统的程序设置能使我们的目标区域永远都在摄像机的摄像范围之内。为了展示这一点，萨达斯把手从操纵杆上拿开，飞机立即自行向左进行了调整。一旦飞机找到我们设定的目标区域，就会向我们展示出来。我们的目标就位于屏幕的正中心，一动不动。萨达斯对我说这些的时候，透着一股高兴劲儿。

结束一圈扫视之后，我们把摄像机对准了新墨西哥州立大学。屏幕上飞快地涌入了很多小黑影，那是大学的体育场，学生们正在锻炼。

离开大学，我们又把镜头对准了桑迪亚高地，那是城市东北部的富人区。在显示器上，我把横穿这一区域的一条四车道的道路放大。屏幕上，一辆亮蓝色的小轿车正在转向一条树木茂盛的街道，我的视线紧跟着它。萨达斯正在介绍这套广域监视系统的技术细节，但我早已被眼前即将上演的故事深深地吸引住了。这辆车开得很慢，我想司机也许是迷路了，或者他是在兜风。再或者，他在计划搞事情！

坐在这架由机器驾驶的小飞机里，我开始感到不安。因为那辆汽车里的人不知道他们已经被监视了，即便知道他们也只能像朗斯特里特将军和他的士兵一样束手无策。更坦白地讲，我之所以感到不安，是因为无论他们在做什么都与我无关。

然而，我们是怎么走到现在这一步的，与我有关，也与他们有关。在 1862 年之前——甚至在载人飞行器出现之前——如果人们能在空中进行侦察，无疑是一个巨大的军事优势。因为，当你居高临下时，你的对手就像一本摊开的书：你可以看到他们正躲在哪里，可以追踪他们的行进路线，甚至可以预测他们的下一步行动。所以，第一次世界大战期间，几乎所有的军事强国都将视线投向了天空，这给地面部队带来了巨大的影响。空中监视甚至可以左右一次战斗的胜负。1917 年，有一位记者报道了机载摄像机，声称它"比同等重量的高能炸药致命很多倍"。自那时起，军方从未停止过对更广泛、更清晰、更精准的空中监视的追求。

我是从 2012 年开始研究飞行侦察器的，当时我还在巴德学院读大四。巴德学院是一所小型文理学院，坐落在哈德孙河畔，离纽约市区约 2 个小时车程。此前，为了在常规的学业之外再找一个新的学术领域，我和大一时的室友丹·甘廷哲一起创建了无人机研究中心，初衷是想使用在巴德学院学到的多种方法来解决无人驾驶汽车技术存在的一些棘手问题。我们最早的研究之一，就是将民间对军方无人机进行袭击的描述与古典文学作品《阿尔戈英雄纪》①中对鸟身女妖哈耳庇埃（Harpies）的描写放在一起进行比较。

事实证明，我们选择的时间真是顺应天意。我和丹毕业的时候，公众对于无人机的兴趣空前高涨。于是，我们认为我们应该在原有想法的基础上进行进一步探索。所以，在脱下学士服和学士帽的第二天，我就成了巴德学院无人机研究中心的主任。

在接下来的几年里，我研究了很多令人不安的技术，包括地狱火导弹、激光制导炸弹、亚马逊公司用来配送货物的无人

---

① 《阿尔戈英雄纪》（*Argonautika*）是 3 世纪时，罗得岛的阿波罗尼俄斯所写的史诗。

机等。但是只有一种技术时刻出没在我的梦中。

那就是 WAMI，即广域运动成像技术（wide-area motion imagery），也就是我和史蒂夫·萨达斯在监视那些毫无戒心的桑迪亚高地居民时所使用的技术。如果 1917 年就有这种监视技术的话，那么它的危险性肯定比破坏力巨大的 TNT 炸药还高。广域运动成像技术能够覆盖非常广阔的区域，甚至可以覆盖整座城市。它太强大了，如果你想近距离地看清楚一些东西，只需把图像放大即可。同时，摄像机还可以不间断地记录下其视野中的所有画面。当我追踪那辆蓝色小汽车时，摄像机也在监视着该区域内的其他事物，并记录下了人们的一举一动。

就这样，广域运动成像技术为其操控者提供了前所未有的权力，也给地面上那些被瞄准的人带来了前所未有的灾难。在形形色色的现代化监视技术中，广域运动成像技术更具穿透性和连续性，更细致，因此更让人无处遁逃。它还有一些其他的名字，如广域持续监视系统（WAPSS）[①]、广域视野（WFOV）[②]、广域空中监视（WAAS）[③]。我把这些统称为"全视之眼"。

"全视之眼"这个构想源于几位意志坚定的美国工程师，他们加班加点地工作，以解决美国军队在伊拉克战争和阿富汗战争中面临的严重危机。他们设计这种技术的基本逻辑非常简单：摄像机覆盖的地面区域越宽广，能够监视的人就越多；监

[①]　wide-area persistent surveillance system。

[②]　wide field of view。

[③]　wide-area airborne surveillance。

视的人越多，抓住"坏人"的机会就越大。这种思路与美国国家安全局的监视策略"收集一切"（collect it all）十分相似。①正是这一理念导致了2013年的斯诺登泄密事件，使美国国家安全局成为人类现代历史上最大的隐私丑闻之一的始作俑者。

广域运动成像技术在战场上拯救了成千上万个美国人的生命。因为这些功绩，这一技术不仅在美国的众多侦察技术中占据了一席之地，还鼓励了更多的人去纷纷追寻广域视野。

今天，在追求广域运动成像技术的企业中，有一些已经很接近成功了。一家监视公司的主管对我说，广域运动成像摄像机的尺寸即便只有美国空军"女妖之眼"系统摄像机的1/10大小，其效能也高过美国警方和联邦调查局飞机上最常用的摄像机几千倍。因此，众多执法机构如何能拒绝这种诱惑呢？

也正是由于这个原因，越来越多的企业把自己制造的"全视之眼"推销给美国的执法机构，导致天空中出现了各种空中监视工具。巴尔的摩市曾有过一起特别具有代表性的案例：一位坚持不懈的企业家一直在努力证明广域运动成像技术不仅能成功地破解通过其他手段无法解决的案件（尤其是枪击案和暴力袭击案），还能从一开始就打消人们实施犯罪的念头。

这类案例无不预示着：总有一天，世界上绝大多数的主要城市都将处于某种形式的广域监视之下。与其他的武器一样，广域运动成像技术最初被部署在战场上的目的是非常明确且具

---

① 国家安全局的"收集一切"理念也是在伊拉克战争和阿富汗战争中逐渐形成的。

有局限性的，但这并不是问题的关键。任何监视技术，只要足够强大，就能获得自己独有的生命力。而且一旦面世，它就像逃出笼子的猫一样，再难被关回去了。

不仅如此，广域监视技术还在不断进化。美国和国际上的实验室、情报机构以及私营公司都在努力研发下一代监视技术，都想通过尽可能高的分辨率去监视尽可能广阔的区域。其结果就是广域监视工具正变得越来越便宜、轻巧、快捷、强大。

而且，广域监视技术也变得越来越智能化。为了追求更广阔的视域，广域运动成像技术背后的工程技术人员和情报机构研制出了一种强大到超越人类的设备。在阿尔伯克基市的上空飞行时，我一次只能追踪一辆小汽车，即使摄像机拍摄了数百辆汽车和行人的图像。这样一来，如果镜头中的其他地方发生了更为有趣的事情，我就会错过它。那时，一个人的大脑，甚至一群人的大脑组合在一起，也不可能处理完"全视之眼"搜集到的所有信息。

因此，研发人工智能已成为人们迫切的需求，因为只有人工智能才能代替人们去审阅这些监视摄像机拍下的海量信息。这就有点像《间谍秘籍》①中的必杀技：如果一个可以监视整

---

① 《间谍秘籍》是一款由动视公司于1996年发行的冒险视频游戏。游戏情节是叛乱分子计划暗杀美国总统，美国中央情报局和俄罗斯对外情报局则试图拯救总统。玩家必须利用情报记录、卫星照片、多级数据分析和图像处理技术等来铲除叛乱分子。——译者注

个城市的摄像机足够智能，它就可以同时追踪并理解每一个目标，甚至还能预测将要发生的事情，这才是真正意义上的"全视之眼"。当这样的广域摄像机、它的计算机处理系统与现代生活中其他领域的监控系统进行融合时，你将无所不知。

对于那些隐于摄像机之后的操作人员来说，这种集权主义的监视方式是一种福音，而对于地面上的那些被监视的人来说，这种监视方式则让他们无处藏身。但从另一个角度来说，空中监视可以用于我们广泛认同的一些目的，如灭火和救灾。所以，人们必须划定一条底线，一旦越过这条底线，"全视之眼"就会变成一张与公民自由相违背的捕捞网，尤其是当监视者是一台电脑的时候。但问题是，面对十亿像素，我们在哪儿划定这条底线呢？

在本书中，我想给广域运动成像技术的拥护者和反对者一个隔空对话的机会，让他们阐释各自的观点，即我们为什么应该或者为什么不应该张开双臂去欢迎全景监视时代的到来。本书中也包含了研发广域运动成像技术的工程师的观点，此前他们中的绝大多数人从未在公众面前谈论过自己的工作有什么意义。其中一些人似乎对自己创造的东西充满了悔意，而另一些人则没有这种感觉。但是，即便是这项技术最忠实的拥趸也承认，它确实存在着严重的风险。

如果我们想避开这些风险、保护所剩不多的隐私，我们就需要制定一些实实在在的规则。在这本书里，我已经草拟了一些规则，这些规则不仅是为了约束广域运动成像技术，也是为了约束本书中讨论的各种各样的监视技术：地面全视摄像机、对社交媒体上的内容进行交叉检查的融合系统、能够监视个人一举一动的手机定位追踪器等。这个名单很长，而且触目惊心。

近来，越来越多的迹象表明，在任何新的监视工具控制我们之前，人类仍有机会控制住它们。但是，我们必须尽快采取行动。广域监视技术是真实存在的，从现在开始积极主动地、有针对性地定义应该怎样使用这项技术和不应该怎样使用它，还是为时不晚的。否则，如果对其放任自流，那么广域运动成像技术只会被越来越广泛地使用，直至被滥用。

现在，我们最重要的任务就是准确地理解什么是"全视之眼"。是时候望向我们头顶之上的监视工具了。那么，让我们先来看看它是如何问世的吧！这绝对是一个精彩的故事。

EYES IN THE SKY

第一部分

"全视之眼" 的起源

The
Secret Rise of
Gorgon Stare
and
How It Will Watch
Us All

第一章

新型威胁

2002年3月27日，在美军入侵阿富汗7个月后，美军海军海豹突击队队员马修·布儒瓦在阿富汗坎大哈省附近的塔纳克农场①排除爆炸武器时踩到了一枚疑似地雷的装置，被炸身亡。

马修是在这场战争中牺牲的第31位现役美国军人，也是这种新型武器的第一位牺牲者。21世纪初，美国在战争中所面临的最新挑战就是来自这种新型武器的威胁。

一年之后，2003年3月29日，在巴格达以南约160千米的纳杰夫市，一名叛乱分子在一处检查站引爆了白色出租车后备厢里重达45千克的C-4炸弹，共有4名美军士兵在那次爆炸中身亡。两个月后，陆军一等兵耶利米·D.史密斯在巴格达驾驶一辆重型装备运输车执行任务的途中，一枚炸弹在他的车

---

① 几个月前，这里还是奥萨马·本·拉登的住所。

下爆炸，史密斯当场死亡。

无法预判的袭击接二连三地发生，美国国防部甚至来不及在报告中对杀死史密斯的武器进行命名，只是称其死于"之前未爆炸的弹药"。不过很快，这种武器就有了名字——简易爆炸装置（IED）。在过去20多年的战争中，要论对美国军事战术、技术和政策的影响之大，还没有哪种武器能与简易爆炸装置相提并论。

大家很快就意识到美军的装备落伍了，已经不足以保护士兵免遭简易爆炸装置的袭击。同时，美军也无力抵抗叛乱分子精心策划的突袭。伊拉克战争进行7个月后，美国陆军中央司令部司令约翰·阿比扎伊德将军给国防部部长唐纳德·拉姆斯菲尔德和参谋长联席会议主席发送了一份机密备忘录，对广泛使用的简易爆炸装置可能给美军造成的灾难性后果提出了预警。阿比扎伊德将军警告说，如果美国及其盟友在伊拉克战争中战败，那么肯定是因为简易爆炸装置。

自第一次世界大战以来，每当面临重大威胁的时候，美军都会调整自己的应对措施。面对新型武器的威胁，为了减免伤亡，美军决定采用空中监视措施。

精准监视

在美军入侵伊拉克和阿富汗之前，美国国防部和其他情报机构从空中收集的信息大多是静态照片，1915年西线战场上的飞行员应该都见过这种照片。在20世纪80年代末到90年代初驾驶过隐形战斗机的前空军飞行员史蒂夫·埃德加说，即使是驾驶着美国最先进的 F-117"夜鹰"战斗机，飞行员还是要靠成摞的黑白卫星图像来识别他们的目标。

冷战时期，美国的侦察飞机和卫星会定期地对美国感兴趣的目标进行多角度的拍摄，并生成静态照片。当时，这些照片足以满足美国国防部的需求，因为美国最关心的军事目标往往都是无法移动的，如核潜艇基地和导弹发射井等。这就意味着人们在周二拍摄了敌方机场的照片，等周五去轰炸时，机场仍在原地。即使是那些可移动的目标，比如在高速公路上缓慢行进的坦克队列，其行进速度和路线通常也是可以预测的。

这就是在海湾战争中，"夜鹰"战斗机飞行员仅凭几个月前拍摄的黑白照片就能实现高达 75% 的命中率的原因，官方把这一壮举描述为"空战史上前所未有的辉煌战绩"。

进入 21 世纪以后，美国的主要敌人已不再是一个特定的国家，而是一群无国籍的战斗者，他们不停地变换自己的位置，行踪难以预测。例如，卫星在早上拍下了"基地组织"领导人吃早餐的照片，等到卫星在午餐时间再回到该地区时，那个领导人早已无影无踪了。利用传统的空中监视手段来对付这些人，就像是每 90 分钟拍一遍整个洛杉矶的全景图来追踪辛普森[①]那辆白色福特野马汽车一样收效甚微。在美国情报部门工作了近 30 年的空军少将詹姆斯·波斯在谈到空中监视时总喜欢说，要

[①]　辛普森（O.J.Simpson），美国橄榄球运动员，辛普森杀妻案的当事人。1994 年，辛普森开着一辆白色福特野马汽车与洛杉矶警方展开了漫长的追逐。——编者注

想从美国空军的监视下逃脱，只需要一把车钥匙就够了。

2001年4月，美国国防部部长唐纳德·拉姆斯菲尔德意识到了这一变化，他呼吁美国国防部尽快对冷战时期的空中监视方式进行转型和升级。他想让众多传感器成为美国永不休息的眼睛，随时监视着敌方的一举一动——不论是战场还是平民区，而不是让美国为数不多的几个体积庞大、经费需求高的情报系统一直盯着那些已知的敌人。

美国国防部在一份报告中指出，为了能随时监视敌方的一切，国防部需要加快研发和部署先进的无人机。于是，"捕食者"无人机（the Predator）这一远程战争的象征就这样应运而生了。

当时，"捕食者"无人机的名气不大，也不像现在这样令人生畏。那时它只是加利福尼亚州一家以制造核反应堆而闻名的公司生产出来的一个机械滑翔机，很容易损坏，大家认为它只是一个不受欢迎的实验性飞行器。

20世纪90年代中期，"捕食者"无人机诞生后不久就被美军部署到了巴尔干半岛的战场上，当时它的飞行速度只有每小时113千米，塞尔维亚的地面部队很快就证明它很容易被击落。所以，当时很少有人愿意操控无人机，因为那些无人机飞行员不得不离开真正的驾驶舱，来到无窗的无人机地面控制站。很多第一代无人机飞行员都是在错过了梦寐以求的飞行任务以后才极不情愿地来操控无人机的。更为糟糕的是，"捕食者"无人机没有装配任何武器，只配备了一个摄像机。

　　但是，只要是接触过"捕食者"无人机的人就会知道它的摄像机（严格来说，它有两台摄像机，一台在白天工作，一台在晚上工作）确实是一种武器，而且是一种致命的武器。由于它能够捕捉到移动中的目标，因此拥有一把车钥匙已经无法摆脱它的监视了。并且"捕食者"无人机不需要因替换飞行员而降落，它可以 24 小时不间断地在空中飞行。所以"捕食者"的猎物可能不得不停下来休息，但"捕食者"并不需要。①

图 1-1　在 2009 年的一次训练行动中，一架 MQ-1 "捕食者"无人机停在南加州物流机场的停机坪上。（美国国防部保罗·杜奎特提供）

　　国防部部长唐纳德·拉姆斯菲尔德在呼吁美国国防部实施后冷战时期的新监视模式的时候，并没有透露美国政府已经提前一年就开始测试用"捕食者"无人机来对付美国新一代的敌

----

① 最初"捕食者"无人机并未携带武器，直到 2001 年才装配了地狱火导弹。但直到今天，很多人仍然认为"捕食者"最具里程碑意义的特点就是它的监视能力，而不是它配备的导弹。

人——2000 年，美国中央情报局（CIA）曾在一次机密行动中派出一架"捕食者"无人机在阿富汗境内追踪本·拉登。

后来披露的消息显示，"捕食者"无人机在执行那次任务的时候差一点就改写了历史进程。当时，"捕食者"发现本·拉登正在塔纳克农场悠闲地散步。与只能拍照的监视卫星和侦察飞机不同，"捕食者"无人机能够在该区域的上空盘旋飞行，通过传送实时视频引导海军发射巡航导弹，定点清除"基地组织"的首脑及其同伙。但是因为令人困惑的原因，发射导弹的决定被搁置了下来，而那是美国在"9·11"事件发生前击毙"基地组织"头目的最后一次机会。这个机会，恰恰是由一个之前没有人愿意操控的无人机利用它唯一的摄像机捕捉到的。

"我们漏掉了什么？"

2003 年下半年，人们已经对简易爆炸装置有所了解，美国空军迫切地需要更多的"捕食者"无人机来应对这一难题。据说，天气晴朗时，"捕食者"无人机配备的大功率摄像机能够在 6 000 米的高空拍摄到地面上闪着微光的耳环。在阿富汗，"捕食者"无人机也早已证明了它能很好地帮助地面部队避开危险。

但是，即便"捕食者"无人机竭尽全力，也很难找出被埋在地下的简易爆炸装置，同样很难识别放置这些爆炸装置的人。因此，美军利用"捕食者"无人机击败简易爆炸装置的种种努力未能成功。2004 年，在一次代号为"闪电战"的行动中，美国国防部动用了几架冷战时期的侦察机、几十架无人机和众多飞艇来监视巴格达市内的一条 20 公里的公路，但还是未能有效降低简易爆炸装置的爆炸频率及其导致的伤亡人数。

当"捕食者"无人机沿着某条道路搜寻的时候，偶尔会发现一个很突兀的垃圾堆，那是简易爆炸装置的常见形式。有时它还能发现一群正在挖坑，准备放置爆炸装置的人。但这些都是靠碰运气。

然而，当炸弹在一队士兵之间或者挤满人群的道路上爆炸时，负责监视地面巡逻部队的"捕食者"无人机只能充当这些惨剧的目击者。目睹此景，无人机飞行员的本能反应是把头扭开。但是，曾是"捕食者"无人机飞行员的布拉德·沃德对我说："你的职责就是盯着画面，一直盯着画面。"

由于这种独特的观察视角，当地面人员受伤或死亡时，"捕食者"无人机的飞行员总会有一种沉重的负罪感。目睹袭击之后，无人机飞行员会仔细查看袭击发生前几分钟的视频。他们会责问自己："我们到底漏掉了什么？"他们急匆匆地找到了先前埋放简易爆炸装置的那片土地，但是为时已晚。这真是太让人难过了！

美国国防部和情报机构很快就意识到，与其想着在爆炸发生前把地下的简易爆炸装置找出来，不如找到、干掉或者抓捕那些埋放爆炸装置的人。

为了更好地监视这些新的移动目标，美国空军开发了一套轮换系统，让"捕食者"无人机可以持续几天甚至几个星期一直聚焦一个目标。如果一架无人机的燃料用尽，第二架无人机就会来替换它。地面上的无人机飞行员也会进行轮换，与需要真人驾乘的飞机不同，他们只需换一下位子就可以了，此外观看监控视频的情报分析员也采取轮换制。

由于这种监视方式的出现，空中情报领域有了一种新的理论，那就是"持续监视"。这一理论的前提是无人机和飞行员可以任意轮换，但是对目标的监视不能中断。

这样监视可以持续很长的时间，直到达到目的。美国空军曾连续 630 个小时监视"基地组织"在伊拉克的头目阿布·穆萨布·扎卡维，并最终在 2006 年的一次行动中将其击毙。

如果你一直盯着某个目标，你就会对他了如指掌：他什么时候起床、早上在哪里喝咖啡、他的警卫什么时候轮换，以及他有没有家庭。迈克尔·伍利将军在 2004 年至 2007 年间担任美国空军特种作战司令部的总指挥，在临近任期结束的时候，他罕见地接受了一次采访，说道："每次坐进白色敞篷小货车里面的是一个人还是两个人？两个人总是在一起吗？小货车的后座有没有狗？是一直都有，还是偶尔会有？两个人都抽烟吗？他们抽烟的时候是用左手还是用右手？他们是把肘部搭在车窗上，还是一直关着车窗？烟灰是弹到车窗外，还是丢在烟灰缸里？"

曾执行过一些最早期持续监视任务的无人机飞行员布拉德·沃德将空中监视称为"上帝的视角"。

沃德说，监视人员会非常了解自己的目标，因此可能会对屏幕上十字瞄准线中心的那个人产生某种特殊的感情。有些年轻的无人机飞行员会给自己的监视目标起绰号：每天抽一包烟的叫肺癌男，每30分钟就要跑去撒尿的叫小罐子，等等。沃德并不喜欢这种做法，他曾对这些人说："不要给他们起绰号，因为你可能会看着他们死去。"

"汽水吸管"问题

在战争早期，这些无人机与地面上的几十支特别行动小组联合起来，把全部的精力都放到了敌方几个高层领导人的身上。2015年，迈克尔·弗林将军[①]在一次采访中说，当时美军就像是"手持渔叉的渔民"。因为在伊拉克和阿富汗，敌方的高级领导人一旦在袭击中死亡或被捕就会被迅速替换掉，美国情报部门觉得他们像是在玩一场没有意义的打地鼠游戏。弗林将军说："我们真正需要的是手持渔网的渔民。"

但是由于一个简单的技术原因，"捕食者"无人机无法成为一个技术娴熟的用渔网打鱼的渔民。想了解其中的原因，就请你想象一下在一个巨大体育场的最后一排观看足球比赛的场景。你是"捕食者"无人机的飞行员，而这100平方米的草坪就是战场。与无人机一样，你只有一个摄像机来拍摄整个足球

---

① 10年前，迈克尔·弗林将军曾担任美国国防部特种部队的情报部门负责人。2016年，当罗伯特·穆勒被司法部任命为特别检察官，负责调查俄罗斯干预美国2016年总统大选事件时，迈克尔·弗林将军也被卷入其中。当时，他是特朗普总统的国家安全事务助理。

场。这会让你进退两难：当一个球员把球传给另一个球员时，你是应该把镜头拉近跟着球移动呢，还是应该把镜头拉远来拍摄整个球场呢？

拉近镜头，你可以捕捉到足球的所有移动轨迹，但你会漏掉球场上的其他事情。而拉远镜头，你可以看到整个球场，但是镜头中的球员都太小了，你无法区分自己支持的球员和对方的球员。

这就是所谓的"汽水吸管"问题，因为如果无人机飞行员全程拉近镜头以观察目标，那么他的视野就会变得极其狭窄，就像是在通过一根塑料汽水吸管看东西。在战争中，这是一个很严重的问题，有时甚至是致命的。2011 年，科学咨询委员会的一份研究报告指出：视野狭窄是先进无人机的主要缺点之一。

"捕食者"无人机的镜头可以拉近，也可以拉远，但是无论怎样操作都有漏掉重要信息的风险。斯科特·斯旺森曾在 2000 年美国中央情报局空中监视本·拉登的行动中担任首席飞行员，继而成为第一个在战斗中利用现代无人机发射导弹的美国飞行员。他说："何时拉近、拉远镜头，是技术也是运气。"

我听说，在情报分析人员用"捕食者"无人机追踪一个载有重要目标的车队时，每当车队在岔路口分开，向不同的方向行进，他们就很伤脑筋，因为他们不能确定重要目标在哪辆车上。"捕食者"无人机的飞行员只能凭直觉快速地选定一个方向。最后，他们的选择很有可能是错的并因此跟丢目标。这样的情况经常发生。

图 1-2 1998 年秋，摄于匈牙利图兹拉空军基地。斯科特·斯旺森正在给"捕食者"无人机安装摄像机旋转台。（斯科特·斯旺森提供）

通常，"捕食者"无人机的飞行员会通过拉近镜头来紧盯自己的目标。但是，让我们仍以足球做比喻：是整个球队，而不是球员个人赢得或输掉一场比赛。也就是说，随着镜头的拉近，飞行员就会在追踪一个目标的过程中漏掉更大的场景、忘记追踪的策略、忽略很多内容，并丧失与其他人进行合作的机会。即使飞行员全程都把镜头拉远，让"捕食者"无人机能够监视广阔的区域，飞行员最多也只能追踪一辆汽车。监视"基地组织"头目扎卡维的"捕食者"无人机飞行员发现，仅在巴格达，扎卡维就有 17 个藏身地点。弗林将军根据他的"渔网渔民"的理念，建议将所有这些藏身之地都列为监视目标。但是，如果美国国防部真的决定对这些地方都进行持续监视，那么即使这些地方相距只有几个街区的距离，也需要 17 架"捕食者"无人机进行轮流监视，而当时美国空军还没有这么多架"捕食者"无人机。

新曼哈顿计划

2004 年秋，时任空军上校的史蒂夫·萨达斯被分配到了负责美国核导弹项目的战略司令部。第一天，他就被带到了一个隐藏在五角大楼深处的小办公室里。萨达斯是一位科班出身的工程师，他身材高大、相貌温和、举止得体，这让外人很难看出他工作的重要性。

当时，萨达斯的上司是工程师赫拉尔·卡巴耶。那天，卡巴耶关上办公室的门，拿出了一份机密文件，那份文件就是我们之前提到的时任美国陆军中央司令部司令的约翰·阿比扎伊德将军在 2003 年时发送给国防部部长和参谋长联席会议主席的备忘录。这份备忘录概述了简易爆炸装置对美国及其盟友在伊拉克和阿富汗开展的联合行动造成的危害。卡巴耶解释说，阿比扎伊德将军曾呼吁实施一个"类似曼哈顿计划①的项目"来对付那些简易爆炸装置。军方在一份报告中称，根据阿比扎伊德将军的估计，简易爆炸装置的复杂性和紧急性与核威胁不相上下。美国国防部对这份备忘录做出了回应：他们成立了一个专门负责处理这一问题的秘密机构——简易爆炸装置联合特遣队。

当时，简易爆炸装置造成的伤亡人数不断增加，因此美军的高级指挥官愿意尝试任何可能拯救生命的方法。在萨达斯来到战略司令部的几个月前，阿比扎伊德将军就告诉他的下属，即便是成功率只有 51% 的技术也可以部署到战场上。在伊拉

---

① 曼哈顿计划，即美国陆军于 1942 年 6 月开始实施的利用核裂变反应来研制原子弹的计划。——编者注

克，一些美军士兵把鼓风机绑在悍马汽车的保险杠上，用来吹走路边的垃圾，因为这些垃圾通常被用于隐藏已放置的炸弹。

当时，萨达斯担任战略司令部与美国能源部国家实验室的首席联络官，国家实验室主要负责与核武器相关的综合研究。据萨达斯说，卡巴耶认为能像曼哈顿计划那样为战争做出贡献的组织，就只有曼哈顿计划所催生的国家实验室了。

萨达斯决定要为解决这一难题贡献自己的力量。他首先考查了全国范围内的国家实验室和国防公司提供的新技术。"51%"的基准吸引了一大批不知名的军火公司，他们希望利用美国国防部的热忱来测试一些未经检验的技术。在这个项目中，出现过一个臭名昭著的产品——简易爆炸装置联合抵消器，这款所谓的短脉冲激光炮被肆意炒作，宣称不用靠近爆炸装置就可消除危险。据报道，特别小组中的一些官员将其称为"胡说八道"。但是，那家来自亚利桑那州的名不见经传的 Ionatron 公司竟然获得了价值几百万美元的合同。

特别小组，也就是联合简易爆炸装置对抗组织（JIEDDO）的前身，共计花费了 750 亿美元来研究破解简易爆炸装置的技术，其中大部分技术都是异想天开且未经测试的，包括激光诱导击穿光谱系统、使用等离子体来检测爆炸物中的硝酸铵、特制的无人机、地面穿透雷达、电磁探测系统等。

史蒂夫·萨达斯沉浸在自己的工作中，他经常对一些简单的问题进行长时间的、迂回的思考。他一丝不苟地研究了 100 多种不同的技术。但是，2016 年，在我与他交谈时，他还是拒绝谈论这一项目的任何细节，只有一件事除外：当时，萨达斯听说劳伦斯·利弗莫尔国家实验室①的一组工程师正在研发一种监视系统，这些工程师声称这种系统将是摧毁叛乱分子网络的理想武器。当萨达斯亲眼看到这一监视系统时，他就知道，这正是自己一直以来苦苦寻找的东西。

---

① 劳伦斯·利弗莫尔国家实验室建立于 1952 年，是美国著名的国家实验室之一，位于旧金山湾区，隶属于美国能源部的国家核安全局。——编者注

第二章

国家公敌

1998 年冬天，一个星期五的晚上，劳伦斯·利弗莫尔国家实验室的一位研究人员与自己的妻子走进了当地的一家影院，当天播放的电影是《国家公敌》。在约会之夜选择这样一部电影难免有些奇怪，但事实证明，这是一个具有划时代意义的决定。

影片中，国家安全局一组不太守规矩的特工在追捕一位名叫罗伯特·迪恩的劳工律师时采用了非法手段。此前，政府希望获得更大的权力来监视美国公民，但一位国会议员拒绝支持这一提案，因此被谋杀。在毫不知情的情况下，罗伯特·迪恩拥有了这位议员被谋杀的证据。当迪恩在华盛顿特区四处奔波，不知道自己为什么以及被谁追捕的时候，国家安全局部署了一套令人眼花缭乱的监视手段。电影中的特工只需按一下按钮，就能窃听他的电话，他们还在迪恩的腕表上安装了追踪器，在他家客厅的烟雾探测器里安装了摄像头。

而政府的终极武器是一个巨大的监视卫星。在执行监视行动时，这个卫星会固定在美国东海岸的上空，将华盛顿特区的画面进行放大。在卫星传递出的清晰稳定的图像中，迪恩和他的同伴就像蚂蚁一样鲜活地呈现在屏幕上。卫星还拍下了迪恩家的保姆开车去学校接回他的儿子，记录下迪恩在房顶与一个神秘陌生人会面，追踪他开着一辆蓝色的埃尔·卡米诺汽车穿梭于马里兰州。根据电影的剧情设计，这个卫星能够看到所有的一切。导演托尼·斯科特在接受采访时，将这颗卫星称为国家安全局的"老大哥"。

在当时，这样的卫星在现实中并不存在，但是这部电影向人们传递了一个令人信服的信号——"这样的卫星就是我们的目标"。劳伦斯·利弗莫尔实验室的这位研究人员 ① 和妻子一起观看了这部电影后得了一些灵感。他的观影伙伴看到的是世界末日将至，而他看到的却是机遇：如果这样的设备真的被研发出来会怎么样？那不是很神奇吗？

劳伦斯·利弗莫尔国家实验室创建于 1952 年，是应核物理学家爱德华·泰勒 ② 之请而成立的。最初，这个实验室的任务是研发热核弹头，以帮助美国追上苏联快速扩张战略武器库的步伐。这个实验室还曾负责民兵洲际导弹的研发和战略防御计划的

① 出于安保的原因，他要求隐去自己的名字。
② 爱德华·泰勒（Edward Teller，1908—2003），美国著名的理论物理学家，劳伦斯·利弗莫尔国家实验室和伯克利空间科学实验室的创始人之一，被誉为"氢弹之父"。此外，泰勒是曼哈顿计划的早期成员，参与了第一颗原子弹的研制。——编者注

核心任务，这一计划有一个更响亮的名字——"星球大战"计划，旨在研发能在热核弹头进入美国的领空之前就将其击落的卫星。

到了1998年，实验室的研发任务已经不限于核武器了，但其关注的焦点仍然是最宏大也是最敏感的国家安全和情报项目。将虚拟的"老大哥"卫星变成真实世界中的（秘密）武器，就是他们的任务之一。电影结束以后，这位研究人员飞快地跑回家，给他的项目经理打了个电话。当时已经太晚了，所以他的电话被转到了留言箱。"我有了一个绝妙的主意，"他上气不接下气地说，"快回电话！"

星期一的早上，在实验室的一间办公室里，这位研究人员召集了一些同事，并向他们阐释了自己的想法。他说，设想一下，如果有了这样一个广域持续监视卫星，政府可以做多少事情？但是，办公室里的很多人都不为所动。他们说，这个想法确实很棒，前提是它是可以实现的。他们觉得这一想法纯粹是天方夜谭，因为一颗能够监视如此广阔区域的卫星本身就必须是非常庞大的，而且它会输出海量的数据，远远超出了当时的计算机的加工处理能力。

然而，有一位同事提出了不同的观点：虽然就当时的技术手段来看，这一想法确实不太现实，但考虑到数码相机和计算机加工处理能力的不断发展，或许在不久的将来，这个卫星是有可能被制造出来的。因此，这一想法值得大家更深入地研究一下。

于是，劳伦斯·利弗莫尔实验室分出一部分人组成了数字影像技术小组，开始做内部研究。他们首先从理论上研究为了制造《国家公敌》里"老大哥"卫星，新兴的数字影像技术该如何同卫星技术结合起来。

一刻不停地监视

巧合的是，在劳伦斯·利弗莫尔实验室这个大团队中，数字影像技术小组并不是唯一一个想要研发这种想象中的监视卫星的团队。2001年，约翰·马里昂找到了他们。马里昂是一位身材瘦削、说话轻声细语的工程师，他的脸圆圆的，充满了朝气。之前，他一直和劳伦斯·利弗莫尔实验室创始人之一的爱德华·泰勒一起工作，那时泰勒已经91岁了，但仍然活跃在实验室里。

10年前，泰勒曾经提出一个名为"智能眼"（Brilliant Eyes Project）的项目，并将其划入"星球大战"计划。"智能眼"项目计划发射几百颗价格不高的小型卫星，使它们在地球上空300千米的高度绕地球飞行，时时刻刻监视整个地球。在1992年的一次会议上，泰勒提出，这些卫星搜集到的信息可以被用于和平用途，例如为偏远地区提供通信覆盖、对自然灾害进行预警、管理空中交通以及预报天气情况等。

在电影《国家公敌》上映的时候，虽然美国政府在很大程度上已经放弃了"星球大战"计划以及与之相关的"智能眼"项目，但是泰勒并没有放弃。他和约翰·马里昂一起绘制了全球天气追踪系统的蓝图，计划将成千上万个小气球释放到大气层中，然后再用几十颗卫星对它们实施监视。

2001年春天，约翰·马里昂参加了数字影像技术小组主办的小型会议。在会上，小组成员展示了《国家公敌》里的一个片段。马里昂意识到，这个小组的研究项目与泰勒的项目是基于相同的原理。不久之后，他就加入了数字影像技术小组。

在冷战时期，空中摄影的逻辑是拍摄尽可能广的区域。"捕食者"无人机的任务是目不转睛地盯住有限区域内数量不多的敌人，而劳伦斯·利弗莫尔实验室数字影像技术小组的想法是：为什么不把二者结合起来呢？这样，人们研发出的产品既能像传统的静态摄影卫星一样覆盖广阔的区域，又能监视该区域内每一个移动的目标。

作为核实验室的研究人员，当团队成员思考这种技术的潜在用途时，脑子里的第一反应就是核不扩散条约。当时，核武器核查人员正在伊拉克境内的几处设施中寻找伊拉克拥有大规模杀伤性武器的证据，时任伊拉克共和国总统的萨达姆·侯赛因拒绝合作。与此同时，劳伦斯·利弗莫尔实验室另一个部门的工作人员正在起草一份机密报告，内容是在巴基斯坦工程师的帮助下，朝鲜正在推行的一项新的铀浓缩计划。但美国中央情报局之前收集到的情报表明，与朝鲜合作的是叙利亚的工程师和官员，这些人后来在叙利亚代尔祖尔地区建设了一座核反应堆。

上述的这些行动将要在哪些设施中展开，其实都是已知的，但是这些行动本身很难界定。约翰·马里昂和他的同事们想知道：如果把他们设想中的监视卫星放置到其中一个"神秘"设施的正上方并实施精准监视，会有什么收获？马里昂向我描述了他们团队的想法："如果你知道在某个地方会有糟糕的事情发生，但是你不知道到底会发生什么事，或者什么时候由谁具体做什么，那么，唯一的解决方案就是一刻不停地监视这个地区。"

你可以追踪从这处"神秘"设施离开的工作人员，查到他们的家庭住址，揭开他们的身份，甚至弄清他们的教育背景。如果他们有核物理学领域的学位，那么他们自称受雇于一家灯泡厂就非常值得怀疑。因为监视卫星可以持续不断地拍摄该地区，因此你可以回看视频。如果进入这处设施的卡车之前去过铀矿，那么你就可以合理地推测出，这处设施并不是对外宣传的那种肥料厂。

约翰·马里昂把这个想法推销给了一位他在美国国家侦察局工作的前同事，这家机构负责管理美国的间谍卫星体系。但是，落实这一想法的预算十分高昂：5 000 万美元只够制造出一个卫星样机。马里昂说，国家侦察局的这位官员担心，如果支持劳伦斯·利弗莫尔实验室的这一计划，自己会丢掉工作。

但研究小组并未气馁，他们又向美国能源部阐述了这一设想，但对方愿意提供的研究预算更少，那笔资金甚至不足以制造一颗完整的卫星，只够造一个摄像机。

研究小组从一开始就非常明确的是：这种摄像机必须要比现有的都要大，必须能覆盖一座城市大小的区域，它的分辨率要能够识别从目标地点进进出出的汽车。此前，研究人员曾将一个专业的测绘摄像机安装到一架警用直升机上，在圣罗莎地区上空进行拍摄。虽然这样做能够覆盖更为宽广的地区，但是这个相机每 10 秒钟才能拍摄一帧，实在太慢了，无法让人们追踪移动的目标。

在美国能源部的资助下，实验室的研究人员进行了第二次尝试，他们将两个 1 100 万像素的摄像机连接在了一起。它虽不是个精雕细琢的产品，但能在一秒钟之内连拍多帧照片，比"捕食者"无人机上的摄像机高效了 10 倍，价格也相对便宜。后来，一家名为 Vexcel 的德国公司制造出了一款与这个产品功能相当的单个摄像机，售价 80 万美元。相比之下，劳伦斯·利弗莫尔实验室研发的这个摄影机，成本仅为 8 万美元。

图 2-1 劳伦斯·利弗莫尔国家实验室研发的最早期的广域摄像机样机之一，这款摄像机通过螺栓固定在 AS350 民用直升机的机头上。这架直升机曾在加利福尼亚州的多个地区进行过秘密监视飞行测试，其中包括圣迭戈市城区。（洛戈斯技术公司约翰·马里昂提供）

为了制造出像《国家公敌》里能够拍摄稳定清晰的影像的监视卫星，劳伦斯·利弗莫尔实验室的研究人员决定到灵感的源头一探究竟：他们联系了负责拍摄那部电影空中部分的Wescam公司。事实证明，电影中的"卫星图像"是该公司的工作人员在直升机上用摄像机拍摄的。

担任Wescam公司总经理的内森·克劳福德邀请劳伦斯·利弗莫尔实验室的工程师到洛杉矶面谈，当时，他正在电影《终结者3》的片场工作。工程师看到克劳福德的拍摄团队通过一个安装在高高的起重机上的摄像机来拍摄复杂的特技场景，这给他们留下了非常深刻的印象。克劳福德之前就参与过一些保密性技术项目，其中就包括给"捕食者"无人机研发稳定的摄像机支架。得益于在摄像领域的长期积淀，克劳福德还练就了一个非常罕见的技能——全程追踪拍摄在空中高速飞行的高尔夫球。如果你想操控卫星从距离地面几千米的高空对一群核科学家的日常生活进行追踪的话，这绝对是一个非常有用的技能。

2002年秋天，最新改进的摄像机在圣费尔南多谷上空进行了一系列测试。在一次模拟监视卫星在轨道上飞行时的弧度时，克劳福德坐在直升机上爬升到了约450米的高空，并在这一过程中将摄像机的镜头始终对准一家壳牌加油站。这次试验任务很像在拍摄高尔夫开球的长球，只是克劳福德本人变成了在空中尖啸而过的"球"，而他的监视目标却在地面上一动不动。

攻击关系网

每当美国面临曼哈顿计划之类的挑战时，总有一个名不见经传的群体在影响和塑造该挑战的应对方案，它的名字是杰森国防咨询小组[1]。而此时，普通民众还没有理解该挑战的本质，甚至没有意识到问题的存在。杰森国防咨询小组创建于1960年，由一批杰出的平民物理学家、化学家、生物化学家、数学家和经济学家组成，其成员中至少有11位历届诺贝尔奖获得者。小组成员会定期碰面，对关乎国家安全的重大问题进行评估，并为国防和情报部门提供建议和应对方法。

虽然杰森国防咨询小组很少登上新闻头条，但是这个团队对很多引人注目的事件产生过举足轻重的影响。例如，杰森国防咨询小组早期的一项研究认为，使用小型核武器去摧毁越南北部的基础设施"肯定是一个糟糕之举，将会造成灾难性的后果"。他们支持的另一项耗资巨大却基本上以失败而告终的计划是"白色圆顶屋"（Igloo White）行动，该计划旨在利用先进的远程遥控技术追踪进入胡志明小道的越南军队。最近，该小组又开始探讨等离子枪械技术，他们模拟了高强度太阳风暴对美国国家电网造成的影响，还向人类基因组计划提供了指导性建议。1991年时，该小组评估了远程驾驶飞机和小型卫星技术，而这两种技术在接下来的20年里都没有成为主流话题。

2003年秋天，美国中央情报局和国防部的研发指导委员会

---

[1] 杰森国防咨询小组（Jason Defense Advisory Panel），是以希腊神话阿尔戈英雄中的伊阿宋命名的，其名字的英译为Jason。

向杰森国防咨询小组求助，想要解决简易爆炸装置的问题。杰森国防咨询小组同意主导关于这一主题的联合研究，但实际上他们另有目的——杰森国防咨询小组计划利用这次合作为该组织认定的具有特殊前景的技术和战略提供相应支持。中央情报局的首席科学家约翰·菲利普斯安排丹·克雷斯与杰森国防咨询小组开展合作。克雷斯是地震学、声学和电磁监视领域的专家，当时他正在参与一项关于叙利亚大规模杀伤性武器的项目。

2004 年 1 月，杰森国防咨询小组在加利福尼亚州的拉荷亚举办了第一次简易爆炸装置专题会议，一组情报官员在会上阐释了简易爆炸装置的工作原理，指出当地有一群人专门负责制作这些装置，并解释了为什么这种装置会对美国在伊拉克和阿富汗的战略部署产生巨大的威胁。

会上，大家还一起观看了目前各种用于检测和销毁简易爆炸装置的工具。对此，丹·克雷斯不为所动。作为一名情报官员，他认为美国中央情报局的目标不应该是给悍马汽车寻找最好的镀钢底盘，而是应该找出隐藏在这些简易爆炸装置背后的叛乱分子。他要求在三个月以后召开第二次会议，那次的议题必须集中于如何找出那些制作和放置爆炸装置的人，而不是只盯着简易爆炸装置本身。这个策略被称为"攻击关系网"（attack the network）。

就在丹·克雷斯和中央情报局的首席科学家约翰·菲利普斯讨论该邀请谁来参加第二次会议的时候，后者谈起了自己最近在访问劳伦斯·利弗莫尔实验室时了解到的一个广域监视项目。菲利普斯说，他旁听了工程师约翰·马里昂的介绍，马里昂对监视卫星的描述吸引了他。

当时，马里昂需要一大笔钱才能建造出可以在实际操作中使用的监视卫星，虽然他没少尝试，但一直都没找到愿意出资赞助这个项目的机构。在一年的时间里，通常住在加利福尼亚州的马里昂有 100 多个夜晚都是在基桥万豪酒店里度过的，这里距离美国国防部只有 10 分钟的车程。此外，马里昂所在的团队正在想方设法地发掘监视卫星的应用前景，以引起更多赞助者的兴趣。他们认为，广域摄像机既然可以追踪外国的核科学家，那么它也可以用于追踪并破坏叛乱分子的关系网。

约翰·马里昂所做的简短汇报是劳伦斯·利弗莫尔实验室的一个常规流程，主要是为了向来自其他机构的参观者介绍实验室最前沿的研究工作。2003 年下半年，就在菲利普斯来实验室参观前不久，马里昂刚刚在自己的幻灯片里增加了几页新内容，介绍的恰好就是自己团队研究的广域摄像机可以用于对付叛乱分子的关系网。

2004 年 3 月，丹·克雷斯到劳伦斯·利弗莫尔实验室参观，他亲自观看了约翰·马里昂的展示，并当场邀请马里昂参加杰森国防咨询小组针对简易爆炸装置举办的第二次会议。

在 2004 年 4 月举行的会议上，马里昂安安静静地听着杰森国防咨询小组的成员研究如何攻击叛乱分子的关系网。对于呈现在自己面前的解决方案，很多小组成员都不甚满意。因为在

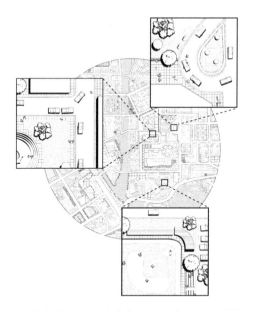

图 2-2　广域运动成像技术能以非常高的分辨率记录一片广阔的区域。在操作人员放大感兴趣的区域的同时，摄像机能继续拍摄整个区域。（艾米丽·维塞曼提供）

每个伊拉克的主要城市里都有多个不同的简易爆炸装置组装小组，想要找到他们并实施追踪，真的是难于登天。

在会议中，一位小组成员怒气冲冲地说，如果能同时对敌人所在的全部区域实施全面监视就好了，那样就能很容易地把实施袭击的人找出来。而在他后面被邀请发言的，正是约翰·马里昂。

约翰·马里昂说，在巴格达，几乎每天都有简易爆炸装置爆炸，如果人们能够利用广域摄像机对这个城市的绝大部分区域进行监视，那么肯定能捕捉到爆炸场景。然后，人们可以下载这个视频录像，仔细观察爆炸实况，找出是谁放置了这个简易爆炸装置，通过回看录像，人们就可以追踪到这些人是从哪里来的。

此前，"捕食者"无人机的飞行员已经采用过这种方法，但他们只有在运气极好的时候才有机会碰上正在放置简易爆炸装置的团队。无人机飞行员不会用无人机配备的地狱火导弹将他们当场消灭，而是使用无人机的另一个武器——摄像机来追踪这些人，以观察他们将会回到哪里，那样就有希望找到级别更高的叛乱分子。以后，在广域摄像机的帮助下，人们想要找到制作和放置简易爆炸装置的团队并对他们进行调查，就不用全凭运气了。

人们可以一直监视被追踪车辆最终到达的那座房子。人们可以把它假设为一处可疑的核设施，监视从那里进进出出的车辆和人员。简易爆炸装置组装小组一般隐匿在普通人中间，平均由 8 个人组成，有人负责引爆，有人负责组装，有人负责筹钱，有人负责放置，还有人负责拍摄。监控视频中的每辆车（在侦察术语中被称为"代理"）都可以被追踪它的出发地和下一站，从而查出关系网上的新的地址（也被称为"节点"①）。如果摄像机的视域足够广，就不会出现"汽水吸管"问题。这样一来，如果两辆汽车在十字路口分开，人们也可以同时对它们进行追踪，即便是几百辆也一样，而且只要一架无人机就够了。

为了证明这种方法真的可以追踪车辆，劳伦斯·利弗莫尔实验室的研究人员曾在莫哈韦沙漠南部一个小镇的油库上空用

---

① "节点"，有时也用来代指关系网中的个体成员。

直升机吊起了一架摄像机进行试验。两辆车的驾驶员在油库里
的不同区域恣意奔驰。在测试过程中，约翰·马里昂对油库的
安保人员说他是在拍电影，从技术上来说，这没什么不对的。
当一位保安问摄像机在哪里时，马里昂指着天空中的一个小灰
点说："就在那里。"

访问"节点"的每一辆车都会变成一个新的"代理"，这
些新的"代理"所到的每一个地方就会变成一个新的"节点"，
以此类推。美国前高级情报官员基思·马斯巴克对我说，如果
你想对付现实中的关系网，就要先建立一个虚拟的模型。涉及
不同事件的"代理"可能会到访同一个地方，而一个"代理"
也可能会在两个已知的重要"节点"之间移动，将当地的叛乱
组织跟范围更广的区域性的叛乱组织联系起来。

丹·克雷斯和杰森国防咨询小组的成员沉醉其中：有了叛
乱组织的结构图，情报机构在打击叛乱分子时就不用再依赖
打地鼠式的策略了，人们拥有了更敏锐、杀伤力更强的新技
术——利用已有的"社交网络分析法"勾画出团伙成员之间的
关系网，根据美国国防部的一份详细的说明书[1]识别出叛乱组
织中特别重要的成员，将其击毙、抓捕或者削减他们的影响
力，从而干扰整个叛乱组织的运行。

杰森国防咨询小组的成员、著名的物理学教授罗伊·施维
特斯告诉我，他永远都不会忘记约翰·马里昂当时的发言。杰

---

[1] 也被称为《指挥官手册：攻击关系网》(the Commander's Handbook for Attack
the Network)。

森国防咨询小组决定立即起草一份两页的机密文件，支持广域监视这个想法，并将这个机密文件送到了中央情报局的首席科学家约翰·菲利普斯和国防部的本·莱利的手中。本·莱利曾在国防部快速反应技术办公室工作，那是一个在"9·11"事件发生后不久成立的一个团队，其宗旨是尽快研发并部署对抗恐怖袭击的武器。

杰森国防咨询小组的文件发送后不久，丹·克雷斯就安排约翰·菲利普斯和本·莱利见了一面。克雷斯计算过，要把劳伦斯·利弗莫尔实验室的技术推进到可以装配某一军种的程度，大概需要花费 650 万美元。菲利普斯和莱利一致同意这笔投资可以由美国中央情报局和国防部共同承担。后来，约翰·马里昂非常感激丹·克雷斯在广域监视项目启动初期给予的信任和慷慨支持，并称他为"教父"。

在这一项目迎来第一个重大突破的同时，其测试也产生了革命性结果。当月，内森·克劳福德在圣迭戈市进行了第二次模拟拍摄，并在机场、港口、城市以及米拉玛市的海军陆战队空军基地上空进行了一系列环型轨道飞行试验。

虽然飞机是绕着环型轨道飞行的，但是在图像处理技术的辅助下（后来证明，对于"全视之眼"来说，这一技术和摄像技术一样重要），摄像机拍摄到的画面十分清晰稳定，像地图一样。麻省理工学院林肯实验室的一支团队曾经独立研究过广域监视技术，以应对简易爆炸装置。劳伦斯·利弗莫尔实验室的团队与该实验室进行了合作，两个团队的工程师共同研发出了一款软件，可以让屏幕上的每一帧照片都向"北上"方向滚动，并将每一个像素点与地面上真实的地点连接在一起，从而创建出一个流畅稳定的地面视图。

测试最终产生的图像呈现为一个动态的卫星图像，有点像谷歌地图，但是是现场直播版的谷歌地图。地面上的每一处固定的物体在图像上也是固定的（如果是常规的空中拍摄，那么相对于视频框来说，所有的物体都是移动的），而现实中所有移动的物体（例如汽车和人），按照克劳福德的描述，都是在固定的背景板上移动的。虽然在图像中，汽车和人只能表现为若干个像素组成的小灰点，但是足以让观看图像的人追踪其行程。

与"捕食者"无人机拍下的流畅且不间断的视频不同，这一图像中的人物似乎都在以很快的速度移动，但是它的覆盖面更宽广，与电影《国家公敌》里的"卫星"拍摄的图像惊人地相似。

"天使之火"

2004 年秋天，作为简易爆炸装置研究任务的一部分，时任美国空军上校的史蒂夫·萨达斯访问了劳伦斯·利弗莫尔实验室。他看到了这样的画面：圣迭戈市裸露在他的面前，这是一幅完美的静态城镇画面，汽车和人群来来往往，船只在港口进进出出，一架飞机从低空掠过。萨达斯说，他从未见过令人如此兴奋的一幕。

史蒂夫·萨达斯被深深地震撼了。他认定要想取得对简易爆炸装置的胜利，人们就必须借助广域监视技术的力量。几个星期之后，在一次去墨西哥的教会慈善之旅的途中，萨达斯结识了一位在美国洛斯·阿拉莫斯国家实验室工作的同行人。那是一个与劳伦斯·利弗莫尔国家实验室的性质很相似的核研究基地，位于圣达菲附近。萨达斯和这位洛斯·阿拉莫斯实验室的研究人员都住在新墨西哥州，在搭乘萨达斯的飞机回家的时候，他们两个人决定促成美国空军与洛斯·阿拉莫斯实验室之间的合作，共同研发空中监视系统，以解决简易爆炸装置的难题。

图 2-3　2004 年，劳伦斯·利弗莫尔实验室在圣迭戈市上空进行监视飞行测试时的截图。左上角是由美军"中途岛"号航空母舰改造而成的军事博物馆。在一次寻找可以对抗伊拉克的电子信息系统的机密行动中，史蒂夫·萨达斯看到了这段视频。他说："我从未见过如此神奇的东西。"（洛戈斯技术公司约翰·马里昂提供）

史蒂夫·萨达斯认为劳伦斯·利弗莫尔实验室的研发成果有一个很严重的缺陷：摄像机不能将拍摄的图像实时传输给地面的分析人员。事实上，劳伦斯·利弗莫尔实验室一直建议图像分析人员等到每次的监视飞行任务结束以后再去下载和观看这些视频，这种方式与警察调用闭路电视监控系统的录像追踪抢劫犯有什么区别呢？在萨达斯看来，能实时传送视频的系统更为实用，因为这样的话，人们不仅可以实时追捕叛乱分子，还可以让战场上的军队避开危险。

丹·克雷斯对萨达斯的分析深以为然，他立即从中央情报局拨款 20 万美元，用于研发实时传输软件。克雷斯希望洛斯·阿拉莫斯国家实验室和劳伦斯·利弗莫尔国家实验室能够在这个项目上通力合作，劳伦斯·利弗莫尔实验室负责提供广域监视系统，洛斯·阿拉莫斯实验室负责研发实时传输软件。

但是，在核武器研发这个小圈子里，劳伦斯·利弗莫尔实验室和洛斯·阿拉莫斯实验室是众所周知的竞争对手——萨达斯开玩笑地说，他们之间才是真正的核武器对抗冷战。参与此事的一些人认为劳伦斯·利弗莫尔实验室肯定不愿意把这个即将成功的革命性项目拿出来与洛斯·阿拉莫斯实验室分享，须知这个项目不仅有望成为简易爆炸装置的终结者，甚至有可能从根本上改变美国的空中监视方式；反过来，洛斯·阿拉莫斯实验室也有可能不想将精力投入一项几乎不能为自己的声誉加分的项目中去。

因此，令丹·克雷斯沮丧的事情发生了：洛斯·阿拉莫斯实验室的研究人员没有等着劳伦斯·利弗莫尔实验室送货上门，而是选择开发属于自己的广域监视系统：一个类似于鲁布·戈德堡机械①的 4 台摄像机的组合，他们将其命名为"天使之火"（Angel Fire）。在第一次测试中，研发人员让该系统在阿尔伯克基市的上空试验了一会儿。该系统拍摄的一段视频显示，在某个时间点，一辆厢式货车沿着狭窄的巷道高速行驶，速度惊人。

2005 年年底，在国会山举行的一次秘密会议上，时任空军上校的史蒂夫·萨达斯向参会的国会议员展示了这段视频，看完之后，这些议员又敬又怕。有人说："你要做的只是开罚单。"没错，萨达斯很坦诚地对我说："我知道这位超速的司机开的是什么车，也知道这辆车是从哪里开出来的，将要开到哪里去，还知道超速时的准确时间，我唯一没有掌握的，就是这位司机的照片。"

海滩上的工程师

与此同时，劳伦斯·利弗莫尔实验室也在加紧推进自己的项目。在获得了 650 万美元的种子资金后，这个团队研发出了一种由 6 个摄像机组合在一起的新型摄像机。但是，他们决定不将这款摄像机安置到卫星上，因为前期的试验已经证明，用飞机带着这款摄像机在目标的上空飞行，拍摄出来的效果也很好。他们把这款摄像机称为"索诺码"（Sonoma）。

杰森国防咨询小组对于广域监视这一理念的认可很有分

---

① 鲁布·戈德堡机械是一种被设计得过度复杂的机械组织，以迂回的方法去完成一些非常简单的工作。——编者注

量，所以广域监视技术很快就得到了美国国防部前所未有的重视。在杰森国防咨询小组举办针对简易爆炸装置的专题会议后不足一年，"索诺码"就被陆军研究实验室所接受，考虑到它在应对简易爆炸装置问题上的潜力，军方竭力推动在战场上部署这款摄像机。2005年2月，军方不顾劳伦斯·利弗莫尔实验室的反对，全盘接手了这一项目的研发工作。据各种版本的消息，劳伦斯·利弗莫尔实验室是想把大部分的研发工作仍然保留在实验室内部，并且保留一些专利。但陆军方面将研发终端感应器的任务外包给了洛戈斯技术公司（Logos Technologies），这是一家总部位于弗吉尼亚州的技术公司，在约翰·马里昂与劳伦斯·利弗莫尔实验室的领导层闹翻后，洛戈斯技术公司立刻将马里昂招致麾下。现在，整个"索诺码"项目都被转移到了佛罗里达州西棕榈滩的一个机库里，进行最后一轮的研发、测试和部署准备。

当时，劳伦斯·利弗莫尔实验室和洛斯·阿拉莫斯实验室的研究团队仍然有合作的机会。因此，时任空军上校的史蒂夫·萨达斯和洛斯·阿拉莫斯实验室的几位研究人员一起加入了在佛罗里达州工作的"索诺码"项目团队。萨达斯还带来了一位名叫罗斯·麦克纳特的空军上校，他是美国空军技术学院的教员，主讲先进技术发展方面的课程。洛斯·阿拉莫斯实验室同意麦克纳特和他的学生一起参与"天使之火"项目的研发，按照麦克纳特的想法，只有给学生们亲自动手实践的机会，才能让他们理解和体会得更深刻。麦克纳特是麻省理工学院的博士，他的博士论文就是关于先进技术的发展情况。

但是最终，将"天使之火"和"索诺码"这两个项目合并在一起的努力无疾而终。因为，空军研究实验室接管了"天使之火"项目，其手段与陆军研究实验室接管"索诺码"项目的手段如出一辙。很多最初参与项目研发的工程师被踢出了这个项目，包括萨达斯和麦克纳特。但是无论如何，两家实验室的研究团队还是在佛罗里达州共事过几周的时间。

虽然得到了美国军方和中央情报局的支持，但"天使之火"仍然只能算是一个小型的、未经打磨的项目。在每次飞行试验期间，工程师都要在笔记本电脑上编写代码以弥补系统漏洞。而且，这个项目在经济上只是勉强支撑。一些次级承包商每隔一段时间才能拿到 2 万美元的资助，例如 Kitware 公司。

而在项目研发过程中，内森·克劳福德一直在努力传播好莱坞精神和美学价值。他在离开 Wescam 公司之后，就开始为劳伦斯·利弗莫尔实验室提供服务，并且创办了自己的公司，名为 Consolidated Resource Imaging（以下简称为 CRI 公司）。他认为，电影行业中按部就班地做事的方法可以让"天使之火"项目继续进行下去。他为工程师准备出了装备齐全的工作室，并在冰箱里塞满了他们喜欢的零食和饮料，把他们当作明星一样对待。其结果就是这个项目的实地操作试验现场更像是一个大型电影拍摄场地，而不是一个机密的情报基地。

但这份工作本身让人十分疲惫，因为工程师通常要待在飞机上。由于实验用的飞机没有客舱加压，因此一段时间下来，他们大多出现了缺氧症状。一些工程师的体重开始下降，约翰·马里昂说这是"低氧减肥法"。

如果这样就能保证项目尽快完工，那么大多数劳伦斯·利弗莫尔实验室和洛斯·阿拉莫斯实验室的研究人员还是乐于忍受这些磨难的。美国国防部的不少项目都是在有条不紊地缓慢推进，就像是跑长跑一样。比如，在建造一艘核潜艇时，人们既要保证所有的细节不能出现纰漏，还要反复进行测试和评估。但是这个项目不同，它更像是一场冲刺。2005 年 9 月 14 日，巴格达发生了一次爆炸，造成 112 人死亡。事实上，从伊拉克传来的报道似乎永远都只有简易爆炸装置袭击这一个内容。在"天使之火"项目的成果被部署在战场上之前，每一天都可能有现役军人和平民被炸身亡。内森·克劳福德说："这个项目从一开始就被寄予厚望。"

在短暂的合作期间，工程师在佛罗里达州的上空进行了几百个小时的监视飞行测试，拍摄了地面上那些毫不知情的群众。他们的工作地点离海边只有 800 米，但绝大多数的工程师只去过一次海边，那还是因为飞机要进库维修，他们放了一天假。

那天下午，克劳福德和马里昂一起坐在海滩上，谈起了他们研发的广域监视系统。除了打击叛乱分子的关系网以外，它还能做些什么呢？他们曾经讨论过把这个系统用于港口和边境线巡逻，或者搜索自然灾害的幸存者。在圣迭戈市进行试验期间，为了给美国中央司令部和边防巡逻队做演示，他们曾把监视飞机派到了毗邻墨西哥的奥泰梅沙上空。几个小时之内，摄像机就拍到了很多偷渡者。

然而，尽管克劳福德非常看好这个项目的前景，他还是有些不安，因为从他们启动这个项目开始，一股无法抗拒的力量就一直在阻碍整个项目的进展。虽然工程师制造出的产品尚不成熟，也不够敏锐，但是很明显，它从一开始就注定不会仅仅局限于阿富汗战争和伊拉克战争。2017 年初，我第一次和内森·克劳福德通电话时，他说，他一直在等着记者给他打电话，已经等了 15 年。他接着说："这个故事早就该被公之于众。发生的事情太多了，我们必须从中吸取教训。"

观察、探测、识别与摧毁

2006 年初，"索诺码"摄像机已经准备就绪。它拥有 6 600 万像素，能够直接覆盖 6 平方千米的区域，是"捕食者"无人机摄像机覆盖范围的几千倍。这款摄像机被安装在了一架肖特兄弟 360 双螺旋桨货运飞机上，能够同时监视上千辆汽车。肖特飞机是当时为数不多的能够安装广域监视系统，并搭载操作人员和配套设备的民用大飞机。

为了把视频转换成稳定的图像，林肯实验室研发了一款重达约 450 千克的英特尔多核电脑，用于兼容多种处理软件，并生成一个单独的大型信息处理器。据研发人员介绍，这个处理器非常强大，足以跻身当年的全球最强超级计算机年度前 500 名。但是，由于这个处理器的研发属于机密项目，所以没有出现在该排行榜上。

当时，"索诺码"项目是绝对保密的。2006 年 2 月，在最初计划部署的前一天，两架飞机（项目组当时仅有的两架飞机）在最后一次试飞中相撞，导致 3 名机组成员死亡。当地的报纸和后续的事故调查报告称，事故发生时，这两架飞机正在进行看似无关紧要的燃料箱测试。直到 14 年后，本书的出版才揭开了真相：事实上，当时那两架飞机正准备将有史以来第一个可操作的广域摄像机带入战场。

这个事故发生后，项目被改了一个新名字。"索诺码"对于军队来说似乎过于平淡，于是这一项目改叫"永恒之鹰"① （Constant Hawk）。

最终，在 2006 年夏天，5 架配备了"永恒之鹰"的飞机被派往巴格达，随后被编入了一个完全保密的特种作战部队——屠龙特遣队，这一部队专门负责应对简易爆炸装置和迫击炮袭击。当时，地面上的形势比以往任何时候都要紧张，驻扎在伊拉克的美军每天会遭到 80 多次爆炸袭击。

和早期的"捕食者"无人机一样，"永恒之鹰"也遭到了质疑。内森·克劳福德的 CRI 公司负责维修和操作装配了"永恒之鹰"的飞机。因为质疑声不断，"永恒之鹰"最初的部署计划仅为 90 天，但是它的表现极其出色，于是此后一直活跃在伊拉克，直到 2011 年美国撤军。

---

① 这个项目还曾短暂地使用过"莫霍克凝视"（Mohawk Stare）这个名字，因为军方计划把这个系统安装到越战时期的莫霍克 OV-1 型飞机上，这种飞机是有史以来外形最奇怪的飞机之一。但是出于技术和安全方面的考虑，军方最终还是没有使用老旧的莫霍克飞机。

图 2-4　最早的、定制版的"永恒之鹰"共有 6 个摄像头，于 2006 年被部署到伊拉克。（洛戈斯技术公司约翰·马里昂提供）

与此同时，美国陆军开始着手研发一种更强大的、有红外线夜间拍摄功能的新型广域摄像机。2007 年，驻扎在阿富汗的美军地面部队也申请部署"永恒之鹰"，最终在 2009 年得到批准。

装配了"永恒之鹰"的飞机不仅完美地复制了"捕食者"无人机的不间断监视能力，而且能够同时监视整个周边地区——不仅仅是监视价值较高的重量级目标或地面巡逻队，还能监视这些目标周围的环境。一架"捕食者"无人机在 104 平方千米的区域内只能监视地面上 5% 的移动车辆，而装配了"永恒之鹰"的飞机可以监视 95% 的移动车辆。

我曾有机会在弗吉尼亚州某个国防公司的办公室里看到

"永恒之鹰"拍摄的一小段视频。这个办公室受到了非常严格的保护，这一小段样片清晰地展示在我眼前。观看时，我在想：在这台广域摄像机的视野内，这座城市里究竟有多少生命被它捕捉了？视频里，一队长长的小汽车正在加油站等待加油，街道上人潮汹涌，还有一群山羊从画面中走过。整个视频看上去出奇的安宁祥和。

图 2-5　2006 年，装配了"永恒之鹰"的肖特兄弟 360 飞机停靠在密尔沃基米歇尔机场。在后舱门处，可以看到多镜头摄像机，这是当时最强大的摄像机之一。（洛戈斯技术公司约翰·马里昂提供）

　　但是，这种安宁的背后隐藏着相当暴力血腥的故事。"永恒之鹰"被部署到伊拉克后不久，就被转交给了奥丁特遣队，这是一个新组建的团队，专门负责用先进的实验性空中技术来寻找、追踪和消灭叛乱分子。在北欧神话中，"奥丁"是巫师、智慧之神、死亡之神和占卜之神，此外这个名字还代表着"观察、探测、识别和销毁"。

在莎士比亚的《李尔王》中，疯子国王对盲人格洛斯特说："我瞪眼凝视，看子民如何震惊。"一般来说，奥丁特遣队的目标就是让敌人感到恐惧，而这一点正是通过"天空之眼"来实现的。在"永恒之鹰"的分析中心，分析人员通过一帧一帧地查看录像来追踪到过爆炸现场的每一辆汽车。当一辆汽车在某个地方停下来的时候，他们就会把这个地址发送给负责攻击和抓捕的地面团队。其中，有两架飞机还额外装配了拥有1 600万像素的摄像机，它能够对监视目标进行高分辨率的近距离特写拍摄，与"捕食者"无人机的"汽水吸管"式视频一样清晰。

每隔几天，情报人员就会亲自把这些储存在商业硬盘里的数据送到位于德国拉姆斯坦空军基地和美国国家地理空间情报局设在弗吉尼亚州的一处机构。这些数据还会被送到中央情报局，丹·克雷斯和他的同事会用这些数据制作出更完整的叛乱分子关系网（克雷斯后来说，只有这样的图像才真正"有用"）。同时，这些数据还会送到一个在陆军文件中被称为"59区"的地方。

在这种新的监视理念之下，敌人的汽车就从优势变成了劣势。为了证明这一点，一位国防部高官在2013年讨论"永恒之鹰"时，引用了电影《侏罗纪公园》里阿兰·格兰特博士面对霸王龙时所说的那句话："别动。如果我们不动，他就看不见我们。"在广域监视之下，唯一一个能让人不被发现的方法就是静止不动。

一位工程师指出，虽然"永恒之鹰"还有些简陋，但是它很快就从实验性产品转变成了被美国国防部反恐情报与监视部门广泛应用的利器。在两年的时间里，该系统的一个变种收集了阿富汗境内一万多个小时的监视信息。

随着越来越多的人参与进来，情报界开始意识到：广域视野不仅是可以实现的，而且是人们急需的。一年之后，美国国防部在华盛顿特区成立了多个情报小组，专门负责分析"永恒之鹰"拍摄的视频。

直到现在，关于"永恒之鹰"的很多行动仍属机密，甚至连监视飞机的飞行高度都是保密信息。一位曾在奥丁特遣队工作过的高级指挥官在与我们交谈的时候，用崇敬的语气提到了监视飞机，但多次拒绝透露具体的细节。当我请内森·克劳福德描述一下实际的操作时，他只会说，"永恒之鹰"很快就完成了它的任务：找出那些准备放置简易爆炸装置以及部署那些伏击的人。他对我说："我们只需追查到那些人的住址，然后另外一些人就会去敲门。"

内森·克劳福德认为，"永恒之鹰"参与的行动拯救了大约600名美军士兵和无数伊拉克平民的生命。然而，这项技术是通过杀戮做到这一点的。据说，奥丁特遣队在成立的第一年就消灭了3 000多名可疑的叛乱分子，抓捕了几百人。

第三章

"女妖之眼"

2007 年 8 月，为支援美国海军陆战队在伊拉克的军事行动，"天使之火"与"永恒之鹰"很快就开始并肩作战。在之前的一次军事演习中，美国海军陆战队的领导层见识了"天使之火"可以同时追踪友军和敌军的"超能力"。于是在演习结束以后，海军陆战队的领导层决定把"天使之火"部署到伊拉克战场上。当时，美国海军陆战队在伊拉克损失惨重，主要是因为叛乱分子精心策划的袭击，因此美军特别希望能够扭转这种不利局面，尤其是在城市地区。

有报道称，"天使之火"在战场上曾经出现技术故障，许多功能无法使用。但事实上，它在战区服役的 18 个月里运行良好。"天使之火"在伊拉克城市的上空共执行过 1 000 多次监视飞行任务，为在地面上执行任务的海军陆战队传送了大约 5 000 小时的实时视频。与"永恒之鹰"一样，"天使之火"很快就重创了伊拉克恐怖袭击背后的关系网。曾参与"天使之火"项目的前空军指挥官罗斯·麦克纳特告诉我，在"天使之火"覆盖的16平方千米的视域内，情报分析人员一旦发现一个与恐怖袭击有关的地点，就会立即将此地的位置信息发给突袭部队。罗斯·麦克纳特形容"天使之火"的措辞，与内森·克劳福德描述"永恒之鹰"的措辞一样的怪异。他说："地面突袭部队会赶到这个地点，然后敲门说，'先生，我们能占用你一些时间吗？'"

随着了解"永恒之鹰"和"天使之火"的人越来越多，他们就越来越不解。这两项技术明显是完全互补的："永恒之鹰"的像素极高，"天使之火"则可以直接把实时视频传输给地面部队，情报分析人员可以凭此视频直接追踪叛乱分子的关系网，或者追踪躲在房顶上的狙击手，而无须等待装配了"永恒之鹰"的飞机降落之后再去下载录像，并进行分析和追踪。可是这两个系统之前为什么没有进行过合作呢？

从根本上来说，这绝不是技术上的原因。除了劳伦斯·利弗莫尔实验室与洛斯·阿拉莫斯实验室之间的竞争以外，这两个团队的内部冲突也阻碍了两个项目之间的合作。2005 年，约翰·马里昂被劳伦斯·利弗莫尔实验室开除了，而史蒂夫·萨达斯和罗斯·麦克纳特的关系也趋于紧张，一方面，萨达斯认为麦克纳特没有做出什么技术上的贡献，并且不把他这个领导放在眼里，还抢了别人的功劳；另一方面，麦克纳特则认为自己不受重视，因为在他看来，这个项目本应该是快速的、实验性的，但事实上，程序上的工作缓慢且烦琐。此外，美国空军研究实验室与空军技术学院、洛斯·阿拉莫斯实验室发生了争执，而陆军研究实验室则与劳伦斯·利弗莫尔实验室吵得不可开交。

军方各部门对这些项目的资助使争执不断升级，进一步阻碍了彼此之间的合作。海军陆战队指控多个陆军军官阻碍他们投资"天使之火"项目。而陆军方面则暗示，"天使之火"在战场上的表现并不好，将陆军地面部队带错了方向。海军陆战队继而反驳说，"永恒之鹰"未按照性能规范履行职责。空军和海军陆战队的官员都请求国会让"天使之火"继续服役，他们向参议院和众议院的议员们发送了数十封电子邮件，敦促他们支持"天使之火"，而不是"永恒之鹰"。

一些国会议员开始忍不下去了。一方面，内讧延缓了这些项目的研发进程，另一方面，伊拉克战场上不断有士兵死亡。而且，同时运行这两个项目的费用太过高昂。2007年夏天，仅部署在伊拉克的4个"天使之火"系统就耗资约2 500万美元。同年，为了应对简易爆炸装置，美国国防部额外为空军拨付了5 500万美元用于"天使之火"项目的研发，给陆军拨付了8 400万美元用于"永恒之鹰"项目的研发。来自密苏里州的共和党参议员基特·邦德发表了一份言辞激烈的公开声明，指责美国国防部的派系内讧是"严重的管理不善"。

时任众议院情报委员会幕僚长的迈克·梅尔曼斯是这起事件的参与者之一。这位前空军军官是空中情报领域一个响当当的人物。冷战时期，他为美国的秘密空中监视做出了巨大的贡献，后来又为众议院做了大量的工作。2014年，为表彰他的功绩，鲜为人知的情报、监视和侦察荣誉大厅①将他收录在册。除了这些成就，早在 1996 年，迈克·梅尔曼斯就说服了他的上司，也就是众议院议员杰里·刘易斯为当时还处于初步研发阶段的"捕食者"无人机提供研发资金，这一历史性的决定使得"捕食者"无人机项目得以继续进行。

2005 年，梅尔曼斯注意到，"永恒之鹰"和"天使之火"项目已经成为他治下的情报部门和国防机构的日常话题。史蒂夫·萨达斯在国会上发表的关于"天使之火"的简报让在场的所有人感到震惊，影响巨大。萨达斯称，"天使之火"一旦部署在伊拉克，就能挽救成千上万的生命。有人对梅尔曼斯说，很快拥有 9 亿像素的摄像机就能被研发出来了。

当时，同时进行"天使之火"和"永恒之鹰"这两个项目已经耗费了数千万美元，梅尔曼斯和他的同僚们在得知这个数字之后决定对此事进行干预。据迈克·梅尔曼斯说，他们向美国国防部起草了一份机密指示："我们将不再运行两个独立的广域监视系统，我们要将它们合二为一。"

这款被简单地命名为"广域空中监视系统"的新型系统将"天使之火"和"永恒之鹰"两个系统融合在一起。它的视域会比现存的任何一个系统都更加广阔，能够监视整个城市大小的区域，还能将影像实时传输给地面分析人员，既能完成实时监视任务，又能让分析人员进行事后分析。这一系统还将拥有

---

① 荣誉大厅成立于 1983 年，由一位前空军情报官员设立，以表彰为空军情报工作做出突出贡献的个人。截至 2018 年，只有 192 人被载入名单。

第二代远红外广域摄像功能。与"永恒之鹰"和"天使之火"不同的是，这一系统将会安装在无人机上。

空军的一些高级指挥官在听到这个史无前例的指示后，觉得融合后的新系统可以解决"捕食者"无人机的"汽水吸管"问题，也就是摄像机视域狭窄的问题。于是，他们开始游说美国国防部的领导层将这个新项目的控制权交给空军。除此之外，这些空军高级指挥官还宣称这个新系统可以安装在最新的攻击型无人机——"收割者"无人机上。

其中的一位指挥官，即空军少将詹姆斯·波斯①曾在一次军事演习中看到过一架广域监视飞机的演示。他看到一位年轻的一等兵走近一个乔装成叛乱分子的演员，并对他进行盘问，但那位演员声称自己是无辜的。分析人员回放录像时发现，实际上那个人经常出入一个"激进的"清真寺。分析人员告诉波斯，在汽车炸弹袭击发生后，通过回放录像，人们可以追踪到叛乱分子装填炸药时的藏身之处。波斯记得自己当时想到的就是，把 TiVo（硬盘数字录像）和用于录制和回放电视节目的商业技术联系起来。向 TiVo 进军吧！

美国国防部同意把该项目交给空军之后，一个内部规划小组——联合需求监督委员会——就发布了简短的 106-08 号备忘录。在这个备忘录中，该委员会大致描述了这个新型广域监视系统的性能目标。最初，这个备忘录的具体细节是保密的，甚至连国会议员们都无从知晓。后来，一项军事拨款法案称其

① 就是曾说过只需一把车钥匙就能从空军的监视下逃脱的那位。

制定的性能目标"含混不清"。但是对空军来说，这样的目标已经足够了。据看过这个备忘录的人说，它只是要求新系统比现有的广域监视系统更持久、更稳定地监视更广阔的区域、更多的车辆、人员和关系网而已。

"大狩猎者"

伊拉克的局势并没有任何改善。美国空军方面接手这项新的广域监视项目没几天，2007 年 7 月，在伊拉克男子足球队战胜了韩国队勇夺亚洲杯冠军后的庆祝活动中就发生了几起自杀式炸弹袭击，造成了约 50 名伊拉克平民丧生。新项目已然被贴上了"快速反应能力"的标签，这就意味着该系统的开发和部署必须要快速推进。根据美国国防部联合需求监督委员会发布的指导方针，该系统必须在 18 个月内完成。

不少空军指挥官认为，要在如此短的时间内制造出这种前所未有的系统，只有"大狩猎者"（Big Safari）才能担负起这个重任。"大狩猎者"是美国空军的一个科研部门，专门负责研发改良版的侦察机，这些侦察机通常被用于紧急的秘密任务。军官们在公开讨论这个高度保密的部门时，往往不愿直呼其名，而是称其为"一个特殊的空军组织"。

2000 年，在美国中央情报局打击本·拉登的行动中，负责改良和操作"捕食者"无人机的正是"大狩猎者"。第二年，他们就给"捕食者"无人机配备了激光制导导弹，希望能够在其重返阿富汗后直接击毙"基地组织"的领导人。

　　"大狩猎者"的一个技术公司独自承担了设计越洋控制系统的任务，使空军飞行员能在美国境内的地面基站远程操控"捕食者"无人机。这个远程操控系统是一个法律问题的临时解决方案。2000年，德国就拥有了无人机飞行员，但是德国并不同意无人机飞行员在德国领土上实施未经法律许可的远程杀戮行为。最终，这种远程操控系统催生了今天我们熟知的现代远程无人机战争。

　　"大狩猎者"的工作效率非常惊人，"捕食者"无人机项目也不例外。承包商仅用了几周时间就设计出了一个远程操控系统。之后，在不到一个月的时间内，整套系统就部署到了前线战场上（这位承包商有一个外号，叫"双脑人"①）。

　　"大狩猎者"极快的落实能力主要是源自工程师们"80%解决方案"这一研发理念，即为了加快项目的进度，"大狩猎者"团队一直在飞机上工作，直至完成80%的工作。这一理念的逻辑是，最后20%的工作往往要耗费与之前的80%的工作同等的时间。在"大狩猎者"团队的认知中，"还不错"②比"太迟了"好得多。

　　偏重于速度会带来一定风险，所以"大狩猎者"团队经常会与军方发生摩擦，因为空军方面希望他们能够谨慎细致地开

① 双脑人（the Man with Two Brains），他是"大狩猎者"这个秘密团体里一位让人又敬又怕的人物，其身份属于高度机密。2015年，我以《连线》杂志记者的身份采访他的时候，我们的谈话是不允许录音的。在落座之前，他还拿出一个小型的黑色设备对我进行了扫描，以确保我没有携带窃听设备。
② 即并不是很完美的意思。

展研发工作，而且每一次更新系统都要得到军事委员会和项目组官员的审批。比尔·格里姆斯上校曾参与过"捕食者"无人机项目，现在他是"大狩猎者"的主管，他也入选了情报、监视和侦察荣誉大厅的名录。他专门开通了一部秘密电话，用于联系俄亥俄州的工程师以及内华达州的飞行员，从而确保自己的下属可以直接调试飞机，无须将每一个决定都提交给空军的指挥系统进行审批。"大狩猎者"团队有一个不成文的座右铭：那些说某件事不可能做成的人不要挡住那些埋头苦干的人。

与其他的军事单位不同，"大狩猎者"团队的大型合作项目并不是公开招标的。相反，他们有权选择自己想要合作的公司，而且价格由他们来决定。内华达山脉公司就是"大狩猎者"经常合作的伙伴之一，这是一家位于内华达州里诺市的私人公司。自2000年以来，这家公司已经从空军获得了价值几十亿美元的合同。

就在"大狩猎者"团队接手这个新型广域监视项目之前，迈克·梅尔曼斯从国会退休，来到内华达山脉公司就职。到公司的第一天，梅尔曼斯就了解到自己的老东家——美国空军——已经和他的新东家签署了一份合同，内华达山脉公司将成为他设想了很久的那种新型广域监视系统的主要承包商。梅尔曼斯称，自己根本不知道这份新工作会把他重新放回到最初的舵手位置上，但是对于这个结果，他感到非常满意。

由于具有保密的特性，所以"大狩猎者"团队已经形成了一个传统，那就是给他们的项目起一些充满热情，甚至有点蠢的代号："流浪鹅""眼镜蛇球""蜜獾"等等。一直以来，"广域空中监视系统"只是一个暂时的称呼。因此，团队里就有人（梅尔曼斯认为可能是一位退役的空军一级军士长）给这个新型广域监视系统起了一个新名字，叫作"女妖之眼"（Gorgon Stare，也被译为"戈尔贡凝视"）。

迈克·梅尔曼斯第一次听到这个名字的时候，不禁愣了一下，问道："这是什么意思？"在希腊神话中，戈尔贡是来自冥界的三个妖怪。根据历史学家史蒂芬·R.威尔克在《美杜莎：解开戈尔贡之谜》[①]一书中的描述，这个生物最大的特点就是其"僵硬、一眨不眨、极具穿透性"的凝视。古希腊史诗《伊利亚特》对戈尔贡的描述是拥有"会喷火的眼睛"和"一眼望去就令人无法动弹的恐怖"。最著名的戈尔贡就是蛇发女妖美杜莎，任何人只要直视她的眼睛，就会立刻被变成石头。

在我写这本书的时候，几乎每一位接受我采访的军官或者业内人士，只要听闻"女妖之眼"这个词就会产生类似的石化效应。当我提起这个项目时，有些正在和我交谈的人会干脆地走开，以免泄露机密。即便是那些选择留下来继续和我交谈的人，也常常不愿提及它的名字。

在《奥德赛》中，奥德修斯一想到"可怕的冥后珀尔塞福涅可能会将戈尔贡的头从冥界送出来"，就"吓得全身冰冷"。事实证明，这就是这个项目的内涵。迈克·梅尔曼斯说："这个

---

① 史蒂芬·R.威尔克，《美杜莎：解开戈尔贡之谜》（*Medusa: Solving the Mystery of the Gorgon*），牛津大学出版社，2000年。

名字很有意义。"

"DARPA hard"项目

为了能在最短的时间里完成项目，"大狩猎者"团队基本上很少自主研发新技术。工程师会直接使用市面上已有的组件，就像是直接从一支运动队里挑选运动员一样。但是，当国会审核通过了"女妖之眼"项目之后，"大狩猎者"团队发现当时市面上并没有直接可用的广域摄像机，更不用说能够操纵这种摄像机的计算机了。必须有人来推动这个技术成为现实了！碰巧的是，一家很特别的军事机构已经有了一些眉目。

在国防领域，有一个专业术语是"DARPA hard"，它特指美国国防部高级研究计划局（DARPA）开展的项目。这家著名的军事发展研究部门负责应对一些在其他政府机构看来是不可能实现的或者风险太大的技术挑战。例如，5 倍于声速的超音速巡航导弹、可编程的微生物、智能无人机群等等。

要想在国防部高级研究计划局担任某个项目的项目经理，其难度是非常大的。2006 年，当美国国会与国防部秘密筹划研发一套新的统一标准的广域监视系统时，布赖恩·莱宁格尔正着手准备申请这个项目的项目经理职位。莱宁格尔很清楚，要想坐上这个位置，只有用配得上"DARPA hard"的构想才能打动国防部高级研究计划局的主管安东尼·特瑟。

布赖恩·莱宁格尔曾在洛克希德·马丁公司工作过 25 年，掌管年营业额达 40 亿美元的海事系统与传感器部门。他精通硅设计、光学纤维、雷达以及其他新兴技术。在听说了"永恒之鹰"项目之后，莱宁格尔就决定向安东尼·特瑟提出研发新型广域摄像机的想法。在同特瑟交谈时，莱宁格尔指出现有的广域摄像机还不能有效地追踪比车辆更小的物体。但是人们的关系网并不都是由汽车构成的，还是由人构成的，因此一个有效的摄像机应该能够追踪到个体。

布赖恩·莱宁格尔认为，虽然"永恒之鹰"能够监视30平方千米的区域，并远远超过了其他系统的覆盖范围，但这仍然不能覆盖那些令人头疼的、庞大分散的叛乱分子关系网。在分析人员通过视频追踪的可疑车辆中，有50%会在到达目的地之前逃出监视系统的拍摄范围。

只有监视的视野更宽阔、细节更充实，分析人员才能追踪到地面上的人。想做到这一点就需要更大的像素，即便是1亿像素（当时还未出现）也不够，因为人们的运动轨迹比汽车更难预测。在半秒之内，人们就可以停下或转身，因此摄像机还需要更快的帧率。

多年来，包括约翰·马里昂和丹·克雷斯在内的许多工程师和官员都曾建议国防部高级研究计划局自主研发广域监视系统。对于国防部高级研究计划局来说，这应该是一项理想的技术：前沿、复杂、时效性强，但安东尼·特瑟拒绝了他们的申请。或许是因为这些建议不符合"DARPA hard"项目的要求。

谁都无法否认布赖恩·莱宁格尔的想法确实太难实现了。

2006 年 3 月，在成为国防部高级研究计划局的项目经理之后，莱宁格尔立刻起草了一份细致且令人生畏的计划。他要设计的广域监视系统将在 6 000 米的高空绕环型轨道飞行，能够以极高的分辨率覆盖广域的区域，每秒拍摄的帧数足以跟踪快速移动的个体。

这样的广域监视系统必然会产生大量信息，让地面人员在接收信息方面的压力激增，就像你要每秒通过电子邮件接收 4 万张照片一样。所以，这种广域监视系统将传输 65 个"汽水吸管"式实时视频（也就是视频"碎片"），让每位分析人员获得类似"捕食者"无人机的视角，并且能够独立地将该视角调至摄像机视野范围内的任意区域。布赖恩·莱宁格尔还有一个要求，那就是这个系统的体积必须小到能安装到无人机上。

当莱宁格尔向自己新聘的副手、前陆军步兵理查德·尼科尔斯解说这个项目的技术要求时，尼科尔斯认为他疯了。而且，持怀疑态度的不止尼科尔斯一个人——参与"永恒之鹰"项目的工程师约翰·马里昂每次与莱宁格尔见面时，都会劝他不要迈那么大的步子。马里昂说，莱宁格尔计划中的这种广域监视系统将会是一个技术上的噩梦：它必须非常庞大，必须具备强大的计算能力，因为更快的拍摄帧率反过来要求更快的计算能力以及更多的存储空间。但是，在"大狩猎者"的模式下，莱宁格尔绝不会允许那些说不可能的人去阻碍那些埋头苦干的人。他会倾听那些反对意见，然后置之不理。

2006 年 11 月，国防部高级研究计划局审批通过了布赖恩·莱宁格尔的全部提案，并将其命名为"自动化实时地面全覆盖监视系统"项目（Autonomous Real-Time Ground Ubiquitous Surveillance Imaging System），简称为 ARGUS-IS，或 ARGUS。

在希腊神话中，Argus（阿格斯）是一个可怕的巨人，女神赫拉命令他去保护被变成奶牛的女祭司伊娥。阿格斯也被称为 Panoptes，意为"能看到的一切"，因为他的头上长了 100 只眼睛。英国诗人伊丽莎白·勃朗宁翻译的《被缚的普罗米修斯》一诗中，非常到位地描述了阿格斯的特征：

> 暴怒的牧人阿格斯，
>
> 找到了我
>
> 用数不清的眼睛，紧盯我的脚步。

因此，对于这个有史以来最强大的全视摄像机而言，"阿格斯"确实是一个非常适合的名字。然而，即便是在国防部高级研究计划局正式启动了这个项目之后，很多官员还是坚持认为这个项目与和它同名的百眼巨人一样，只不过是个纯粹臆想的产物。布赖恩·莱宁格尔来到国防部，计划寻找一个愿意投资这个项目并将其成果部署到战场上的军事部门。一些人表示，他们只有在看到这个项目的成果之后才会相信这种技术是可以实现的。其他人则摇摇头，认为莱宁格尔提出的这个计划肯定没有经过严肃的思考。

口袋里的"全视之眼"

在布赖恩·莱宁格尔的计划中，最大的挑战就是如何实现这种广域监视系统所需要的巨大的像素。在为"永恒之鹰"设计好计算机之后，麻省理工学院林肯实验室的监视技术团队就一直在研究这个关键问题。团队负责人比尔·罗斯认为，简单地把更多单独的摄像机捆绑在一起并不是最佳的选择，因为这会导致系统的重量超标。

任何一款数码相机的核心技术都是芯片，而芯片是一块由传感器组成的平板，它能接收镜头吸收的光线，并将其转换成图片，每一个像素都代表着它在拍摄画面中对应位置的光的颜色和强度。当时，林肯实验室团队有一个项目是为手机相机研发芯片。近几年，由于手机制造商竞相设计更小、更轻、更美观的手机，因此手机相机的芯片体积急剧缩小。研究团队利用5毫米宽的手机相机芯片制造出了一个微型监视设备，它只需要一块电池就能持续工作很长时间，而且拍出的图片分辨率很高。比尔·罗斯拒绝透露这个微型设备是为哪个政府部门制造的。但是听起来，这个监视设备可以被藏在客厅天花板上的烟雾探测器里。

比尔·罗斯和他的团队意识到：用于制造微型间谍相机的芯片同样可以用于制造大型摄像机，因为二者的本质是一样的。虽然每块芯片只有几百万像素，但是将它们黏合在一起放在一个镜头的后面，就可以形成一个巨大的感光面板。从理论上来说，一个装有足够芯片的摄像机所拍摄的图像会比"永恒之鹰"或"天使之火"所拍摄的图像更清晰。

在美国国防部快速反应技术办公室①的资助下，比尔·罗斯的团队将176块5毫米宽的手机拍照芯片布置在4块完全相同的网格上，每块网格的前面都有一个独立的镜头。由此制成的摄像机的像素高达8.8亿，是"永恒之鹰"的10倍，是最先进的手机相机的176倍。他们将其称为"多孔径稀疏成像视频系统"（Multi-Aperture Sparse Imager Video System），简称为MASIVS。

2007年，布赖恩·莱宁格尔亲自访问了麻省理工学院林肯实验室，查看MASIVS的研发进度。虽然工程师们漫不经心的态度②让他心生反感，但他认为这个关于手机相机芯片的想法还是很有潜力的。对监视技术来说，像素呈现数量级的增长绝对是一个爆炸式的飞跃。据莱宁格尔所知，林肯实验室正在朝着这个目标大步前进。

成型

"天使之火"进驻伊拉克的几个月后，2007年11月，美国国防部高级研究计划局与国防巨头英国宇航系统公司（BAE）签署了价值1 850万美元的协议，后者将为"阿格斯"项目制造基于手机相机理念的监视摄像机。这一项目的主导者是来自希腊的工程师扬尼斯·安东尼亚德斯，他留着浓密的大胡子，

---

① 这一部门曾与美国中央情报局合作，为早期的"永恒之鹰"项目提供研发资金。
② 这些工程师没有穿戴抗静电设备。为了保护精密的电子元件，在生产过程中穿戴这种设备是必须的。

头发乌黑，带着一点儿揶揄的幽默感。布赖恩·莱宁格尔要求英国宇航系统公司用两年的时间研发出一套完整的监视系统。

美国空军

广域空中监视

（FMV）全动态视频图像
增强版-1 "女妖之眼"
增强版-2 "女妖之眼"

图3-1　这是一位美国空军高级军官在2010年展示的幻灯片，介绍了"汽水吸管"式监视系统（左）和两套正在规划中的"女妖之眼"广域监视系统之间的区别。（美国空军戴维·达普图拉提供）

如果"阿格斯"能够实现它的性能目标，那么它就是"大狩猎者"团队一直在寻找的东西。而且，2008年秋天，在一笔未经美国国会监督的交易中，空军部长[①]诺顿·施瓦茨和国防部高级研究计划局的主管安东尼·特瑟签署了一份协议备忘录，明确表示只要时机成熟，国防部高级研究计划局就会向空军提供"阿格斯"摄像机。

在开始制造这款摄像机时，英国宇航系统公司选择了美光

---

① 美国空军部长是美国空军最高职等的文官首长，由美国总统任命，依法有权处理空军的一切事务。——编者注

公司（Micron）生产的手机芯片，这家公司也为 iPhone（苹果手机）生产芯片。幸亏全世界有数百万顾客排着长队购买智能手机，所以每块手机芯片的价格只有 15 美元。英国宇航系统公司提议将芯片黏合成 4 个平板，放在每个镜头的后面，这个想法与林肯实验室的设计理念如出一辙，但是英国宇航系统公司将使用更多的芯片。总而言之，一个摄像机能够携带 368 个芯片，是 MASIVS 的两倍。

如此一来，这个项目的进度压力就转移到了计算机研发领域。这一计算机必须拥有超级计算机级别的能力，才能将 368 个芯片拍摄的内容拼接在一起，生成方位精准、画面顺畅的图像。解决这一挑战的方法也是来自商业世界里的一个意想不到的角落：电子游戏产业。

与摄像机一样，电子游戏产出的数千个像素也必须经过加工才能组成连贯的图像。过去几年，电子游戏产业一直在追求强大的图像处理器，导致其研发进程犹如军备竞赛一般激烈。到 2002 年，英伟达公司（Nvidia）每 6 个月就能将该公司图像处理器的处理能力提升一倍，比摩尔定律的标准还快 3 倍。

为了让 MASIVS 运行得更加流畅，麻省理工学院用电子游戏机上的图像处理芯片制作了一个图像处理器。与此同时，劳伦斯·利弗莫尔实验室一位名叫希拉·维迪雅的研究人员利用 Xbox 游戏机的内部结构研发出了类似的处理器。她正带领团队探索如何将视频游戏产业中最先进的技术用于广域监视领域。

得益于超越摩尔定律的更新速度，这些图像处理器比"永恒之鹰"和"天使之火"的图像处理器更强大，而且体积更小、重量更轻。广域监视处理系统使用的这种图像处理器很快就变成了行业规范。随后的数十年里，战场上的许多系统都与人们玩的电子游戏机有着相同的 DNA。

借鉴这些设计，英国宇航系统公司制造出了一个有 33 000 个处理元件的图像处理器，约为两个鞋盒大小。在安东尼亚德斯看来，如此小的体积却拥有如此强大的加工处理能力，装在无人机上又如此稳固，这是以前的人们根本不敢想象的。

2009 年初，为了了解最终版本的摄像机究竟能够做些什么，英国宇航系统公司的工程师在马萨诸塞州阿克顿的一处设施外用手机芯片组成了一个刚好是完整版"阿格斯"的 1/4 像素的摄像机。浏览这款摄像机所拍摄的图像时，工程师选中了临近一幢建筑的停车场，距此大约是一个足球场的距离。他们对其中的一辆汽车进行放大，发现从图像中不仅可以看清这辆车的车牌号码，还能看清停车场上每一辆车的车牌号码。

"说到做到"

2009 年 8 月，英国宇航系统公司按计划制作完成了第一台摄像机。最终版本的"阿格斯"摄像机共有 18 亿像素，能够从 7 600 米的高空锁定 15 厘米大小的物体。摄像机每秒生成 27.8 千兆字节的原始像素数据，能装满 6 张 DVD（高密度数字视频光盘）。如果要实时下载这些原始数据，需要将 2017 年美国无线网络的最快传输速率再提高 1.6 万倍。仅仅是处理这些数据，这台拥有 33 000 个处理元件的 Xbox 型处理器就需要每秒钟运行 70 万亿次。

英国宇航系统公司曾在美国弗吉尼亚州的希尔堡军事基地上空利用"黑鹰"直升机来测试这款摄像机。"黑鹰"直升机在距离地面 3 260 米的高度悬停时，工程师团队开始追踪一辆绿色的割草机，此时，那辆割草机正在远处绕着一片干枯的草坪缓缓地转圈。然后，他们又盯上了两个行人，画面非常清晰，你可以看见热气正从地面上升起来，也能看见汽车挡风玻璃上的雨刮器。

两个月以后，该团队又在弗吉尼亚州的另一处军事基地——匡蒂科海军陆战队基地进行了测试。扬尼斯·安东尼亚德斯在停车场角落的一顶白色帐篷里观看了这次测试所拍摄的图像。操作人员打开摄像机后，军事基地周围的 40 平方千米的地貌都出现在了他面前的屏幕上。

一位工作人员走出帐篷，来到了停车场。在视频中，他的图像非常清晰，连肩膀上隆起的肌肉轮廓都能被看得清清楚楚，那可是在他头顶上 5 000 米的高空拍下的视频。"我想，我们干得不错，"安东尼亚德斯自言自语地说，"我们做到了之前承诺过的事。"

2016 年，我看到了英国宇航系统公司在希尔堡和匡蒂科军事基地上空拍摄的原始视频，即便是在视频拍摄的 7 年后，我还是觉得自己是在窥视未来。在匡蒂科拍摄的那段视频中，有两个人在停车场碰面。其中一个人将手提包交给了另外一个

人，然后他们朝着不同的方向走开了。在他们各自走了约 5 000
米后，摄像机仍然可以同时拍摄到他们两个人。

图 3-2　2009 年 10 月，美国国防部高级研究计划局的"阿格斯"摄像机
在匡蒂科海军陆战队军事基地上空进行测试时所拍摄的视频截图。这张
照片大约是摄像机在约 5 334 米的高空绕轨飞行时所记录的整个区域的万
分之一。（美国国防部高级研究计划局布赖恩·莱宁格尔提供）

　　这段视频非常吸引人。看着屏幕上蚂蚁大小的人，你不可能
不脑补那些行为背后的故事：看到一辆汽车沿着对角线穿过停车
场时，你可能会想，这位司机肯定是有急事；看到两个人在一幢
大楼外碰面并简短交谈时，你可能会想，他们是偶遇还是在密谋
什么；看到一辆敞篷小货车突然调头时，你可能会想，或许是司
机知道了自己正在被跟踪，因而实施了反监视行为。
　　在匡蒂科进行的测试结束后没多久，国防部高级研究计划局就邀请了美国国防部和情报机构的几十位官员到基地来参观该项目的展示。但是进行展示的那天天气状况十分糟糕，没办法进行现场实时拍摄——国防部高级研究计划局的负责人原本的计划是，在几十位来参观的官员进入军事基地后就开始拍摄，追踪他们的行踪。最后，该负责人只好为官员们播放了我所看到的那段视频。但是，最终的效果是一样的。据几位当时在场的人说，很多官员在看到眼前的画面后，和我一样感到十分震撼。

"我们能看到一切"

阿富汗战争再次爆发。简易爆炸装置和伏击已成为以美国为首的联军以及平民伤亡的首要因素。仅在 2009 年，就发生了 7 000 多次简易爆炸装置袭击。考虑到阿富汗的危机，"大狩猎者"团队决定不再等待国防部高级研究计划局的全套"阿格斯"摄像机。因此，他们重新开启了一个早期的中规中矩的设计——第一代"女妖之眼"系统，这虽然不是一个完美的解决方案，却可以在英国宇航系统公司推进"阿格斯"摄像机生产进程的同时被部署在前线。

从资金投入的角度来看，"女妖之眼"无论如何都算不上"大狩猎者"最大的项目。但是在"大狩猎者"的总指挥艾德·托普斯上校看来，"女妖之眼"是他最优先考虑的项目之一。他告诉我，说到减少地面部队的牺牲，团队正在研究的其他项目都没有产生与"女妖之眼"同等的效果。后来，托普斯上校又在电子邮件中告诉我，自从战场的上空有了"女妖之眼"

后，人们就能找到叛乱分子的工厂、仓库和制作炸弹的窝点，然后抓住那些家伙。

考虑到"大狩猎者"的声望，海军陆战队和空军都对"女妖之眼"抱着很高的期望。他们甚至取消了后续 5 套"天使之火"的订单，就是为了给数量保密的"女妖之眼"让路。但是当面纱揭开之际，"女妖之眼"只能算是勉强完成了使命。国际电话电报公司为"女妖之眼"研发的白昼红外线摄像机的像素，几乎与劳伦斯·利弗莫尔实验室的标准摄像机"索诺码"相差无几，这就意味着"女妖之眼"无法应对越来越复杂和越来越敏感的操作，而这样的操作才是地面部队最急需的助力。

"女妖之眼"及其配套的处理器重达约 499 千克，但空军方面坚持要求无人机除了携带"女妖之眼"之外，还要携带导弹。这样一来，要在一架无人机上安装各种设备就要耗费额外的时间和开支。2009 年，在"女妖之眼"项目追加申请 790 万美元研发费用时，参议院军事委员会甚至建议终止该项目。

2010 年，空军的一支测试中队受命评估"女妖之眼"的部署准备情况，发现该系统存在严重缺陷，主要包括在空地传输时，它只能将摄像机拍到的很少的一部分图像传输到地面；系统经常会跳帧，导致技术人员无法持续追踪车辆；地面基站每次只能连线一个"女妖之眼"系统，这就意味着想要像空军常规无人机那样布置 7×24 小时的不眨眼轮换监视是不可能完成的；每次飞行平均会出现 3.7 次技术故障……而"女妖之眼"最主要的缺点是无法让分析人员有效地追踪行人。

"你得赶快。"空军测试人员这样告诉"大狩猎者"的总指挥艾德·托普斯上校，因为他们已经将自己的测试结论写进了备忘录。而这份备忘录在 2010 年 12 月 30 日被公之于众。这些测试人员这样写道："除非这些问题得到解决，否则不要将它部署在战场上！"

一位空军发言人做出了回应，指出这份备忘录只是一份草稿，并解释说在测试中队发现的问题中已有三个得到了解决。但是空军作战指挥部还是威胁要将这个新生事物彻底扼杀。据猜测，截至当时，空军已经在这一项目上投入了超过 5 亿美元的研发费用。

或许是因为觉得这个项目正需要支持，不少空军将领发起了舆论攻势，他们在接受《华盛顿邮报》的采访时对"女妖之眼"的能力进行了评估。詹姆斯·波斯少将表示："敌人根本不知道我们看到了什么，但是我们能看到一切。"在这篇文章刊登 5 年后，2016 年，我向波斯问起这篇文章，他似乎有些尴尬，但他接着指出，他还是有点儿自豪的，因为黎巴嫩真主党 ① 主办的一份报纸引用了他说的这句话。

几个星期之后，"女妖之眼"仍然在被抛弃的边缘徘徊。参谋长联席会议副主席詹姆斯·卡特赖特将军在内华达州克里奇空军基地视察了"女妖之眼"项目团队。在地面控制中心，艾德·托普斯上校向卡特赖特将军演示了正在空中飞行的"收割

---

① 黎巴嫩真主党（Hezbollah），美国国会将其定性为恐怖组织。

者"无人机利用装配的"女妖之眼"拍下的实时监视视频。"相当不错。"托普斯上校一直记得卡特赖特将军当时的话。① 在托普斯上校看来，这句话足以保证这个项目能存活下来。

三个月后，也就是 2011 年的春天，第一批装配了"女妖之眼"的 4 架"收割者"无人机被部署到了阿富汗战场上。在战场上，"女妖之眼"所取得的成绩可谓是让人喜忧参半。一位工程师在查看了该系统早期的视频后评价说："简直糟糕透顶。"但是配备了"女妖之眼"的无人机能够监视超过 4 平方千米的区域，而且能够将全景图像切割成 10 个"碎片"直接发送给地面操作团队，地面团队可以在整个全景图像内将自己的视线聚焦到他们最关注的地方。最终，这 4 架"收割者"无人机的利用率非常惊人：在最初的三年服役期内，它们一共在阿富汗上空进行了 1 万多小时的监视飞行。

驻扎在美国内华达州的空军机组人员负责驾驶这些"收割者"无人机，而驻扎在阿富汗的战地部队负责操控摄像机。美军中央司令部虽然尚未公开空中监视行动的精准目标区域，但要求无人机飞行员重点关注"人口密集的中心地带"。而分析图像的任务则落到了第 497 和第 548 情报、监视和侦察小组的头上，这两个小组都隶属于第 480 情报、监视和侦察联队②。每次监视飞行结束之后，都会有一组分析人员来下载视频，仔细寻找叛乱分子关系网的活动，并将其与之前的视频进行比对，

---

① 卡特赖特将军拒绝证实此事。
② 第 480 情报、监视和侦察联队的座右铭是 Non Potestis latere，即"你无处可藏"。

以构建一个观察叛乱分子关系网的"上帝视角"。无论什么时候，空军作战基地保存这些监视视频的期限是 30 天。30 天之后，在美国弗吉尼亚州和加利福尼亚州的情报小组会对这些视频展开更为彻底的分析。

"大狩猎者"的总指挥艾德·托普斯上校在"女妖之眼"被部署到阿富汗之后不久就访问了空军在阿富汗的作战基地。他坐在分析人员旁边，看他随机挑选了一辆在城市街道上行驶的汽车，并回溯这辆车最初出发时的那座房子。在托普斯上校看来，这就像是在看电影的倒放一样。

永远保持警惕的眼睛

2012 年，也就是第一代"女妖之眼"系统——"女妖之眼-Ⅰ"被部署到战场上的第二年，"大狩猎者"团队从国防部高级研究计划局处得到了 10 套完整的"阿格斯"摄像机——多亏了军队指挥官的积极反馈，才使得"女妖之眼"项目得以继续进行下去。18 个月之后，"女妖之眼"完成了更新换代。共装配了 9 架无人机。

第二代"女妖之眼"系统——"女妖之眼-Ⅱ"的大部分技术细节属于国家机密，至今仍受到严格保护。我们能了解到的就是：每个系统都有两个长长的吊舱组成，悬挂在"收割者"无人机的机翼上——那里通常是放置炸弹或导弹的地方。吊舱里面有一个"阿格斯"摄像机和承包商 Exelis 公司提供的一个较小的广域红外线摄像机。据 2014 年一份未经公开的空军报告透露，"女

妖之眼"还配备了情报信号感应器，方便操作人员截获敌方的无
线电通信和电话。据推测，这些获取的情报应该是供美国国家安
全局使用的，但是我问到的人都对此说法既不承认也不否认。

2014年，"女妖之眼-Ⅱ"被部署到了阿富汗战场上。内华
达山脉公司的网站上曾短暂地发布了一个"女妖之眼"项目组
的军用徽章：一个美杜莎的头俯视着两个轮廓模糊的小人。和
神话中描述的一样，美杜莎满头都是蛇，牙齿又长又尖，一只
眼睛是绿色，代表白天的"阿格斯"摄像机，另一只眼睛是
红色的，代表晚上的广域红外线摄像机。徽章上有一行标语：
Oculus semper vigilans，即"永远保持警惕的眼睛"。

同摄像机的技术细节一样，"女妖之眼"系统在战场上使用
情况也属于机密信息。在阿富汗巴格拉姆空军基地操作"女妖
之眼-Ⅱ"的团队全面掌管了这个国家的所有城市。一架配备了
"女妖之眼"的"收割者"无人机就能够覆盖40平方千米的区
域，这就意味着它能够覆盖几乎整个坎大哈市，如果飞得更高
一些就能够覆盖100平方千米的区域。而"女妖之眼"可以同
时向30多个地面单位传送视频"碎片"。负责空军情报、监控
和侦察工作的拉里·詹姆斯将军在部署"女妖之眼"的准备阶
段就将其称为"天眼"。

马克·库特上校曾是"女妖之眼"视频分析小组的指挥官，
在他看来，视频分析小组可以经常追踪一定数量的嫌疑人，同
时也可以关注一下友军。只要两架无人机就可以无休止地有效
监视一个单独的区域。

图 3-3　2015 年，一架装配了"女妖之眼"的 MQ-9 型"收割者"无人机从阿富汗坎大哈空军机场起飞执行监视任务。（美国空军技术中士罗伯特·克洛伊提供）

但是"女妖之眼"并非十全十美。出于一些未向国防部高级研究计划局工程师们解释的原因，内华达山脉公司拒绝使用国防部高级研究计划局提供的超级计算机，而是选择了每秒只能捕捉两帧黑白图像的处理器。据了解，有人抱怨国防部高级研究计划局超级计算机的稳定性和可靠性。

即便如此，"女妖之眼"还是赢得了众人的仰慕。工程师约翰·马里昂曾强烈建议国防部高级研究计划局的布赖尔·莱宁格尔不要如此大胆，现在却称他的想法"好到令人震惊"。

很快，"女妖之眼"就突破了最初设定的使用范围。除了搜索叛乱分子和对付简易爆炸装置之外，"女妖之眼"的硬盘数字录像性能极有可能被用于地面雷达的选址，定位袭击地面部队和基地的迫击炮小队，甚至可能被用于在边境线上①识别走私犯的活动。如果分析人员发现了值得关注的行为，他们就会把这段视频截取出来，在几分钟之内通过电子邮件将其发送给指挥人员。情报指挥官马克·库特上校隐晦地说，发明这套系统的人可能从未料到它会被用来干这些活儿。但是在阿富汗南部，反暴动、反恐怖主义和禁毒这三者之间并没有明确的界线。

在"女妖之眼"被部署之初的几个月里，使用该系统的情报工作小组要求增加无人机的数量，而且该系统的目标从追求"快速反应力"被调整为追求"持久力"。第二年，也就是 2015 年，空军又将"女妖之眼"部署到了叙利亚，用于对付"伊斯兰国"（ISIS）。

从那之后的几年，美国国防部在"女妖之眼"的后续研发中又投入了数千万美元。2015 年，为了应对"紧急操作需求"，国防部加拨 1 000 万美元用于研发超视距通信系统（beyond-line-of-sight communication system），这种系统能够让"女妖之眼"在距离操作员 800 千米以外的地方运行。截至 2018 年，这个项目仍在研发中。多年以来，美国空军一直在尝试将一种被称为"近垂直方向定位感应器"的设备加入"女妖之眼"系统中，因为这种传感器可以对监视区域内的大量通信设施进行定位。

---

① 据推测是巴基斯坦边境。

2017 年，美国众议院军事委员会将"女妖之眼"称为"无价之宝"。在一份涉及众多战斗部队的国会报告中，"女妖之眼"被认为是一个"至关重要"的武器。迈克尔·J. 卡南是唯一一位空军官方正式授权（在必须录音的前提下）与我谈论广域监视技术的现役情报官员。他说，未来几年，人们对"女妖之眼"这样的系统的需求只会越来越大。有意思的是，他本人拒绝直呼这一系统的名字。

万神殿

广域运动成像技术从好莱坞编剧脑洞大开的想象中走进现实，只用了不到 20 年的时间。

中央情报局的官员丹·克雷斯在参与早期的广域运动成像技术研发项目后不久，就开始组织一年一度的空中无人机监视技术研讨会。每年，各种团体都会齐聚沙漠，展示自己的产品，并对各种参展的产品进行讨论。最初，只有一小部分觑得市场先机的机构和公司前来参会。等到"女妖之眼"部署到前线之后，每次会议都能吸引 100 多家参与机密广域监视系统研发的公司、实验室和组织。按照约翰·马里昂的说法，这些广域监视系统能够"说出你去过哪里，吃了什么"。

在情报领域，全视视频已经成为业内标配。情报人员拖着装满了各种硬盘的行李箱在战场上穿梭的场景已成为过去。现在，负责空中监视与侦察活动的国家地理空间情报局可以直接将全视监视视频传送给美国境内的分析人员。由 PIXIA 公司研发的 Hiper Stare 软件可以帮助分析人员从世界上的任何地方访问政府的广域视频档案。研发该软件的工程师拉胡尔·塔迦尔曾为众多流行电影制作电脑特效，并因此获得过奥斯卡金像奖，他的作品之一就是《怪物史莱克》。

与"女妖之眼"同步研发的其他广域监视系统也被广泛使用。2007 年，美国中央情报局和国家安全局投资研发了一套能够将广域监视系统与国家安全局众多机密电子监控感应器结合在一起的软件。此时，他们正雄心勃勃地想要建造一套名为"实时区域网关"（Real Time Regional Gateway）的系统，用于搜寻和清除伊拉克境内与制造简易爆炸装置有关联的电子通信设备。在一次代号为"三叉戟幽灵"的大型军事与情报演习中，广域监视飞机的表现令人印象深刻。空军方面接纳了这个理念，并将该系统装配到了一架没有攻击力的双螺旋桨飞机上，并给它起名为"蓝魔"（Blue Devil）。

"蓝魔"于 2010 年 12 月被部署到阿富汗，此时距离空军正式启动这一项目仅仅过去了 280 天。此后不久，改良版的"永恒之鹰"系统装配了麻省理工学院林肯实验室研发的拥有 8 亿像素的 MASIVS 摄像机。

与此同时，在美国中央情报局的支持下，美国陆军与洛戈斯技术公司签署了协议，计划将广域监视系统安装到系留飞艇上，以保护在阿富汗的美军前沿作战基地免受来自塔利班的迫击炮袭击。协议签订后的几个星期，洛戈斯技术公司就草拟了一个设计方案，其成果就是迄今为止使用最广泛的广域摄像机——拥有 4.4 亿像素的"茶隼"（Kestrel）。

38 架装配了"茶隼"的监视飞艇于 2011 年 8 月首次部署到阿富汗战场上，累计飞行超过 20 万个小时。截至 2018 年，阿富汗还有 2 家美军的军事基地在使用这种飞艇，伊拉克也有一家。虽然"茶隼"的设计初衷是进行防御性监视，但实际上它一直都被当作识别可疑叛乱分子的进攻型情报收集设备。美军分析人员向我描述了一次实地操作：他们利用"茶隼"监视了一位疑似塔利班领导人的葬礼，然后收集了所有到场人员的家庭住址。

在国防部高级研究计划局，"阿格斯"项目的经理布赖恩·莱宁格尔正在带领团队研发一款能在夜间使用的红外线摄像机——"阿格斯-IR"，它能覆盖的面积和在白天使用的"阿格斯"摄像机一样大，而且分辨率也是一样的。该设计所需的材料和冷却系统在当时只能算是试验性技术，但是莱宁格尔的前东家，洛克希德·马丁公司在 2014 年已经完成了相关研发工作。他们制造了两台红外线摄像机，其精密程度令人叹为观止，这是我根据自己亲眼看到的一段视频做出的判断。

基于第一代"阿格斯"摄像机的口碑，没过多久研发人员就找到了愿意使用红外线版"阿格斯"参与战斗的用户。联合特种作战司令部^①很快就将"阿格斯"和"阿格斯-IR"装配到

---

① 联合特种作战司令部（Joint Special Operations Command），美国国防部下属专门负责敏感的反恐作战的机构，其作战手段包括无人机袭击和对高价值目标进行突袭等。

了自己的飞机上。有消息称，装配成功之后，无论是在正午还是在深夜，这架飞机都可以敏锐地拍摄和监视整座城市。

但事实上，并不是所有的广域监视项目都取得了成功。2012 年，美军陆军尝试将"阿格斯"摄像机安装到"A-160 蜂鸟"无人驾驶直升机上，但是在既定部署日期前一天的测试飞行中出现了坠机事故，该项目随即被作废。一年后，美国陆军又取消了一个更加荒谬的项目：在一个 7 层楼高的飞艇上安装广域监视系统。无奈之下，美国国防部以 30.1 万美元的价格将那个飞艇卖给了其生产厂家，而投入这个项目中的研发费用已高达 2.97 亿美元。因此，当空军也想在一样巨大的飞艇上装配一个更大、更复杂的"蓝魔"系统的时候，注定会得到一个同样昂贵的失败结果。

但是，这些代价高昂的失败似乎丝毫没有削弱美国国防部对广域监视技术的兴趣。2018 年，空军第 427 特种作战中队①装备了改版的 CN-235 货运飞机，这种飞机机身的左侧安装了全视监视摄像机，在叙利亚，它们和"女妖之眼"共享天下。美国空军只承认第 427 特种作战中队专攻渗透工作，而且这支部队与中央情报局合作紧密。

与此同时，美国陆军也在组建一个名为"增强型中高度侦察和监视系统"（Enhanced Medium Altitude Reconnaissance and Surveillance System）的监视飞机编队，主要用于在宣战地区

---

① 这是一支无比神秘的小型部队，美国国防部甚至不愿意承认它的存在。

以外执行特种作战任务。截至 2017 年，美国陆军已经在非洲和南美洲部署了这样的飞机编队，但是并没有透露它们的具体用途。

2017 年，美国国防部开始为联合特种作战司令部制造新型的广域监视系统，并将其命名为"高级广域运动成像系统"（Advanced Wide Area Motion Imagery），这个系统的摄像机将比现有的摄像机更小、更轻，但功能毫不逊色。国防部同时还在研发一系列技术，以制造可以装配在"灰鹰"无人机（Gray Eagle）上的广域传感器。

美国空军甚至已经开始探索"女妖之眼"的替代品了。2018 年，关于这一话题的内部研究表明，空军想利用一种更新的技术来更加高效地追踪 11 种不同类型的目标，其中包括密林深处的部队、城市中的个人等。

而这些都是已为公众所知的项目。我还从"大狩猎者"、劳伦斯·利弗莫尔实验室、中央情报局、陆军及空军官员处听说了其他一些广域监视项目，但他们向（我们这样的）系统外的人都只能隐晦一提，至于细节，是绝对不可以讨论的。

悬而未决的问题

"全视之眼"的故事精彩纷呈，但并未就此结束。虽然我们已经清楚美国国防部和情报部门投入巨资研发这些广域监视系统的最初目的是对付简易爆炸装置和打击叛乱分子网络，拯救生命。但是，公众对于一些实质性的问题毫不知情，比如这些广域监视系统在完成预定任务的过程中到底做了什么？它们完成这些任务了吗？

和许多参与研发这一技术的人一样，"大狩猎者"的总指挥艾德·托普斯上校声称，"女妖之眼"和其他广域监视系统拯救了很多生命。但是没有人愿意披露它到底是如何做到这一点的。对这项技术狂热且持续的投资，似乎证明了它肯定还有一些其他的作用。虽然公众已经再三要求军方大致介绍一下广域运动成像技术在战场上的影响，但空军方面拒不理睬，因为这些细节问题都被认为是机密信息。在这些信息被解密之前，"全视之眼"是否实现了当初刺激它诞生的崇高目标仍有待观察。

目前仅有的少量证据表明，广域运动成像技术短暂的成长历程充满了血腥。2014 年秋，空军的一位工程师获得了令人羡慕的国防部"特级科学家"称号，随后一篇网络文章指出，这位工程师参与研发的"蓝魔"系统共抓捕、杀死了 1 200 多人。这一数字本身就足够震撼了，更重要的是，"蓝魔"飞机编队只有 4 架飞机，截止到那篇网文面世的时候也仅仅运行了 3 年多的时间。仅凭一己之力就创下了这个令人震惊的死亡名单，你不觉得很恐怖吗？

据一位空军官员透露，当时许多打击高价值目标的军事任务都是在"蓝魔"的指引下完成的。但是，该系统围捕的 1 200 多人中，大多数可能都只是低级别的成员。以美军在叙利亚的某次军事行动为例，在装载了"女妖之眼"的"收割者"无人机和第 427 特种作战中队的 CN-235 飞机的技术支持下，该行动虽然剿杀了"伊斯兰国"的领导层和普通官兵,但在行动中伤亡的平民数量更加令人惊心。在这些军事行动中,无论是广域监视系统在杀死战斗人员的同时导致平民死亡,还是在执行任务时拯救了其他人的生命,美国国防部都不会对外提及这种技术。

然而,公众是有权利知道事情真相的,并不仅仅是为了评价作为战争武器的"全视之眼"的利与弊,更是为了让人们能够了解这个工具在和平时期的使用前景。参与第一代"全视之眼"研发工作的工程师相互之间常开的一个玩笑,就是他们可能会以"老大哥"创始人的身份被载入史册。但如今看来,这一切并不那么好笑。

EYES IN THE SKY

第二部分

| 我们被监视的未来 |

第四章

巴尔的摩谋杀案

　　2014 年 8 月 17 日凌晨，我骑自行车经过纽约布鲁克林的拉斐特大街。此前，我一直和弟弟、弟妹在一起。凌晨 2 点 43 分，我突然听到右手边传来"砰"的一声响，接着有 4 个人无声无息地冲进了黑暗里。在他们的身后，有个人先是跪倒在地，最终摔倒在街道中央。

　　过了一会儿，我才意识到自己目击了一场枪击案。在转身回到案发现场后，我听到警笛声正在靠近。我看见地上躺着一个年轻人，已经不能动了。不远的地方，一个十几岁的女孩双手捂着嘴巴，眼睛瞪得大大的，满含泪水，盯着地上的男孩。而袭击者早已跑远了。

　　两天后，我想办法找到了处理此案的警员，想了解一些情况，于是他让我到当地的警察局找他。被害的男孩名叫泰坤·哈特，今年 19 岁，情况相当不妙。在问询室，那位警员画了一张十字路口和周围的一些街道的地图，然后问我，嫌疑人是朝哪个方向逃跑了？我拿起地图，画了一个向西的箭头，指向范布伦街。我只知道这些，我没看清嫌疑人穿的什么衣服和长什么样子。

几天之后，我给那位警员打电话，想问问哈特怎么样了。警员说，他没死，但是这个案件的调查被搁置了。这起枪击案成为纽约市每年数千起悬而未决的暴力犯罪案件之一。

如果枪击案发生的那天凌晨，布鲁克林的上空有"女妖之眼"那样的广域监视系统，那么伤害哈特的嫌疑人就不会那么轻松地跑掉：在袭击发生后的几分钟时间里，警方就可以及时地追踪到他们是往哪儿跑的，还能回溯他们是从哪儿来的。即便警方无法在当天就抓住他们，也能找到很多重要的线索。简单来说，广域监视技术的逻辑就是你得到的信息越多，你就越有可能找到自己的对手。这一点是通用的，无论是在美国国内，还是在战场上。

与军方一样，美国的执法部门也有各种各样的监视飞机，但是它们也有很多和军方的传统侦察飞机一样的问题。例如，警用直升机上的"汽水吸管"式摄像机如果用于追踪洛杉矶高速公路上一辆飞驰的福特野马汽车，那么其效果肯定是很棒的，但是它们无法让人们同时监视多起事故。

由于警用直升机的价格相当昂贵，一套设备大概需要1 000万美元，每小时的运营成本高达数千美元，即便是规模较大的警局也只能负担得起一个小型机队，而且这些直升机都是用于影响力很大的案件。因此，警方的绝大多数行动都是在没有监视飞机的支持下展开的。而另一方面，一套广域监视系统可以在追踪野马汽车的同时关注特警队在城镇中行动，还能记录下一些其他不太重要的事故。

执法部门的飞机对事后调查也没有什么帮助，否则警方就有希望找到袭击泰坤·哈特的那些人。接到报警电话后，纽约市警察局的直升机通常至少需要 10 分钟才能到达案发地点。如果发生夜间枪击案，袭击者肯定已经在直升机出现之前就逃之夭夭了。相比之下，广域监视系统可以实现全天候监视。

天空视角在处理规模较大、相对复杂的安全行动时能发挥重要作用，这种情况在恐怖袭击中可能会出现。例如，发生驾车冲撞案件后，分析人员能很快通过广域监视系统回溯这辆汽车最初的出发点，从而确定袭击者与计划在同一天实施更多袭击的那伙人有没有关联。袭击发生之后，分析人员还能迅速确定交通堵塞的地点，从而引导人群远离危险。

从一开始，参与研究广域运动成像技术的实验室和公司就非常明确这一技术在美国国内的使用前景。2002 年秋，华盛顿特区发生了一系列的狙击手射杀案，导致特区及周边地区的人们陷入恐慌。因此，在第一批广域监视系统刚刚被制造出来几个月后，劳伦斯·利弗莫尔实验室的研究团队就开始尝试将该系统装配到飞艇上，送往华盛顿特区帮助当地警方查找行凶者。

最终，系统尚未完成组装，华盛顿的行凶者就已经落网。

但是团队成员并不气馁。2006 年，这个研究团队发布了一份报告，称"索诺码"①可以同时追踪 8 000 个目标，从而实现"更普遍、更持久"的监视。报告指出这种广域监视系统是后"9·11"时代的必需品。

接下来的几年间，几十家国防和安保领域的公司都在努力将这些系统直接推销给各级政府的执法部门。随着伊拉克战争和阿富汗战争趋于平息，美国国防部对这项技术的需求放缓，因此这些努力就日渐加速。

制造"女妖之眼"的内华达山脉公司努力向美国联邦调查局、特勤局以及其他的一些联邦机构推销用于和平时期的"警惕凝视"（Vigilant Stare）。英国宇航系统公司则在 2015 年 6 月向美国海关与边境保护局以及其他一些机构②展示了"阿格斯"摄像机。英国宇航系统公司在进行市场营销时，特别强调该系统可以"对港口、大型体育赛事以及所有公共场所实施监视，是保护生命和财产安全的必需品"。

负责为"女妖之眼"生产红外线传感器的哈里斯公司最近也推出了一款名为"乌鸦之眼 1500"的广域摄像机，该公司在市场营销推广方面尤为积极。2015 年 8 月，公司为在旧金山湾区举办的"城市之盾"大型执法和应急演习提供了一架装配了广域监视系统的飞机。在虚拟的恐怖袭击中，"恐怖分子"蓄意破坏当地的供水系统，飞机在扫描了巨大的城市区域之后，

---

① 后来进化为"永恒之鹰"。

② 英国宇航系统公司和美国官员都不愿意透露这些机构的名称。

在顿斯莫水库附近追踪到了"恐怖分子",同时把几千米之外正在靠近的反应小组的行动也尽收眼底。

演习活动结束以后,哈里斯公司又游说当地的警察局长,请他向邻近的圣克拉拉市的官员们做些引荐,因为当时圣克拉拉市正在筹办 2016 年的超级碗棒球决赛,但这番努力并未成功。

弗吉尼亚州的洛戈斯技术公司做了一份广域监视系统的排名,每隔几个月就向美国国内的各大机构推销一次,而俄克拉荷马州的航空通勤科技公司(Air Commuter Technology)一直在为美国国防部提供执行各种特殊任务的飞行器,该公司储备了一架装配了 3 亿像素的广域监视系统的飞机,宣称可以 24 小时对全美陆地任何地方发生的紧急情况做出反应。

MAG 航空航天公司是一家提供航空拍摄和监视服务的公司,根据其最新的市场营销资料来看,该公司通过一架装配了洛戈斯技术公司最先进广域监视系统的塞斯纳飞机,已经为军方提供了覆盖 3 367 万平方千米区域的监视服务。在伊拉克运营"永恒之鹰"系统的 CRI 公司也通过 GA8 单螺旋桨飞机提供了类似的服务。与美国国内几乎所有的广域监视飞机一样,CRI 公司的 GA8 飞机没有任何外露的标志,普通人很难将其与常规的民用飞机区分开来。

国防承包商 L-3 公司正出售一款定制的"SPYDR"监视飞机,它可以装载广域监视系统,并且获得了专门的认证,可以在美国国内空域飞行。L-3 公司提出的口号是:你的目标无法

图 4-1　一架装配了 CRI 公司研发的广域监视系统的 GA8 单螺旋桨飞机。
（CRI 公司内森·克劳福德提供）

摆脱"SPYDR"。[①]

　　绝大多数这一类产品的市场营销资料都可以在网上找到，里面充满了令人瞠目结舌的内容。在哈里斯公司"乌鸦之眼"的宣传视频中，一本正经的播音员解释了一台有能力拍摄全城图像的摄像机是如何"打击边境线上的非法活动，关注重要的基础设施"的；洛戈斯技术公司的网站上华丽的标题"什么是广域运动成像技术"非常显眼；诺斯罗普·格鲁曼公司在宣传其2亿像素的"鹰眼"摄像机时，展示了一段全副武装的警察正在监视飞机的支持下突击搜索一座大楼的视频，这段视频完全具备了高成本动作电影的潮范。

　　在美国国内的监视服务市场上，广域监视技术的市场推广

---

① 　2018 年秋，L-3 公司宣布与哈里斯公司合并，组成了全球第六大的国防公司。

和销售看起来异常活跃，这得益于以下这些公司：特殊行动方案（Special Operations Solutions）、史蒂文森航空（Stevens Aviation）、航电工业（Avcon Industries）、瓦莱尔航空（Valair Aviation）、支持系统联合会（Support Systems Association），以及潘诺普赛斯公司（Panopses）。潘诺普赛斯公司是由"阿格斯"的设计师扬尼斯·安东尼亚德斯创立的。在和我交谈中，安东尼亚德斯拒绝透露更多的公司业务细节，但是公司的宣传口号可能已经说明了一切：无处不在的广域监视项目。

这些公司打定主意要把"全视之眼"推销给尽可能多的执法机构，他们也几乎成功了。总有一天，每一座美国的主要城市都会将被广域监视系统所覆盖。问题是，这样做的代价是什么？

肩负使命的人

如果有一个人能称得上是广域监视行业的亨利·福特[1]，那么他一定是前美国空军上校罗斯·麦克纳特[2]。麦克纳特身材高挑、仪表堂堂又很温和，他虽然并不是广域运动成像这一技术的发明者，但是他是将其变成主流技术的最大推动者。与"天使之火"和"永恒之鹰"这两个项目团队中的同事们一样，麦

---

[1] 亨利·福特（1863—1947），美国汽车工程师与企业家，福特汽车公司的建立者。他使用流水线大批量生产汽车的做法不仅革新了工业生产方式，而且对现代社会和文化有巨大的影响。——编者注
[2] 本书第二章提到，罗斯·麦克纳特曾在史蒂夫·萨达斯的邀请下参与"天使之火"项目的研发。——编者注

克纳特也深深地迷恋着广域监视这个概念。还在美国空军服役的时候，他就已经为"天使之火"的开发周期制订了一个大胆且创新的计划，其中最刺激的一点就是让装有 24 个镜头的广域监视系统携带高精度炸弹，直接攻击视频中已被识别的目标。

和其他人一样，麦克纳特也知道广域运动成像技术的使用潜力将会超越战场，延伸到美国国内。因此，2007 年从空军退役之后①，他以"天使之火"为蓝本制造了一个拥有 8 个镜头的广域监视系统，而且创建了自己的公司——Persistent Surveillance Systems（以下简称为 PSS 公司），为广域监视系统国内的执法机构提供广域监视服务。几年之后，麦克纳特已经运营着美国国内广域监视领域规模最大的项目，而且成为人们关注的焦点。他坚信这项技术可以解决困扰当代美国城市的很多问题。

在创建 PSS 公司之初，罗斯·麦克纳特就为美国的广域监视技术草拟了一套运行理念，比如该技术的使用方式应该学习美国军方在国外的做法：一架小型的民用飞机在城市上空的固定高度沿着固定轨道飞行，将所拍摄的视频实时传送给地面的指挥中心，由训练有素的分析人员进行整理和分析。

广域监视系统在拍摄到犯罪行为后，可以让分析人员在接到紧急求助电话的同时将受害者所在的区域放大，并立即开始追踪与该行为有关的所有人。分析人员既可以追踪这些人在事

①　那时"天使之火"项目已经被移交给美国空军研究实验室。

发后的去向，也可以回溯他们的来处。当警方开始着手处理这个案子的时候，提供广域监视服务的公司可能已经准备好了一份详细的地图，并在上面标出了嫌疑人在案发前和案发后的一小时所出现的地方，以及他们和哪些人有过接触，如果更理想的话还可以标出他们的家庭住址。

罗斯·麦克纳特的公司很快就引起了人们的兴趣，他的第一个客户是费城警察局。2008 年 2 月，费城警察局与 PSS 公司签署合同，并进行了几次监视飞行试验。三个月以后，麦克纳特又在巴尔的摩市上空进行了一系列的监视飞行试验，并向美国特勤局和联邦调查局的官员展示了这个系统。

那年秋天，罗斯·麦克纳特参加了在圣迭戈市举办的国际警察局长协会年会。在那里，他遇到了墨西哥边境城市华雷斯市的市长何塞·雷耶斯·埃斯特拉达·费里斯。当时，华雷斯市已经成了墨西哥毒贩的战场。据统计，该市因暴力而死亡的平民数量已经远远超过了阿富汗或伊拉克死亡的平民数量。费里斯市长认为，PSS 公司的业务正是华雷斯市所需要的，因此他决定雇用麦克纳特的公司在华雷斯市部署全天候的广域监视系统。

2009 年初，PSS 公司在华雷斯市上空初次运行广域监视系统的前两个小时，摄像机就拍下了一名男子在小巷中被手枪击中头部死亡的画面。根据罗斯·麦克纳特介绍，虽然视频记录下了当时至少有 6 个人目击了这场事故，但是当警方赶到现场时，没有一个人愿意站出来说明自己看到了什么。被判断为持枪射击的那个人，在离开案发现场后就坐上一辆早就停在附近且没有熄火的汽车离开了。随后，这辆车选择了一条长长的、迂回曲折的路线穿过整个城市，并在沿途停了三次。

广域监视系统追踪的另一辆车曾在案发现场绕了两圈，然后加速跑到该城市另一侧的一幢房子前，而第三辆车则在枪响之后就立刻离开了现场。借助谷歌地图，分析人员向华雷斯市的警察提供了这三辆车在案发后几个小时内的停车地址。

很快，PSS 公司的分析人员就被华雷斯市频发的案件淹没了。一周后当地又发生了一起谋杀案，分析人员发现两名嫌疑人曾与一辆开进当地警察局的汽车的司机有过接触，分析团队意识到可能有当地警察与犯罪分子联手。"这会让你觉得'哦，天哪。'"这是后来麦克纳特给我看那段视频的时候说的一句话。

由于担心华雷斯市的某个贩毒集团会破坏广域监视系统的运行，麦克纳特和员工们采取了特殊措施，尽量减少泄密：墨西哥政府中只有很少一部分官员知道这个项目，PSS 公司只向一家执法机构传送广域监视视频。麦克纳特还以保险公司的名义偷偷地向美国毒品管制局和其他的美国部门提供情报。此外，PSS 公司的分析人员居住的酒店受到了严格的保护，团队成员被要求尽可能减少外出。

当年，华雷斯市共有 2 643 人死亡。罗斯·麦克纳特把他的团队在项目运营期间拍摄和调查的犯罪案件记录拿给我看，有桥边抛尸、诱杀、猎杀政府官员、街头处决等等。他给我看了一段当地政府官员在驾车上班途中被射杀的视频，十分残忍。视频中，袭击者们表现得相当冷静，配合默契，不亚于美国海军的海豹特击队。

这个项目运行了 6 个月后，华雷斯市政府突然转变了态度，停止了空中监视行为。即便如此，在那段时间里，公司的分析团队还是向当地警方提供了 30 多起谋杀案的线索。

一个亿万富翁的赌注

罗斯·麦克纳特的广域监视项目在墨西哥华雷斯市运营的时间并不长，未能有效地降低这座城市的犯罪率，但是这一项目引起了美国国内的注意。2015 年秋天，麦克纳特与不喜欢在媒体抛头露面的亿万富翁约翰·D. 阿诺德的代理人签订了一份合作协议。阿诺德是对冲基金公司 Centaurus Advisor 的创始人。通过约翰与劳拉·阿诺德基金会①，阿诺德一直在资助能打击犯罪的新技术，其中就包括名为"公共安全评估"（Public Safety Assessment）的计算机罪犯评估系统。这个系统能基于几十个数据指标计算出一名罪犯再次犯罪的风险。此前，阿诺德通过播客了解到了 PSS 公司，并对这个公司提供的服务产生了投资的兴趣。

当时的罗斯·麦克纳特尚未与美国任何一座城市签订长期订单，PSS 公司只接手过一些不那么引人注目的业务，比如为孟山都公司调查玉米作物，但是麦克纳特依然坚持要把这项技术推销给警方——他曾差一点儿与洛杉矶市和代顿市达成协

---

① 这是阿诺德创建的私人基金会。

议，但后来洛杉矶市认为这个技术与当地的具体要求不匹配，而与代顿市的合作则因当地居民的反对而被取消了。因此，阿诺德提出的合作不啻雪中送炭。

阿诺德基金会的代表请罗斯·麦克纳特推荐一座适合大规模部署广域监视系统的美国城市，并通过系统运营的结果来证明这项技术的能力。麦克纳特考虑了 10 分钟，最后选择了巴尔的摩市。

无论从何种角度来看，巴尔的摩市都是最符合逻辑的选择，因为这座城市同犯罪浪潮的斗争如同战争一般。2014 年已经成为该市有记录以来的最血腥的一年，而 2015 年似乎变得更加糟糕了。而且，这座城市里 60% 的谋杀案都尚未破案。

巴尔的摩市警察局早就表示他们不会拒绝任何实验性的甚至是有争议的新技术。巴尔的摩市警方当时刚刚安装了一套庞大且复杂的闭路电视监控系统，名为"城市之眼"（CitiWatch）。这一监控系统似乎让该城市的犯罪率出现了可喜的回落。自 2007 年以来，警方在 4 000 多次行动中使用了"刺鳐"（StingRay）手机追踪器来追踪嫌疑人的手机。

早些时候，巴尔的摩市警方还曾使用过一款名为 Geofeedia 的软件，这是美国中央情报局拨款资助研发的软件，能监视上万个当地的社交媒体账户，帮助警方查找既往犯罪案件的线索，同时可以根据人们在社交媒体上发布的内容和个人社会关系网来判断哪些人将来有可能会成为不安定分子。

2015 年，25 岁的黑人男青年弗雷迪·格雷在被巴尔的摩市警察局拘留期间受重伤后死亡，这一事件引发了大规模的抗议。因此，巴尔的摩市警方利用 Geofeedia 软件收集了那些抗议者发布在社交媒体上的照片。分析人员将这些照片输入人脸识别系统来识别抗议者的身份，以便"直接从人群中逮捕他们"。第二年，美国其他城市在应对抗议活动时也使用了类似的手段，随后被媒体曝光。于是美国主要的社交平台纷纷取消了 Geofeedia 软件访问平台数据的权限，巴尔的摩市警方也就随之停止使用这一软件。

巴尔的摩市表示很愿意接受免费的监视服务，即使这一技术还未在美国国内进行过大规模部署和使用。在弗雷迪·格雷事件抗议期间，巴尔的摩市警方使用了本地社交媒体监视公司 ZeroFox 公司新开发的软件，该公司声称这个软件能够识别"危险分子"，即抗议人群中最有可能发起或煽动暴力袭击的那些人。然而事实上，在为巴尔的摩市警方提供无偿服务期间，ZeroFox 公司将许多和平抗议者人士列为危险分子，导致他们被警方逮捕，其中就包括后来"黑人的命也是命"（Black Lives Matter）抗议活动的两位知名组织者。后来，法官认定这两个人的行为完全受到美国宪法第一修正案的保护。

在几年的时间里，罗斯·麦克纳特一直与管理巴尔的摩市闭路电视监控系统的主管保持着友好的联系，后者对麦克纳特的工作保持着浓厚的兴趣，却一直未能获得雇用 PSS 公司的资金。在收到阿诺德基金会的消息之后，麦克纳特立即联系了这位官员，并解释说基金会将为巴尔的摩这座城市提供相关费用。

这个提议很快就报给了巴尔的摩市警察局的管理层。不到一个月，巴尔的摩市警察局的警务处处长凯文·戴维斯就批准了这个广域监视项目。约翰·阿诺德向巴尔的摩市捐赠了36万美元的个人捐款。[①] 2016年1月，PSS公司的广域监视飞机在巴尔的摩市上空试飞，他们刻意给这个试点项目起了一个平易近人的名字——"社区支持计划"。该计划是以飞行员培训项目的名义通过审批的，计划于当年秋季结项。然而到了秋天，当地警方希望市政府能将其批准为长期项目。

根据与警方签订的协议条款，只要天气状况允许，PSS公司不带任何警方标志的单螺旋桨塞斯纳飞机就要起飞。这架装配了1.92亿像素摄像机的飞机将在上午11点到晚上8点之间绕环型轨道飞行，飞行员可以在飞机加油时休息30分钟。巴尔的摩市警方共设计了两条飞行线路，一条覆盖了城市西部的大部分地区，另一条则自东北部向外延展。无论是哪一天，只要巴尔的摩市警方认为犯罪行为可能在一个地方发生，警方就可以指挥PSS公司的监视飞机前往该地。PSS公司的广域监视系统每秒钟能生成一帧覆盖83平方千米的照片，每一次飞行，该系统都可能记录下一起凶杀案、3~4起袭击事件、几十次行凶抢劫和上百次的毒品交易行为。这架飞机通常在离地面约3 000米的高度飞行，因此肉眼很难发现它。麦克纳特得到的指令是密切关注那些"无法解决的犯罪案件"，也就是找不到目击证人的重大暴力案件。

---

① 阿诺德基金会的发言人拒绝对本书发表评论。

运行

2016 年春天，我第一次与罗斯·麦克纳特通电话时，他的声音里流露出一种军事指挥官一般的掌控力和紧张感。他对我说："我正准备处理一起谋杀案和一起抢劫案，还有差不多 40 起车辆盗窃案。不过，先生我能为您做些什么呢？"在我解释说我正打算写一本关于广域监视技术的书后，他说正在运营一个广域监视项目，如果我承诺不泄露他的工作细节，比如这个项目在哪里进行和项目组成员具体在做什么，我就可以过来看看他到底在忙什么，前提是这本书不会在当年秋季出版。

2016 年 7 月一个闷热阴沉的早晨，我赶到了巴尔的摩市。罗斯·麦克纳特在市区一幢平淡无奇的大楼里接待了我，他带我穿过一道厚厚的金属门，门上没有任何标识，只贴了一张写着"社区支持计划"几个字的纸，门后是一间相当单调的办公室。麦克纳特打开了两台放映机，在电脑键盘上输入了一些指令。几分钟后，我们面前的整面墙都亮了起来，空中视角下的巴尔的摩市在我们面前铺开。

这是飞机在前一天拍下的图像，此时此刻，由于城市上空被厚厚的低层云遮盖住，监视飞机不得不停飞，刚好给分析人员留了下载并处理大量视频的时间。

罗斯·麦克纳特开始点击鼠标。他每点一下，视频就会向前移动一帧，成千上万辆汽车在城市里的街道上行驶着。麦克纳特把画面放大，一些微小的单像素阴影似乎漂浮在人行道上。麦克纳特解释说，那是行人。

就在麦克纳特和我交谈时，一位员工在这间办公室的门口徘徊。麦克纳特转过身问他："怎么，有什么事吗？"

"有一起谋杀案，"来人回答说。

"我去处理一下。"麦克纳特说完，将上帝视角之下的巴尔的摩市留给了我一个人。等他回来以后，似乎对隔壁房间发生的事情无动于衷。

麦克纳特说，与军方退役的情报分析人员相比，他更愿意雇用经常玩电子游戏的年轻人。PSS 公司的系统甚至使用了年轻人最熟悉的游戏按键来执行某些命令。一名优秀的分析人员在追踪车辆时，其速度可以比汽车本身的速度快 3~4 倍。在一起针对警察的袭击案中，据称有一辆摩托车与此案关系紧密，因此分析人员追踪了它一个多小时。在案发后的两个小时之内，嫌疑人就被警方抓获了。有时候，分析人员甚至会花 4 个小时来持续追踪一辆车。

分析人员发现，参与暴力犯罪的车辆通常会向市中心逃窜，可能是希望能在摩天大楼的遮蔽下摆脱警方直升机的追踪。一起谋杀案发生后，PSS 公司的分析人员发现，被追踪的车辆竟然在 22 个地点停下过。一位参与调查某个案件的警员说，有时候，仅仅是从闭路电视监控系统中提取犯罪嫌疑人的详细行为记录，再将它们拼接在一起，就要花上好几个星期的时间。

在另一个案件中，分析人员对一位枪杀案嫌疑人实施追踪时，发现他进入了附近的一幢联排别墅里，而这一地点正是近年来多次打电话报警的地方。分析人员认真梳理了与这些案件相关的人员名单，并将他们的面部照片与闭路电视监控视频中的嫌疑人进行比对。几分钟之后，匹配成功。就这样，嫌疑人在几分钟之前还只是一个转瞬即逝的像素，但现在他有了姓名，因此当天就被警方抓获了。

有时候，关于嫌疑人最有价值的信息并不是在分析人员追踪他们逃离案发现场之后的过程中得到的，而是在回溯案发前的几分钟甚至几个小时时发现的。"天使之火"的工程师史蒂夫·萨达斯也曾致力于将广域运动成像技术推广到美国国内进行使用，他指出："银行抢劫犯在动手之前会花很多时间来规划案发后的逃跑路线和藏身之处，而且他们在那时不会很谨慎。"

嫌疑人实施犯罪之前的行为可能会暴露其家庭住址，分析人员根据这些信息就能找到这个人及其同伙。而且，即便是嫌疑人的日常活动等不起眼的信息也可能大有用处。在墨西哥的华雷斯市，当地警员利用一名嫌疑人在案发前的行踪诱使他相信有一名同伙已经与警方合作了。考虑到这名同伙已经出卖了自己，该嫌疑人当即向警方坦白，以换取从宽处理。

在暴力犯罪事件发生之后，广域运动成像技术还能让分析人员识别出那些可能了解案件信息，但并未主动站出来作证的旁观者。有时候，分析人员在追查目击证人时，往往和追查犯罪嫌疑人一样锲而不舍。在一次枪击案中，有两名年迈的路人受伤，于是罗斯·麦克纳特的团队追踪了事发时从现场经过的20多辆汽车，希望找到愿意出面提供相关信息的人。

PSS公司还在研发持续监视技术，这一技术与美国中央情报局等机构在海外行动中使用的技术十分相似。特别的一点是，该公司的摄像机能提供某个区域无缝衔接的单一视图，并据此将纷乱复杂且不容易识别的各种事件串联起来。巴尔的摩这座城市为 PSS 公司提供了太多的机会来展示其能力。在那里运营了几个月之后，PSS 公司的分析人员意识到一些车辆正以一种协同分工的方式在城市中移动，这让他们联想到了华雷斯市的毒枭中所采用的战略。

我在巴尔的摩市参观的时候，PSS 公司的团队正在监视一处特定的地点：一个破旧的小便利店，他们认为那里与一个规模庞大的犯罪集团有关联，因为他们发现每天都有十几辆汽车从附近的高速路上开下来在那家小便利店前停上两分钟。分析人员认为，那些人绕了一大段路来那个便利店可不像是为了只买一瓶水。后来，那些经常来便利店的一些车辆被认定与一起枪击案和持刀行凶案有关。

从技术层面来说，巴尔的摩市警察局的闭路电视监控数据管制政策规定，在公开调查开始的 45 天后，与调查内容没有直接关系的视频必须被删除。事实证明，这条政策变成了以上这种非正式调查的障碍。但是麦克纳特告诉我，因为摄像机总是能在镜头覆盖下的某个地方捕捉到与正在进行的调查相关的证据，因此，当地警察局总会找到各种理由让他们能无限期地保留所有广域监视视频。

麦克纳特相信那家小便利店是在出售制作海洛因的原料。他确信，如果警方发动突袭，肯定能一举拿下至少 15 名贩毒分子。一名警方主管批准了空中监视行动，但他既没有拿到搜查令，也不打算让广域监视系统与正在开展的地面调查合作。于是，罗斯·麦克纳特只能孤军奋战。

凌驾于法律之上

美国联邦法律并没有禁止我刚才描述的那种境内空中监视活动。当操作人员在人群聚集区域的上空使用军事级别的监视系统时，他们可能会通知当地政府，就像我和史蒂夫·萨达斯一起在阿尔伯克基市起飞时那样说自己要执行"拍照任务"。但是，即便是提供如此温和的借口，也并非法律要求的非走不可的程序。

怎么说呢？如果你在乘坐商业航班从巴尔的摩市上空飞过时，用自己的手机拍了一张地面的照片，虽然那张照片中的绝大部分区域属于私人财产，但是你侵犯他人的隐私权了吗？答案是没有。

但是，如果你用来拍照的设备不是手机，而是配备了伸缩镜头的专业摄像机，连地面上的每一个人都能看清呢？虽然你的行为可能会让身边的乘客感到惊讶，但是从法律的角度来说，和上一个例子一样，你并没有侵犯他人的隐私权。

进一步来说，如果你驾驶着直升机在城市上空 300 米的高度用专业的摄像机拍照，能够分辨出你镜头里的人身上的显著特征，你可能会说这当然不合法。因为你认为用手机透过飞机的舷窗拍摄别人家的后院，和用专业摄像机从几百米的高度拍摄别人家的后院是明显不一样的。

但其实这两者也没有什么不同之处。即便你碰巧拍下了有人在院子里晒日光浴，那也不是你的错，而是他们的错。因为他们没有采取更好的防护措施，以免自己被空中监视系统拍摄下来。[①]

这是因为在法律层面上，美国的天空与地面上的步行道、公路、公园和海滩等地方一样属于公共区域。而且美国的法律规定，在公共区域对私人财产或公民个人进行拍摄并不违法。当然，如果你公布或发表一些特别敏感的照片也可能会惹上麻烦，但我们现在所说的只是在空中拍摄这一行为。

即便是美国政府部门中最机密的组织，也难说自己能够完全不受空中监视的影响。1998 年春天，一位绰号为 Cheebie 的员工正站在马里兰州国家安全局的停车场里，忽然发现一架机头上装着奇怪圆形物体的民用直升机径直从他的头顶上飞过。在认出那个圆形物体是摄像机后，他着实吓了一跳。在大楼里工作的国家安全局员工非常担心直升机里的机组人员能透过打开的窗帘看到他们办公室里面的情况。

最后经查实，这架直升机隶属于一家电影制作公司。当时，摄制组正在驾驶飞机进行拍摄——信不信由你——《国家公敌》这部电影。他们对着马里兰州国家安全局大楼这座光鲜亮丽的玻璃建筑拍了一套远景镜头。难道马里兰州国家安全局没有办法阻止这样的飞行拍摄吗？ Cheebie 和其他职员一起质

---

① 但是，如果他们采取了防护措施，而你却设法刻意避开了这些防护措施，那么你就侵犯了他们的隐私权。

询了国家安全局行政办公室。

没有！一位负责公共关系的官员在回应质询时说："相信我，我们已经试过了（所有方法）。"

几天前，这个电影制作团队的成员曾与马里兰州国家安全局的几位官员碰面并解释说，接下来的几周，他们在国家安全局大楼的上空有一系列飞行拍摄计划。官员们拒绝了这个计划，但是从法律层面来说，他们没有理由阻拦拍摄，因为国家安全局大楼上方的天空属于公共空间。《国家公敌》的摄制人员要做的只有一件事，那就是提交一份飞行计划，将其称为"拍摄任务"。

广域摄像机的制造商和使用者正是利用了这个现行隐私法中的漏洞，在人们不知情的情况下将广域监视系统对准了美国境内身处和平时期的人们：美国的内华达山脉公司在科罗拉多州的郊区上空测试"女妖之眼"；加拿大的 PV Labs 公司在美国和加拿大很多城市的上空测试其拥有 300 万像素的摄像机，其中包括北卡罗来纳州的夏洛特市和威明顿市，以及加拿大的安大略省；澳大利亚国防部也曾在阿德莱德市和渥太华上空测试过广域监视系统；麻省理工学院的林肯实验室曾在波士顿市区上空测试过自己的巨型广域监视系统；美国的哈里斯公司曾经大范围地监视过罗切斯特市；美国空军曾花几个小时的时间来拍摄位于哥伦布市的俄亥俄州州立大学校园；史蒂夫·萨达斯在阿尔伯克基市上空多次飞行所收集到的信息，被密苏里州大学的研究人员用来测试一种车辆追踪算法；2016 年，在帕萨迪纳市，萨达斯还曾在玫瑰碗体育场的上空对几万名观众进行拍摄试验。

2007 年 9 月，美国中央情报局和国家安全局举行了一次耗资 400 万美元的"蓝草"演练，这可能是所有的广域监视活动中最令人胆战心惊的一个。演练中的一项活动是用两台"全视之眼"摄像机、两台能够同时监测地面上上万个运动目标的雷达，以及一架装备"汽水吸管"式监视系统的飞机来监视得克萨斯州卢博克市的市民，具体的监视天数至今仍未被披露。这次演练的目的是想办法将多种监视工具得到的信息转化为单一视角的视频。①掌握这种视频的美军陆军实验室将其描述为"庞大"的数据集，而且是特别详细的数据集。我观看了其中的一个片段，追踪的目标是弗林特大街上的几辆汽车。

2014 年，美国中央情报局提议在某座城市开展"蓝草"后续演练，目标是研究如何更好地将传统的情报来源与现代的社交媒体信息源结合起来，但是这个想法好像并未得到落实，或者是当局从未向公众披露。

类似的监视飞行测试一直持续到今天。2017 年夏天，在被部署到叙利亚之前，空军第 427 特别行动中队的广域监视飞机曾在西雅图上空飞行了 50 多个小时。有时，这架飞机还会到临近地区的上空飞 4~5 个小时。

我本人也曾在不知情的情况下被广域监视系统拍摄过。

---

① 我们将在本书后面的章节讨论这个话题。

2014 年，我到密歇根州的大溪城参观一个艺术博览会。就在我抵达该地的前一周，总部位于大溪城的 CRI 公司在该市上空启动了一个模拟监视任务，以展示将"全视之眼"用于大型公众集会的方法和效果。

警方同样可以在没有搜查令和特殊许可的情况下使用空中监视系统。根据美国现行的隐私法，这种操作是合法的。例如，一位警官透过一幢房子的窗户看到了一个种着大麻的小果园，因为这位警官是站在公共区域里（马路上或步行道上），因此他不需要许可就能够观察到非法种植园，也不需要许可就可以拍照取证。

警方进行空中监视活动的唯一门槛就是他们必须使用"公众可获取的技术"，在为数不多的相关诉讼案件中，这一表述的定义非常模糊。20 世纪 80 年代，曾有两个关于警方调查取证的判例。在其中一个案件的调查过程中，警方利用低空直升机上的日间摄像机从空中定位了大麻的种植地。最高法院依例认定警方并未违反宪法第四修正案，因为两架直升机和机上的商用日间摄像机都是市场上常见的工具，属于公众可获取的技术（即使不是谁都能买得起）。

在另一起案件中，即科洛诉美国案 ① 中，为了找到户内种植的大麻，警方用一架红外线摄像机在公共区域内的有利位置对到原告的车库进行了拍摄。法院依例认定警方的行为是未经

---

① Kyollo v. United States。

批准的搜查行动，因为在绝大多数情况下红外线摄像机并不是公众可获取的技术。

目前，法院对于能够同时拍摄整座城市的 2 亿像素摄像机是否属于"公众可获取的技术"尚无定论。但迄今为止，还没有哪一家执法机构因为使用广域监视系统而遇到法律上的挑战。

为了预防在巴尔的摩市遇到的挑战，罗斯·麦克纳特编写了一份法律方面的备忘录，概述了在美国合法使用广域监视系统的法律依据。实际上，从法律层面来说，在巴尔的摩市运行广域监视系统的 PSS 公司等同于一位向警方提交证据的市民（"带摄像机的市民"，麦克纳特强调）。当他把这个备忘录递给我时，他说："PSS 公司的行为是完全合法合理的。"因为 PSS 公司并未入侵居民的家，而且摄像机拍到的一切事物都是可以从天空中看到的，而天空又属于公共区域，因此至少就目前来说，公司没有任何违法违规的地方。

抬头看

美国的执法机构早就盯上了隐私法在天空这一领域的漏洞。最近几年，美国本土的广域监视系统的使用出现了令人震惊的增长，其原因在于警方拥有了性能更为先进的直升机、继续按照空军"捕食者"无人机的方式进行环型飞行的"汽水吸管"式监视飞机，以及多电脑系统的小型无人机。未来，每个人都会被从空中监视，从早到晚、每时每刻。

2014 年 7 月 23 日，Reddit（红迪网）①的一位用户在聊天板块写道，最近有很多神秘的单螺旋桨民用飞机在弗吉尼亚州的麦克莱恩市和兰利市上空频繁绕圈飞行。其中一架飞机的尾翼编号显示它注册在一家名为 NG Research 公司的名下，但是在谷歌搜索引擎上根本找不到这家公司的任何信息。

看过这个帖子后，其他 Reddit 用户很快发现，至少还有 5 架带有尾翼编号的飞机参与了这次行动。其中一架飞机正在向外发送应答机代码，也就是空中交通管制员用来识别飞机的代码，而美国联邦调查局则通过这个代码来进行监视行动。一年前，另一架尾翼编号为 N859JA 的飞机以类似的方式在马萨诸塞州的昆西市上空飞行多日。对于这两起监视活动的范围或目的，官方没有给出任何解释。

2015 年 5 月，当巴尔的摩市的弗雷迪·格雷案抗议活动进入高潮时，一个名叫本杰明·谢恩的男子发现一架小型民用飞机已经在城市上空盘旋了好几个小时。"有人知道是谁在城市上空开飞机绕圈吗？"他在推特上问道。7 分钟之后，一位名叫皮特·森博里克的推特用户回应说，他在一个网站上找到了这架飞机，它也注册在 NG Research 这家公司的名下。

皮特·森博里克曾经在美国公民自由联合会（ACLU）工作过，他很快就发现了第二架在巴尔的摩市西部上空沿着环型轨道飞行的飞机。他把自己的发现提交给了美国公民自由联合

---

① 一个美国社交新闻站点，其口号是"提前于新闻发声，来自互联网的声音"。——编者注

会，后者立即根据美国《信息自由法》填写了一份信息公开申请书，要求美国联邦调查局、美国缉毒局和美国司法部执法官局公开相关信息。

根据《信息自由法》的要求而公开的信息显示，美国联邦调查局是这些飞行活动的幕后主使。2015 年 4 月 28 日，也就是巴尔的摩市第一次暴力抗议活动爆发的三天后，联邦调查局开始在该市展开空中监视活动，一共进行了 36 小时的监视飞行。事后证明，NG Research 公司是美国联邦调查局设立的幌子公司。

应《信息自由法》的要求，美国联邦调查局还提供了一份《国内调查与操作指南》的摘录，他们回应，宪法第四修正案并未对从空中进行监视活动做出任何规定。罗斯·麦克纳特还有其他的相关公司也是这么说的。

针对弗雷迪·格雷案抗议活动的监视行动也并未采取什么特别的方式。一位管理一个特别行动小组的美国联邦调查局官员对我说，空中侦察和监视一直都是联邦调查局的惯用手段之一。那年秋天，联邦调查局局长詹姆斯·科米在众议院司法委员会作证时解释说，当调查人员无法开车或步行追踪目标时，他们通常会采用空中监视手段。被问及这些飞行活动的范围时，科米向委员会保证，联邦调查局仅仅使用了"少数几架飞机"。

然而，科米认为的"少数几架飞机"可能跟你我认为的不太一样。2016 年 4 月，BuzzFeed 网站报道称，美国联邦调查局在 2015 年的秋冬两季仅 4 个月的时间里就动用了 100 多架飞机，执行了 1 950 次空中监视任务。绝大多数的飞行活动都是由 NG Research 等幌子公司来执行的，它们有着类似的名字，如 NBR 航空公司、PXW 服务公司等。

联邦调查局的官员解释说，他们使用监视飞机是为了追踪非常重要的嫌疑人，比如恐怖分子、间谍和重要犯人。而且，飞机的飞行路线确实与"捕食者"无人机在中东地区追踪叛乱分子时所使用的持续追踪路线非常相似。联邦调查局发言人克里斯托弗·艾伦告诉 BuzzFeed 网站，这些飞机在城市上空盘旋很久，可能只是为了等待嫌疑人从某幢建筑物里走出来。

但是据统计，到了周末，这些监视飞机的飞行次数就会减少 70% 以上，这似乎表明很多目标并不是那种需要全天候监视的"重要嫌疑人"。而到了感恩节时，几乎所有的飞机都会停飞。但是在穆斯林聚居区，例如旧金山的小喀布尔以及明尼阿波里斯市的小摩加迪沙上空仍有很多监视飞行活动。

美国联邦调查局并不是唯一一个大量使用空中监视技术的联邦执法机构。国土安全部拥有一支庞大的侦察机队，在支援其他州开展工作时曾被多次使用。

国土安全部下属的海关与边境保护局是第一家将广域监视技术用于日常业务的美国联邦机构。该局拥有一支小型飞机编队，由装配"汽水吸管"式摄像机的"收割者"无人机组成，用于监视边境和港口等地区。自劳伦斯·利弗莫尔实验室在美国南部边境展示了他们研发的最早的一款广域监视摄像机起，海关与边境保护局就对广域监视技术产生了极大的兴趣。国土安全部甚至派人参加了一些由中央情报局定期举办的广域监视技术研讨会。

2012 年，在一次会议上，一位国土安全部的官员和约翰·马里昂见面了。随后，国土安全部就在美墨边境城市诺加利斯市为洛戈斯技术公司的小型监视飞艇举办了一次演习活动。在第一次夜间行动中，这种飞艇就拍到了 35 个走私犯和偷渡者。截止到当周周末，国土安全部用这种监视飞艇收集的情报抓捕了 80 多人。更为重要的是，在演习期间，从该地区偷渡的人迅速减少。组织者认为，边境另一侧的人为了避开监视飞艇已经改变了路线。

美国海关与边境保护局的"收割者"无人机装配了车辆及散兵探测雷达（VADER），这是一款广域地面监视系统。同广域运动成像技术一样，它也是美国国防部用于对付简易爆炸装置所研发的工具，主要用于追踪在乡村地区活动的车辆和个人。这种雷达可以帮助操作人员在不离开美国领空的情况下深入监视墨西哥地区。根据海关与边境保护局的官员透露，目前该雷达共发现了三万多名非法穿越美国边境的人，同时还帮助当局收缴了约 5 443 千克的可卡因。海关与边境保护局已经为处理广域监视系统的数据付出了很多心血，这是一个强烈的信号：他们早晚都会购入自动化广域监视系统。

除了国土安全部和联邦调查局，美国司法部执法官局也拥有一支名为"空中监视小组"的秘密特遣部队。据该机构的官网介绍，这个特遣部队在调查和抓捕对国家构成巨大威胁的逃亡分子时提供了至关重要的情报。

美国各州和地方警察局也正在更加频繁地从空中监视自己的辖区。2017 年，BuzzFeed 网站的记者通过一种算法追踪了美国的空中交通数据，发现了与监视行为相关的常见飞行方式（比如在某个地区上空沿环型轨道飞行），同时揭发了几十起从未公之于众的空中监视项目。记者发现，在洛杉矶市、奥兰治市和亚利桑那州的凤凰城等城市的上空长期存在着监视行动。2018 年，《得克萨斯州观察家》杂志发布了一份调查报告，称在 2015 年 1 月至 2017 年 7 月间，仅得克萨斯州公共安全部一家机构就在该州上空进行了几百次空中监视活动，其中奥斯汀市 38 次、总人口 1 万多人的罗马镇 274 次。而且，有些监视飞机似乎还冒险越过了美国和墨西哥的边境。

官方批准了这些监视飞行活动，却并未向公众披露，甚至故意隐瞒其中的一些活动。例如，人们发现多年来佛罗里达州的棕榈滩县治安官办公室一直通过一家名为"五点空中调查"的空壳公司使用一架监视飞机。

随着商用无人机的面世，即便是规模很小的警察局也可以在空中安上一只"眼睛"。截至 2018 年年中，美国已有 600 多个州级和地方执法机构使用广域监视无人机。这些小型无人机在续航和拍摄能力方面不如载人飞机，但是它们的监视能力丝毫不逊色于载人飞机。而且在不久的将来，这种便宜的无人机将会被执法机构用来建设广域监视网以监视整个大都市。我在前面的章节里已经分析了这种可能性。

很快，美国的天空就会成为无人机的乐土，而且这些无人机能够执行军事级别的监视任务。"捕食者"和"收割者"无人机已经用行动证明了它们在美国国内市场的实用性：2011年夏天，在北达科他州偏远的拉科塔地区，国土安全部利用一架"收割者"无人机解决了因4名偷牛贼而引发的僵持许久的武装对峙。利用无人机提供的监控视频，特警队在该地区成功降落并顺利逮捕了当事人。另一方面，加利福尼亚州国民警卫队将"捕食者"和"收割者"无人机用于野外灭火，还曾利用其中一架无人机找到了一位在埃尔多拉多国家森林公园走失的男子。

这些行动都发生在被高度管制的空域，所以无人机与载人飞机相撞的概率是非常小的。而且美国联邦航空管理局、美国国家航空航天局、国防部以及众多军事国防承包商及行业组织一直在努力研发防碰撞技术和空中交通管理系统，并推动相关政策的制定，以促进无人机能够经常进入商业航班的飞行区域。

国防承包商通用原子航空系统公司（GA-ASI）已经对旗下的"收割者"无人机进行了优化，使其可以在民用空域飞行。该公司的管理层称，他们计划在2025年之前让"收割者"无人机能在美国空域内无限制地飞行。2018年，"收割者"无人机的改良版——"空中卫士"无人机（SkyGuardian）已经成功通过公共空域飞越了大西洋。"空中卫士"无人机已经完全具备了携带"女妖之眼"系统的能力，而且可以在空中飞行30小时以上。现在，你可以想象一下，你所在辖区的警察局可以用"空中卫士"无人机来做些什么呢？

枪击，如此清晰

我访问巴尔的摩市的最后一天，罗斯·麦克纳特邀请我参加一个简报会，这是"社区支持计划"团队专门为正在调查一起谋杀案的三名巴尔的摩市警察准备的报告会。7月10日下午4点半左右，警方在麦迪逊公园附近一处僻静的街区发现了31岁的罗伯特·麦金托什，当时他身中数枪，在被送往医院的途中死亡，没有目击证人前来报案。但是空中监视系统一直在运转着。

PSS公司的监视飞机提供了相关视频，人们可以看到麦金托什和另外5个人一起站在步行道上。突然，麦金托什倒在了地上，那群人则四散离去。其中被分析人员认定为枪手的那个人跑进了一条小巷，其他3个人很平静地向东南方走去，第5个人则钻进了一辆银色的小轿车，并驾车在附近的街区转了几个圈，最终停到了旁边一条小巷的入口处，接走了被认定为枪手的那个人。

PSS公司的分析人员及时回溯了那辆小轿车的行驶轨迹，发现它是在枪击发生的45分钟前从一所公立学校开出来的。小轿车在该地区迂回往返，为了与一辆黑色的越野车碰头还开进了一条死胡同。后来，小轿车提前到达了停车场，枪杀麦金托什的凶手正在那里等他。随后，小轿车司机和枪手在一个街区以外的人行道上与麦金托什和其他3个人站在了一起。

开枪之后，枪手和司机在城市里绕了很长的一段路，有几次还走了回头路——罗斯·麦克纳特指出，在嫌疑人驱车逃离案发现场的案例中，分析人员经常能看到这种行为。最终，小轿车在西普拉特大街，也就是这座城市的主干道汇入了晚高峰的车流之中。几分钟之后，小轿车开进了一条我认识的街道，那里距离"社区支持计划"的分析中心，也就是现在正在举行报告会的这个地方仅有半条街的距离。

图 4-2　卫星照片显示的是"社区支持计划"在巴尔的摩市上空的监视轨道。巴尔的摩市警察局可以把广域监视系统调整到东部或者西部轨道，这取决于他们对某一天的犯罪形势的预判。每条轨道都能覆盖该城市 83 平方千米的区域。（谷歌地图提供）

PSS 公司的分析人员可以自由地访问巴尔的摩市的闭路电视监控网络，他们通常用这些地面摄像头来弥补空中视角的不足。当他们在空中看不到目标汽车的行踪时，就会转向附近的地面摄像头。通过闭路电视的画面，一位警员认出这起枪击案中的小轿车是一辆新款的雪佛兰科鲁兹。"社区支持计划"的分析人员将空中监视视频与麦迪逊公园附近的闭路电视监控录像结合起来，锁定了案发时和麦金托什在一起的另外 3 个嫌疑人。

当分析人员查看那辆小轿车在斯普拉特大街堵车的视频时，另一位警员注意到它紧挨着一辆公交车，而那辆公交车刚好安装了外部闭路电视监控摄像头。于是，他建议 PSS 公司的分析人员与城市交通主管部门取得联系，看看那辆公交车有没有拍下这辆小轿车的车牌号码。①

总而言之，PSS 公司为警察提供了嫌疑人车辆的品牌、型号、生产年份，以及若干个相关地址，并简要地介绍了枪击案的情况。如果通过其他方式，警员可能要花上更长的时间才能收集、整合所有这些信息。

"这绝对是我 25 年来所听过的最棒的报告！"一位警员说。他接着问罗斯·麦克纳特，为什么不让美国的所有城市都用上这种系统呢？麦克纳特回答说："他们没有政治魄力。"接着，麦克纳特请求警察把他们对这套广域监视系统的赞美之词传达给上级。

警察起身离开了。后来，巴尔的摩市警察局的其他调查人员拒绝采纳麦克纳特团队提供的证据，因为该州的检察官尚未注意到这个项目的存在，因此任何呈现在法庭上的航拍图像都可能会不予采纳。但是参与调查麦金托什案件的警察似乎更青

---

① 鸟瞰视野下的摄像机是无法拍到汽车牌照的。因此我们在此预测，到 2030 年，当局可能会要求车主在汽车的车顶也挂一个车牌。

睐于使用从那次报告会上得到的线索。"就像那部电影里演得一样，"从录像中识别出小轿车品牌的那位警察说，他停了一下，努力地想了想，然后抬起头来说："对，《国家公敌》！"

隐藏在公众视野之外

警方调查人员离开之后，罗斯·麦克纳特用投影仪播放了另一段视频，是监视飞机在当天所拍摄的实时影像。麦克纳特锁定了他和分析人员关注已久的问题街区。令我震惊的是，这些区域看上去与"社区支持计划"忽略的富人区没什么区别。从空中俯瞰这个世界真是一件有趣的事情：没什么看上去是可疑的，一切又都是可疑的。麦克纳特将镜头对准了"社区支持计划"办公室所在的位置，我们从 3 000 米的高空盯着空荡荡的屋顶看了几分钟。

事实上，巴尔的摩市的居民还不知道，在过去 6 个月的大多数时间里，一架侦察飞机把他们的一举一动看得清清楚楚。由于"社区支持计划"并没有使用巴尔的摩市政府的资金，因此这个项目并不需要受制于该市的常规审批程序，而且巴尔的摩市警察局也一直没有把这个项目报告给市政府、马里兰州立法委员会和公共防务部门。未来，巴尔的摩市警察局可以声称说这架监视飞机的飞行活动仅仅是闭路电视监控系统的延伸，是市政府多年前就已经批准了的，空中无人机监视行动无须由警察局管理层以外的其他任何官员管理。如此一来，巴尔的摩市警察局就多少有点儿像《国家公敌》里的国家安全局特工，即便是市长也被蒙在鼓里。

一座城市在测试有争议的新技术时，会尽量让其远离公众的视线。2016 年，费城政府被曝光私下运营着多辆安装了车牌识别设备的越野车，而且这些越野车伪装得很简陋。有一种用来掩盖秘密计划的技术越来越受欢迎，名为"平行结构"，即调查人员在使用未经披露的监视工具发现犯罪活动后，会用已被公众所知的监视工具"再发现"该犯罪活动一次，而后一种监视工具就是可以在法庭上公开讨论的工具，其数据也被法庭承认。因此在某些案例中，如果法官要求警方披露其使用的秘密监视手段，比如"社区支持计划"，警方宁愿选择放弃对嫌疑人的指控，也不愿意将这些监视手段公之于众。

而且，与"社区支持计划"一样，绝大多数在美国国内使用的广域监视技术都受到了严格的保护。2012 年，洛杉矶举行了为期一周的广域监视飞行项目，但直到 2014 年，此事才被调查报告中心公之于众。事情曝光之后，负责这个项目的警官解释说，如果警方当时就向公众公开此事，那么这个项目可能会因公众的反对而被取消，这些新技术就连证明自己的机会都没有了。2018 年，CRI 公司被曝光与某国家机构签订了合作协议，以建立应对重大事件和紧急情况的广域监视系统，但是公司并未披露是与哪个国家机构签订的协议，而且也没有国家机构主动站出来表示自己就是那个主顾。事实上，目前连很多相对温和的广域监视行动也在刻意躲避公众的视线。

罗斯·麦克纳特告诉我，"政客们"（也就是巴尔的摩市警

117

察局的领导层）不愿向公众透露"社区支持计划"的存在，除非 PSS 公司能解决"六七桩"凶杀案。但是麦克纳特说，从他的角度来说，他反对警方将这个项目隐藏在暗处的决定，因为他想让这座城市里的暴力犯罪分子知道他们的头顶上有监视飞机在盯着他们。月初，有人骑着摩托车袭警，麦克纳特的团队花了两个小时就锁定了犯罪嫌疑人。麦克纳特认为，如果公众知道有一个 1.92 亿像素的摄像机一直在自己头顶上注视着地面，那么打算实施犯罪的人就会三思而后行。麦克纳特非常自信地判断：90% 的巴尔的摩市市民会支持"社区支持计划"，而剩下的 10% 很快就会被这一项目的成绩说服。

即便如此，在我离开"社区支持计划"的办公中心之前，罗斯·麦克纳特还是再三嘱咐我：不要向任何人提起这个项目。出了大楼，我沿着麦金托什案中的银色小轿车在前些天行驶过的路线走了几条街。那时正是中午，天上一点儿云都没有，我看不见监视飞机，但我知道它看得见我，我能够强烈地感受到它的存在。然而，更让我不安的是，大街上熙熙攘攘人群正在匆匆忙忙地做着自己的事，根本不知道自己正在被监视。

第五章

广域监视技术的其他应用

走在"全视之眼"监视之下的巴尔的摩市街道上,我很难想象这个为军事用途而开发的令人望而生畏的技术,有一天会被大众当成与消防车或医疗直升机相似的存在。然而,从"全视之眼"被构想出来的那一刻起,它的创造者就坚持认为,这一技术应该、能够、也将成为这个世界上的一股向善的力量。据 CRI 公司创始人内森·克劳福德说,2005 年,当"永恒之鹰"和"天使之火"的工程师们在佛罗里达州的海滩上进行联合开发时,他们一致认为广域运动成像技术"必须用于积极的目的"。

这项技术可以在自然灾害发生后搜寻幸存者、扑灭森林火灾、改善早高峰的交通路况,甚至可以降低人们投保的费用。事实上,它不仅可以在巴格达捣毁叛乱分子的关系网,也可以在巴尔的摩市追捕谋杀案的嫌疑人。因此,对那些害怕广域监视系统的人来说，有不少理由和事实可以化解他们的恐惧和不信任。

事实上，美国上空最早的一批广域监视工具完全是良性的。2008 年夏天，第一批系统刚刚完工几个月，PSS 公司就为伦纳德伍德堡举办的 7 月 4 日国庆庆祝活动、俄亥俄州举办的几场大学橄榄球比赛，以及萨拉·佩林接受副总统提名的演讲活动提供了空中监视服务。

2010 年，在"深水地平线"石油泄漏事件发生后，"永恒之鹰"的制造商 CRI 公司在墨西哥湾的上空使用了一套广域监视系统，用摄像机同时追踪了几十艘应急船的行动。据报道，在那次行动之后，海岸警卫队估计 CRI 公司只用一架广域监视飞机就完成了 10 架窄角（即"汽水吸管"式）直升机的监视任务。

这种技术对于灾后救援的重要意义不言而喻。在应对飓风卡特里娜的过程中，救援直升机飞行了数千个小时才找到了 6 万多名焦急等待救援的幸存者，而一套广域监视系统一次就可以扫描整个灾区。2016 年，苏格兰在海岸附近开展了一次演习，一架信天翁大小的弹射式无人侦察机在装配了广域监视系统之后，能够在 55 个小时内拍摄整个威尔士大小的区域。

除了搜寻幸存者，广域监视系统拍下的数据还可以用于其他目的。2013 年，科罗拉多州遭遇了该州历史上最严重的洪灾，于是内华达山脉公司派出了一架配备了"女妖之眼"系统的飞机对该地区进行了拍摄。据该公司主管迈克·梅尔曼说，美国联邦紧急事务管理局利用这些图像数据绘制出了受灾地区的地图。2008 年在洪水过后的艾奥瓦州，2012 年在飓风桑迪肆虐后的新泽西州和宾夕法尼亚州，PSS 公司也开展过类似的拍摄行动。

2018 年，印第安纳州国民警卫队在网上发布了一篇简短的帖子，称在飓风佛罗伦萨登陆之后，北卡罗来纳州已经使用"女妖之眼"系统开展了一系列救援工作。这是"女妖之眼"在美国境内积极参与多次行动后第一次得到公开承认。虽然印第安纳州国民警卫队提供的信息极其有限，但还是明确地表明该系统在救援工作中的表现令人钦佩，展现了在战争中使用该系统的人所不熟悉的一面。据使用"女妖之眼"所拍摄的图像的情报中队指挥官说，在救援中，它被用来检查关键基础设施的状况、识别被堵塞的道路，以及引领救援人员去寻找处于危险之中的幸存者。

澳大利亚国防部认为该国也有类似的需求，于是对其第一架广域监视飞机进行了优化升级。那架纯白色的民用涡轮螺旋桨飞机装配的是美国空军"天使之火"系统的迭代版，主要用于救灾工作——当然也用于反恐。与美国官员不同的是，澳大利亚官员似乎对那些能够威慑敌人的名字不太感兴趣。他们将自己的广域监视项目"称为基于情报的广域监视活动"（Wide Area Surveillance Activity Based Intelligence，WASABI）。

澳大利亚当局认为 WASABI 提供的持续数据流对于发现山火尤其有用。美国林务局也运营着一个非常活跃的广域监视项目，该项目已经证实了它在灭火方面的实用性。

负责管理这一广域监视项目的美国林务局官员扎卡里·霍尔德经常使用战争词汇来形容消防。在他的世界里，投放灭火剂的飞机就像攻击机一样，人们必须确保它们能够击中正确的目标；而空降的森林消防队员就像地面部队，随时都有被敌方火力压住的危险。霍尔德说，火本身就是一个活生生的、会呼吸的对手，只有弄清楚它的生命模式之后才能真正摸准它的命脉。有了广域监视系统，霍尔德的团队就可以同时进行不同类型的战斗：它可以确保灭火剂击中目标，能够密切监视空降的消防员，还能对灾情进行预测。灭火行动结束以后，这些视频还可以用于后续的评估，以打磨消防策略。霍尔德称这项技术为"游戏规则的改变者"。

2017 年，美国林务局与 CRI 公司签订了一份价值 400 万美元的合同，用于租赁一台新型红外线摄像机，该摄像机的尺寸比测试用的摄像机大了 10 倍。霍尔德估计，只需要给 5 架飞机装上这款红外线摄像机，就能够拍摄并收集全美所有森林的火灾情报。在山火多发的季节，的确需要这样一只"眼睛"，这样幸免于火灾就不仅是美国 300 多平方千米的森林，还有与山火做斗争的消防员。

引入正道

与森林灭火相比，广域运动成像技术在其他领域的应用就没那么英勇了，但是它所获得的收益也不少。2008 年，在北卡罗来纳州举行的可口可乐 600 纳斯卡赛车比赛中，罗斯·麦克纳特和他的团队负责比赛的实时监视任务，但是他们并没有像自己想象的那般忙碌。监视任务的最高潮是 PSS 公司的分析人员接到了一通无线电通话，询问是否有人看到高尔夫球车里的一个男子与警察发生了争执。分析人员将镜头拉近，追踪该男子回到了自己的车上。这时保安已经发现了他，并将其逐离现场。

随着时间的推移，团队成员实在觉得无事可做，就对到场的几百辆汽车进行了追踪，观察人们在比赛场地附近巨大的停车场里漫无目的地游荡，以寻找停车位。他们看到其中一位司机特别倒霉，花了近两个小时才找到车位。

与驾驶员在汽车上的狭窄视野相比，空中角度很容易就能发现到停车场里的空位。罗斯·麦克纳特意识到，这些信息可以用来引导车辆更快捷地进入最空旷的地段。他计算了一下，这样做可以使数以万计的车辆平均节省一个多小时的找车位时间。他还想到，在这节省出来的一个小时里，如果每位观众都买一瓶汽水，那么赛车场就能多赚 25 万美元，而 PSS 公司为期三天的赛事监视费用还不及这个数字的 1/10。

虽然麦克纳特的计算方法有些乐观，但这个想法是可行的——地面交通的鸟瞰图或许真的可以梳理城市里混乱拥堵的道路。以往，研究和管理交通的人通常利用复杂的理论模型来描述驾驶员的驾驶习惯和行为。这些模型可以用于解答各种各样令人烦恼的问题，比如如何根据司机变换车道的频率设计车道，如何调整十字路口的交通灯的时间，以实现对各个方向交通流量的最佳调配。但这些模型往往不够完美，部分原因是在于它们通常都是基于小样本的研究，而不是全面的调查——这就像是政治领域的民意调查：人们通过对 500 名仍在使用固定电话的受访者进行调查研究来预测 1.2 亿人的投票倾向。

为了解决这个问题，弗吉尼亚理工大学的两位研究人员凯瑟琳·汉考克和拉福·伊斯兰利用加拿大安大略省汉密尔顿市区的广域监视视频中出现的数千辆汽车开展了一项长期的研究，其目的就是对一些广泛使用的交通模型进行优化校准。到目前为止，他们的研究成果令人振奋。研究人员认为，与样本研究相比，广域监视视频就像是人口普查，能将城市中每一辆车的行进路线精准地呈现在示意图上。利用这个示意图，交通主管部门就能够判断出哪些地点需要特别关注，以及十字路口的路况会对哪些区域的交通造成影响，以及影响程度如何。将这些标记在示意图上之后，人们就能够更准确地预测出封闭道路或新建项目对全城交通产生的潜在影响。

此外，空中视角很容易发现交通违规情况。在重新观看某座中型城市的空中监视视频片段时，我就指出了许多原本不会被发现的违规行为，比如一位司机在十字路口转弯时走错了车道。在加拿大安大略省汉密尔顿市的广域监视视频中，有很多司机无视了红绿灯和停车标志。在巴尔的摩市运营广域监视项目期间，PSS 公司分析了 42 起交通事故，并判定出了 35 起事故的责任人。

交通罚单对市政收入的影响是显而易见的，而发生事故之后，广域监视视频可以为快速解决司机之间的纠纷提供证据——这是该系统在刑事司法方面的潜在好处。

人人有份

需要明确的是，广域运动成像技术并不便宜，这一点就将很多人拒之门外。巴尔的摩市的广域监视系统运行费用是每个月 12 万美元，而且这还是折扣价。

据报道，在加拿大汉密尔顿市上空进行交通监视的费用约为每小时 5 000 美元。内华达山脉公司生产的"女妖之眼"的民用版"警惕凝视"已经引起了美国司法部执法官局、特勤局、联邦调查局等机构的兴趣，但无论是哪一种版本，摄像机的成本都是一个大问题。虽然内华达山脉公司并未向外透露"警惕凝视"系统的具体价格，但应该会比"女妖之眼"便宜一些。目前，一套"女妖之眼"系统的售价约为 2 000 万美元，而且这不包括搭载该系统的飞形器的价格。

但是，如果一个城市将广域监视飞机作为共享工具，需要使用空中监视数据的任何一个部门，如警察局、消防局、交通局等只要获得授权就可以接入到系统当中，项目费用由这些部门共同承担，那么这个价格似乎就没有那么令人生畏了。毕竟，"女妖之眼"的设计理念中就包含了这一点——一架装配了"女妖之眼"的"收割者"无人机可以同时为地面上几十个单位提供服务：消防员可以用它来监视山火情况，城市规划师可以用它来检查城市另一边的交通拥堵情况，警察也可以用它来监视街区里的游行活动。当天的监视飞行结束以后，人人付出，人人受益。

如果即便如此也没有一个市政府愿意为天空中的"全视之眼"支付费用，那么这一广域监视项目可以由州政府和联邦机构来运营，这样就可以将系统调度给辖区里最有需求的地区。国土安全局就是这样做的，他们通常会为政党大会等具有重大安全意义的集会派遣直升机机队。也许这一周，"警惕凝视"系统还在帮助佛罗里达州应对自然灾害，下一周就出现在了华盛顿的总统就职典礼上。

美国林务局的扎卡里·霍尔德就是这样设想的。与CRI公司签订协议的国家机构似乎都采用了相同的模式：让一架广域监视飞机处于随时待命的状态。许多该行业的工程师和销售人员都认为，这将是一个成功的模式。

而且，这还只是假设将该技术的使用仅限于公共部门的情况下。然而，除了政府部门之外，"全视之眼"的潜在用途还有很多：无论是从实践的角度还是从法理的角度来看，都没有理由把民营企业排除在外。美国的大型保险公司已经与多家提供空中监视服务的公司签订了协议，请他们对受到自然灾害影响的地区开展灾后扫描，以便记录索赔人的家庭财产损失。2016年，飓风马修过境之后，Acorn计算机公司就在佛罗里达州北部的大片地区为一家不愿透露名称的保险公司开展了类似的调查。

　　保险行业还与 CRI 公司合作，尝试利用广域运动成像技术来识别常见的保险欺诈方式，如假医疗诊所代表车祸受害者提出保险索赔等。从空中，人们很容易就能将假诊所与合法医疗机构区分开来。因为假诊所会派遣员工赶到事故现场，希望找到受害者，从而实施诈骗；而合法的医疗机构则会坐等车祸受害者主动上门。由于这些案件通常会涉及有组织的犯罪集团，因此虽然在若干"热点地区"已经开展了项目试点，但 CRI 公司和保险公司都不愿意详细介绍这个项目的具体内容。毕竟，没有人愿意在醒来时发现自己的床上有一颗马头。①

　　广域监视系统也有可能成为一种强大的商业智能工具。例如，2016 年 6 月，Acorn 计算机公司在北卡罗来纳州的威尔明顿市开展了一次为期三周的大范围空中监视测试，当地市民在不知情的情况下成了被监视的对象。Acorn 计算机公司是一家与军方有着深厚关系的公司，在那次测试中，该公司希望展示的是广域监视技术如何用于分析零售商店的交通模式。公司认为，将这些信息卖给零售商可以帮助他们更精准地掌握顾客的生活和工作地点。但截至本书撰写时，该公司尚未将在威尔明顿市的操作复制到其他城市，而且该公司声称那只是一次测试。

　　与此同时，一些大型能源和公用事业公司则希望 CRI 公司和其他的广域监视公司能够每天派无人机沿着某段铺设了地下

---

① 把马头放在某人的床上，即通过秘密的手法进行贿赂或胁迫的意思。——译者注

管道的路线飞行，以监视在地下基础设施附近开展有风险的挖掘工作的机械。代顿大学的一个实验室正在开发能够自动完成这一任务的计算机视觉算法。

无人机监视公司（比如 Acorn 计算机公司）可以通过一套广域监视系统同时为多个客户提供服务：保险公司可以利用广域监视视频来确定交通事故的负责人；房地产开发商可以利用广域监视视频来追踪某家商场附近的人流量；银行则可以利用广域监视视频来分析数据并决定是否给一家房地产开发商发放贷款。

当然，还有很多公司和个人对如何使用"全视之眼"有别具创意的想法。在很多次谈话中都有人对我说，广域监视技术就像谷歌地图或 iPhone——其用途之广已经超出了该技术创造者的想象，其中一些用途甚至是非常危险的、有害的。业内人士始终坚信，这一技术还有很多未被发掘的用途是可以给这个社会带来巨大好处的，有些用途可能会创造巨大利益，而有些用途，按照他们的说法，则可以拯救生命。如果广域监视技术真的做到了后者，那么多年来将这一技术带到世人面前的那些默默无闻的幕后之人，或许仍有机会在阳光下享受自己的生活。

第六章

广域监视技术的未来

　　无论是被用于和平目的还是非和平目的，"全视之眼"的未来都有多种可能性。我们必须牢记一点，那就是迄今为止我们只看到了这一技术的开端，而它极有可能拥有一个长久的技术进化过程，其进化方式可能不仅令人难以置信，甚至会令人害怕。

　　"女妖之眼"系统研发成功以后，协助启动这一项目的内华达山脉公司高管迈克·梅尔曼斯对自己的团队感到很自豪，他对我说，他的团队"从根本上突破了物理学的极限"。但是，他又说："从某程度来说，这就是终点了吗？"

　　"不。当涉及现实世界中的信息搜集和知识创造时，你就永远不可能到达终点。你必须监视更多的目标，持续更长的时间，看得更清楚。监视是一条漫长的道路。"迈克尔·梅尔曼斯说。

　　我们目前已知，广域监视摄像机的功能会变得越来越强大，尺寸和成本会不断减少，拥有广域监视系统的国家和组织的数量则会不断增加。

而最重要的是，这种系统正在变得智能化。

更先进、更智能、更小巧

"全视之眼"的早期拥护者经常会与部分政府官员产生分歧，因为这些官员深信 100 万像素的摄像机足以满足国防部的反恐需求，为什么有人会需要一亿像素的摄像机呢？2018 年，一位军队指挥官也针对"女妖之眼"发表过同样的言论：20 亿像素？这当然足够了！但是，道路漫长……

事实上，在"阿格斯"摄像机创下了最高像素的记录以后，后来的摄像机像素已经在下降了。国防部高级研究计划局有一个名为"AWARE"①（即先进的宽视场图像重建和开发架构）的独立程序，杜克大学以及许多其他实验室的研究人员利用它研制出了一系列越来越强大的摄像机，最终研发出了"AWARE 40"摄像机，这款摄像机拥有 400 亿像素，灵敏度是人类眼睛的 27 倍。

研制出一个更强大的摄像机需要考虑很多因素。其中，最重要因素之一就是拍照芯片上每个像素传感器的大小。一般来说，使用的像素传感器尺寸越小，收集到的图像的分辨率就越高。因此，芯片和摄像机也就不需要做得很大了。

为了让读者更深刻地理解这种技术对未来的"天空之眼"

---

① AWARE, Advance Wide FOV Architectures for Image Reconstruction and Exploitation。

意味着什么，我们来考一点儿数学知识。"阿格斯"和"女妖之眼"芯片上的单个像素宽为 2.2 微米，这些芯片的像素为500 万，总宽度约为 5 毫米。如果将单个像素的宽度缩小到 1.22微米，也就是 iPhone 8 手机相机里的像素太小，那么从理论上来说，人们就可以制造出一个尺寸与先前大致相同，但拍摄效果是之前 5 倍的"女妖之眼"系统。[1] 而用于处理这些像素的电脑也会变得越来越小巧、便宜。2012 年，劳伦斯·利弗莫尔实验室在处理"女妖之眼"的数据时，需要启用一台超级计算机来运行相关处理软件。现在，一台苹果笔记本电脑就可以完成这个任务。

由于这些技术的进步，广域监视系统的体积一直在缩小。仅以第一批广域监视摄像机为例，在没有电脑和万向架等支撑部件的情况下，这些摄像机的重量为 45~90 千克。"永恒之鹰"的第一个版本大到一架可搭载 39 名乘客的载人飞机都装不下它。"女妖之眼"也很重，安装了"女妖之眼"的"收割者"无人机不得不放弃先前常规配备的精确制导导弹和炸弹，所以飞行员不得不依靠其他的无人机来打击他们在视频中确定的目标。

相比之下，最新的广域监视系统就小了很多。海军陆战队

---

[1]　高分辨率数字成像技术成本的下降以及拼接软件的出现，催生了一个庞大的爱好者网上社区，正如 GigaPan 网站所言："他们对 10 亿像素的摄影充满了热情。"上传到网站上的许多图片是由数百张高分辨率的小图片拼接而成的，现在的像素总数已经超过了 100 亿像素，有些甚至是 1 000 亿像素，欢迎来到万亿像素时代。

正准备在一架小型无人机①上安装一个代号为"卡片计数器"的广域监视系统。无论白天还是黑夜，这个系统都能监视 16 平方千米的区域，与第一代"女妖之眼"可覆盖的面积一样大，但它可以装载在比"收割者"无人机轻 40 倍的无人机上。洛戈斯技术公司的"红风筝"广域监视系统（Redkite）的像素为7 000 万，可以覆盖 12 平方千米的区域，但重量只有 10 千克。

但是，一味地缩小像素体积的尝试终将碰壁，因为像素还是必须足够大才能拍照，至少要保证能吸收单个光子。因此研究人员转变了思路，开始探索用间接方法从广域监视视频中获取更多的信息。其中一种方法就是使用低分辨率的摄像机扫描整个区域，最终组成一个合成图像，就像人们用智能手机拍摄的全景照片一样。洛戈斯技术公司设计了一款 320 万像素的Agile Spotter 像素单元，每秒钟可拍摄 35 张独立且相邻的图像，这就意味着它可以生成一个覆盖广泛区域的 1.15 亿像素的图像。

另一种方法被称为"超分辨率"，即利用计算机的视觉算法来纠正每一帧图像里的模糊和颗粒性，从而将低分辨率航拍视频中那些模糊的小斑点转化为清晰的汽车、建筑物和人。代顿大学计算机视图和广域监视研究中心开发的一款超分辨率工具可以将 40 像素（看起来不过是屏幕上的一块污渍）转换为 640像素的、清晰的汽车图像。

---

① 极有可能是 RQ–21"黑杰克"无人机（RQ–21 Blackjack）。

代顿视觉实验室和其他团队还在研发能够自动锐化影像中的阴影的软件，进一步提高图像的清晰度，让未经专门训练的普通人能更容易追踪目标，找到敌人。

另一个更激进的方法，是给每个像素安装一个微型的大脑，这种想法最终催生了数字像素焦面数组（DFPA）。这是一种红外线视频芯片，其中的每个像素都与一个独立的转换器相连，该转换器可以对入射光进行即时数字化处理。相比之下，传统摄像机只能通过一个转换器对整个图像进行数字化处理。目前，数字像素焦面数组只能用于红外线摄像机。根据工程师比尔·罗斯的介绍，红外线摄像机可以将自己的微型化壁打到 10 微米的标记上，但是因为转换器越来越小，该项技术也在逐渐向普通摄像机靠拢，最终它甚至可能会成为普通智能手机的一项功能。

由于这项技术可以使每个像素更快地数字化，因此你可以把摄像机放在一个快速旋转的支架上，这个支架可以在两帧切换的间隙完成对整个视场的旋转拍摄，可覆盖的范围很大。在美国中央情报局的支持下，麻省理工学院的林肯实验室研发出了一款名为 AirWISP 的数字像素焦面数组红外线摄像机，该摄像机每分钟可旋转 1 000 次，使其能够在一帧之内监视整个匹兹堡大小的区域，远远超过同等尺寸和重量的红外线摄像机。

AirWISP 的运算能力与引导第一次登月任务的系统大致相同，每个像素都可以修正模糊的图像，并消除图像的背景，以便更好地拍摄高速运动。测试表明，这种摄像机甚至可以捕捉到从空中飞过的子弹。

如果你想从几千米的高空监视在广阔区域内快速移动的数以万计的目标，那么这些功能无疑是非常有用的。

走向全球

2017 年，洛戈斯技术公司宣布已在"整合者"（Integrator）无人机①上成功地安装了"红风筝"广域监视系统，并在俄勒冈州的一个机场成功试飞。几个月之后，"红风筝"被《航空与空间技术周刊》评为"最佳新产品"，这个奖项相当于航空航天行业里的奥斯卡奖。业界有充分的理由盛赞"红风筝"广域监视系统，因为在以前装配广域监视系统的无人机必须是大型的飞行器，价格昂贵，但"整合者"无人机不仅体积小、相对便宜，而且可以通过弹射器发射，不需要跑道，因此可以在舰船上和偏远地区使用。

更为重要的是，与体型大得多、装配了敏感且致命的武器的"收割者"无人机相比，"整合者"无人机相对来说比较温和。因此，美国很乐意把它卖给自己的众多盟友——加拿大、荷兰、波兰和阿拉伯联合酋长国等国已经开始使用"整合者"无人机了。而阿富汗、喀麦隆、捷克共和国、伊拉克、肯尼亚、黎巴嫩、菲律宾、巴基斯坦和突尼斯这些可能永远都不会被允许购买"收割者"无人机的国家，现在正在组建"扫

---

① "整合者"无人机由波音公司的子公司英斯图公司研发制造，重 55 公斤，翼展 4.9 米，实用升限 4 500 米，续航时间 24 小时。——编者注

描鹰"（ScanEagles）无人机编队。"扫描鹰"无人机也是由
英斯图公司联合研制的，外型与"整合者"无人机十分相似，
但体积稍小一些。在此之前，广域运动成像技术是这些国家
的禁区。但以后就不是了。

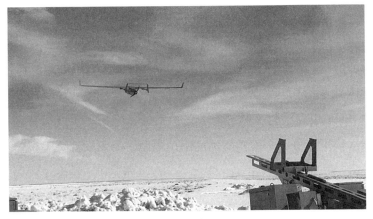

图 6-1　2017 年，正在俄勒冈州博德曼机场进行测试的"整合者"弹射无
人机，机上装配了"红风筝"微型广域监视系统"红风筝"比早期的广
域运动成像系统轻了 40 倍，但功能一样强大。（因斯图公司提供）

　　由于进军广域监视领域的门槛越来越低，因此国际上对广
域监视系统的需求日渐上升。渴望获得这项技术的国家肯定不
在少数，但是其目的并不一定多么高尚。菲律宾政府希望用它
来追捕阿布沙耶夫武装分子；缅甸政府希望用它来追踪罗兴亚
难民；土耳其政府希望用它来监视伊斯坦布尔的抗议者，或者
直接用于对库尔德地区的非法武装组织库尔德工人党发动空
袭；匈牙利政府则希望用它来监视边境，寻找偷渡的中东难
民。在军事领域，"广域监视能力"日益成为新型侦察飞机的

标准配置。

长期以来，主要的广域监视公司一直在努力满足美国市场以外的需求。截至 2018 年春季，洛戈斯技术公司一直在争取为卖给沙特阿拉伯和阿联酋的一批监视飞艇提供广域监视系统。至少从 2015 年开始，哈里斯公司就一直在向欧盟各国及其执法机构推销"乌鸦之眼 1500"摄像机①。虽然"乌鸦之眼"是美国政府限制出口的敏感军事技术，但它仍有可能被多达 47 个国外政府购买和使用。与此同时，加拿大的一家配件公司 PV Labs 也在销售一款拥有 3 亿像素的摄像机，该公司特别强调这款摄像机完全不受美国的出口限制。一家欧洲无人机监视公司——荷兰的 Vigilance 公司——在一架飞机上装备了"乌鸦之眼"摄像机，以"快速应对威胁"。

以色列防务公司埃尔比特系统公司（Elbit Systems）进军广域监视市场的时间相对较晚，该公司出售一种名为 SkEye 的系统，宣称该系统可以连续几个小时监视 80 平方千米的区域。据报道，目前已有几支未透漏名称的军事力量在使用这一系统。2017 年春天，就在英国发生多起恐怖袭击之后不久，该公司展开了一系列营销攻势。他们向媒体宣称，公司的系统非常适合于调查此类恐怖袭击事件。"广域监视"已成为情报领域的一个流行词，甚至连传统的"汽水吸管"式摄像机也学习它的营销文案。

---

① CorvusEye 1500。

　　各国政府也在采取措施，积极发展本国的广域监视技术。英国国防部已经开始悄悄地投资广域监视技术的研发，并且已经（未公布地）启动了多次监视飞行测试，以追踪行驶在主干道上的车辆。德国航空航天中心正在研发一款名为"阿格斯"（这或许并非巧合）的广域监视系统，该系统拥有 4 800 万像素，将用于研究交通情况、监测自然灾害、监视大型赛事。德国政府与荷兰政府都赞助了用于处理广域监视视频的本国研究项目。新加坡正在将空中无人机广域监视纳入建设全球首个大型智慧城市的计划中来。

　　澳大利亚国防部的 WASABI 飞机，除了用于应对自然灾害之外，还被工程师用来研发和测试图像处理软件。同时，作战部队也在利用这架飞机进行城市作战训练。由美国、英国、加拿大、澳大利亚和新西兰组成的"五眼联盟"情报合作组织在 2017 年和 2018 年举行了一年一度的城市环境反恐演习。在演习中，澳大利亚的这架飞机进行了实战演练。①

　　就在本书撰写时，为澳大利亚国防部制造"收割者"无人机的美国无人机制造商通用原子航空系统公司正在努力争取为该机队装备一种根据感知视觉制造的广域监视系统。与"女妖之眼"不同的是，这个系统只有几千克重，为无人机携带导弹留下了足够的空间——这是已知的第一款武装"全视之眼"。

　　那些与美国关系不那么亲密的国家正通过不太合法的手段

---

① 美国国防部与"五眼联盟"的成员国分享了"麦文计划"的成果。

来复制美国取得的进步。2015 年，因介入 2016 年美国总统大选而世界闻名的俄罗斯黑客组织 Fancy Bear 就锁定了几十位曾参与过广域监视技术研发的美国国防部现任及前任官员以及一些国防承包商，其中就包括詹姆斯·波斯将军。在参加巴黎航展期间，詹姆斯·波斯收到并打开了一个伪造成谷歌安全通知的电子邮件，因此遭到了该组织的黑客攻击。这个俄罗斯黑客组织的另一个目标是参与了"麦文计划"的软件初创公司——Clarifai 技术公司。在这些被黑客攻击的组织和个人中，没有一个人愿意透露被窃取了哪些信息，因为绝大部分被窃取的信息都属于国家机密。

中国的监视技术行业正在经历前所未有的井喷式发展。杭州海康威视数码科技有限公司专门研发基于人工智能技术的闭路电视监控系统，目前已向包括美国在内的 100 多个国家的客户销售了包括高分辨率广域地面传感器在内的监视系统。中国科学院自动化研究所的模式识别国家实验室是一家位于北京的国有实验室，该实验室的科学家们一直在不断发布与广域监视视频自动分析系统相关的成果，这是一个非常明确的信号：为了获取分析所需的视频数据，中国很快就会提出自主研发广域监视系统的计划。事实上，他们可能早就悄无声息地付诸行动了。

中国国内对于"全视之眼"的需求十分旺盛。在过去的 10年间，政府已经在全国范围内安装了超过 2 亿个闭路电视监控摄像头和各种各样的监视系统。而那些被美国禁止购买类似

"女妖之眼"系统的外国军队和政权,可能将成为中国的客户。由于出口规定更加宽松,中国已经迅速成为世界上最大的军用无人机出口:目前,中国公司已向土耳其、巴基斯坦、尼日利亚、阿拉伯联合酋长国、沙特阿拉伯、伊拉克和约旦等国家出售了能够携带大型武器的武装无人机。

事实上,为了对付极端组织"伊斯兰国",约旦曾向美国提出购买"捕食者"无人机,以组建一支小型的无人机编队,但是遭到了美国的拒绝,因此只好转向中国。

本地化

将来的某一天,也许连你的邻居都能买到广域监视系统,因为这种系统很快将会小到可以应用于普通的商业无人机,在网上花几千美元就能买到,人们只需学习 10 分钟就能学会它的使用方法。

这种未来趋势的发展方向就是"蜻蜓"(Dragonfly)摄像机,这是由麻省理工学院林肯实验室制造的一款拥有 9 000 万像素的 360 度摄像机,可以安装在商用多翼无人机上,电影拍摄人员通常会用它来进行空中拍摄。"蜻蜓"的功能非常强大,能够从任意方向发现 5 000 米外的车辆。由于无人机是用一根细绳与便携式地面基站连接在一起的,因此可以在空中无限期地飞行。2017 年 11 月,在澳大利亚阿德莱德市举行的一次颇具争议的城市环境演习中,"蜻蜓"与澳大利亚的 WASABI 飞机一起参加了测试。

"天使之火"项目的工程师史蒂夫·萨达斯正在研发一个更具野心的系统。他制造了一款拥有3 000万像素的广域监视系统，可以安装到无人机上，它的尺寸、成本和重量只有"永恒之鹰"的千分之一。此外，萨达斯还研发了一款能够从覆盖某一区域的多架无人机上提取视频的软件——"阿格斯"系统从368个芯片上分别提取视频并生成单一视频，用的就是这种方法。萨达斯估计，76架无人机就可以覆盖整个曼哈顿。

由于视频素材是从多个有利位置上拍摄的，因此该软件能生成一个非常详细的三维地面图像，而不是由一个单独的高空摄像机拍摄的不太直观的地图似的图像。由于无人机可以在云层下方飞行，所以它们可以在天气状况不太好时照常进行飞行和拍摄。

美国国防部已经在一个代号为"山鹑"（Perdix）的项目中试验了类似的构思。一架"山鹑"无人机只有仓鼠大小，它的像素与"阿格斯"的单个成像芯片一样多。从一架战斗机的腹部可以发射数百架"山鹑"无人机，而且这些无人机可以被编程为一个动态的智能无人机机群，这样的机群能够扫描大片区域，就像一台巨型摄像机。

当我向空军询问：作为一种分布式的广域监视系统，无人机机群使用的具体情况如何？他们坚定而礼貌地告诉我，除了已经公开的信息外，他们不会提供任何有关此事的信息。

第七章

需要 100 万双眼睛

无论人们使用的广域监视工具有多快捷、强大、轻便，它们仍然要依赖一个至关重要且无可替代的要素：人。

从美国内战时期的飞艇到反恐战争中新生的广域监视系统，空中监视技术已有 150 多年的发展历史。但是一直以来，情报飞行器产出的像素、密码和脉冲信号都需要人类对其进行加工处理，以将其转换成有用的信息。虽然实施空中监视的手段繁多，但是只有人类才能够判断出在塔纳克农场周围散步的那个高个子男人是否真的是奥萨马·本·拉登本人，而不是那个留着大胡子的替身。

这项工作绝不轻松。冷战时期，美国政府的间谍卫星拍摄的照片需要几千位图像分析人员进行合作才能完成解读，而现在的视频分析更是一个劳动密集产业。"收割者"无人机拍摄的一个"汽水吸管"式视频就需要 8 位视频分析人员不间断地审视它所传输的数据，而且这些分析人员必须把全部精力集中到屏幕上。空军高级科学家史蒂文·K.罗杰斯说，这些分析人员接到的命令是，无论出于什么原因，只要是眼睛需要离开屏幕，就要打报告请示——包括打喷嚏的时候。一位正在深入研究这一领域的国防研究人员告诉我："有人疏忽，就会有人丧命。"

广域监视系统产出的像素和脉冲越多，需要的分析人员就越多。目前，还没有哪一种监控设备能像广域监视系统这样提供如此之多的数据。入驻伊拉克后，"永恒之鹰"在几个月里产生的数据就装满了数量众多的大容量日立"桌面之星"外接硬盘，存放这些硬盘的航运集装箱都被压变形了。曾有传言说，美国陆军从芝加哥郊外的一位批发商那里秘密收购了几千块"桌面之星"移动硬盘，导致全美的硬盘价格都上涨了。

虽然这只是一个传言，但是"永恒之鹰"的数据存储问题确实是美国国家地理空间情报局到目前为止所面临的最艰巨任务之一，而且以后越发强大的广域监视系统只会产生更多的数据——"女妖之眼"仅仅执行一次任务就能产出几十万亿字节的视频，足以装满几百台苹果笔记本电脑。

负责在伊拉克部署"永恒之鹰"的承包商正是内森·克劳福德，就是他把"桌面之星"移动硬盘装进了航运集装箱，导致箱子变形的。虽然克劳福德的同事们开玩笑地说，他们正在建造一个"老大哥"的化身，但克劳福德并不这么想。他喜欢说：“要想监视一百万人，你就需要一百万个操作人员。”

图 7-1　内森·克劳福德在伊拉克的一处秘密地点整理储存"永恒之鹰"所产出的数据的日立"桌面之星"移动硬盘，这些硬盘将被送至德国和美国的多个秘密分析小组。（CRI 公司内森·克劳福德提供）

这种说法稍显夸张。如果你想在 iPad（苹果平板电脑）上看清楚"女妖之眼"发回来的每一个像素，你就需要 2 358 个 iPad。把一个单一系统收集到的数据交给喝饱了咖啡的 20 名分析人员来处理，他们也只能完成大约 1/10 的工作量。事实上，当你监视的区域很广阔的时候，你会发现并非所有的视频内容都与该项任务有关。但无法避免的是，人们会在众多信息中漏掉自己所需的内容。

美国国防部从一开始就意识到了这个问题。2008 年，在第一批广域监视系统刚刚部署完毕时，杰森国防咨询小组就考虑到了这一点。在一份报告中，小组成员向国防部提议：用一系列"大挑战"项目（Grand Challenges）来解决这一难题。"大挑战"项目是美国国防部高级研究计划局为解决政府面临的一些最复杂的技术问题而设置的一种开放型的竞标。[①]

单纯地依靠增加人手来观看和分析监视视频并不是一个好的选择。因此，美国空军方面与兰德公司签署了一项合作协议，着力研究应该采用什么方法才能让视频分析团队不至于被数据洪流淹没头顶。兰德公司的研究人员计算出，要想把"女妖之眼"拍摄的每一个视频的每一帧图像都完全看清楚，大约需要 11.7 万名分析人员。当然，空军方面不可能为了情报工作雇用如此多的人手，更何况，这个任务还被某位"捕食者"无人机飞行员称为"有史以来全世界最无聊的电子游戏"。

为了寻求破解之道，美国国防部把目光投向了商界。2011年，美国空军和国家地理空间情报局一起聘请了一位在重大体育赛事的现场直播方面拥有丰富经验的工程师。在这位不愿透露姓名的工程师的带领下，情报部门的官员们辗转观看了一系列橄榄球比赛，还参观了一家著名电视广播公司位于纽约市的演播厅。对很多参观者来说，这是一次开阔眼界的经历。尽管这一活动从一定程度上推动了美国国防部的视频传输和存档技术的进步，但是所有参与这次活动的人都明白，

---

① 2005 年前后，国防部高级研究计划局发起的一项"大挑战"项目，将无人驾驶技术的研发推进到了可实现的程度。

广域监视系统带来的挑战是独一无二的。

与此同时，联合特种作战司令部向洛克希德·马丁公司以及一些次级承包商支付了 2 900 万美元用于开发一款软件，该软件与 ESPN（美国娱乐与体育电视台）在比赛日用来分类存储巨大视频的软件相类似，能让分析人员访问可检索的大型监控资料库。但 ESPN 的软件需要人们手动标注视频，而这又反过来需要大量的人力。你在电视上看棒球比赛的时候，投球手掷出了一个双垒打，电视能够魔幻般地切进 5 场以前出现过的相似的掷球视频片段，你是否考虑过这是如何做到的？这是因为在位于曼哈顿切尔西市场里的职业棒球大联盟办公室里，有一位分析人员利用电脑程序对每一个视频里的投球动作进行了手动标注。据我所知，这可不是什么有意思的工作。

最终，要么是伟大的横向思维壮举，要么就是纯粹的绝望之举，兰德公司的研究人员开始研究电视真人秀。他们希望通过观看好莱坞的真人秀来观察电视台的工作人员是如何处理大量枯燥无用的视频资料的，并希望从中得到一些启发，以帮助空军处理在伊拉克战争和阿富汗战争中拍摄的大量无用的视频。

兰德公司与一家制片公司签署了一份保密协议，该公司接受了兰德公司进行实地考察的要求。后来兰德公司的研究团队发布了一份报告，详细地阐述了美国空军应该如何像《老大哥》（一个电视节目的名称）那样管理空中监视视频。令人惊讶的是，美国空军在对这一研究表现出浓厚的兴趣以后放弃了这一提议。

当然，也还有另外一个解决这一问题的办法——给你的眼睛装上大脑。

毕竟，现在我们已经被机器包围了，而机器非常善于学习和模仿。谷歌街景的算法能够在一小时之内将法国所有地产所在的街道号码全部收齐，无人驾驶汽车（在通常情况下）能够分辨真正的行人和随风飘动的塑料袋，即便是廉价的无人机也拥有基于电脑视角的"跟我走"功能，这个功能完全可以满足你从山顶向下滑雪或者跟着邻居去健身房的拍摄需求。

毫无疑问，如果一台电脑能够做到这些，那么它就至少可以承担情报分析人员的部分工作。

让电脑按照分析人员的方式来观看监视视频，可能会对空中侦察产生深远的影响。这样，人们就可以更多的使用监视系统搜集到的视频，而不需要增加人手来处理它们。电脑能够同时观看几千个视频，就像一支不会眨眼的军队。而且，电脑不会烦、不会累、也不会走神。电脑不需要打喷嚏，也不需要上厕所。但是，这样做真的可以把人的因素剔除出去吗？

战场上的轨迹识别

来自密歇根州和宾夕法尼亚州的两位研究人员分析了人们从 1922 年到 1960 年使用的几千页图片解读手册。2015 年，这两位研究人员总结出一个结论：图像分析从根本上可以细分为两个核心活动。第一个活动是识别，指简单地识别出你在图片中看到的东西。比如你从视频中看到一棵树或一只松鼠。第二个活动是判断出你所识别的东西的重要性，这是一个更为复杂的工作，我们会在后面的章节中谈到。

进入 21 世纪后，"识别"仍然是空中巡逻飞机最基础的任务之一，它们通常需要追踪战场上移动的目标。在广域图像中，"轨迹"——车辆或人在两个不同地点之间的移动路线——就像国家安全局通过电话收集到的元数据，第一眼看上去，"轨迹"似乎无法将目标的相关信息告诉你，因为它无法揭示被追踪汽车的型号、车里坐着谁，或者他们在车里说了些什么。但是，"轨迹"能告诉你这辆汽车去过哪里、去了多久，以及它是如何到达终点的。这些信息能够揭示出目标是否与其他已知的叛乱分子有关联，该目标准备袭击的对象，以及随后他会藏到哪里。对于"摧毁叛乱分子的关系网"而言，这些信息是极其重要的。

为了追踪一辆汽车，每当它在一帧图像中出现时分析人员都要点击一下这辆车。这样，当回放视频的时候，这辆车的"轨迹"就会变成视频上一条明亮的彩线，使这辆汽车看上去有点儿像一个荧光虫。这种"蛮力追踪"①的方式相对容易。在阿富汗和叙利亚，大多数利用"女妖之眼"系统对叛乱分子实行蛮力追踪的分析人员都是刚刚从高中毕业的年轻人。

这种任务比较乏味，容易使人头昏脑涨，而且风险很高。

---

① 蛮力追踪（brute force tracking），间谍界的术语。

分析人员必须保证出现在"轨迹"尽头的那辆汽车是自己从一开始就在追踪的那一辆，所以他们不能跳过任何一帧视频，否则就可能将无辜的市民置于十字瞄准镜之下，让真正的目标溜之大吉。为了追踪一辆在"女妖之眼"拍摄的视频中行驶了30分钟的汽车，分析人员可能需要点击3 600帧视频。广域空中监视视频中的每一帧图像中都包含几千辆行驶的汽车，因此分析人员花费的时间往往比执行任务的人更长。更糟糕的体验就是分析人员在监视某个特定的"节点"时，突然出现有重量级的目标出现。

图 7-2　被分配到印第安纳州空军国民警卫队第118情报监控侦察组的飞行员正在分析"女妖之眼"在北卡罗来纳州上空执行任务时拍摄的监视视频，这次任务是为了应对飓风弗洛伦斯。广域监视视频的分析难度大、枯燥烦冗、耗费体力且容错率极低，因此图片中才会出现咖啡杯。（美国空军国民警卫队朗尼·维姆勒上士提供）

如果电脑能够自动追踪车辆和个人，那么"女妖之眼"的分析人员耗费几天时间才能完成的工作可能几秒钟就能由电脑完成。虚拟视野计——也叫"观察盒"——可以被设置在敏感的"节点"周围，只要识别到这个"节点"有来访者，它就会自动提醒分析人员，而且它可以同时监视几千个目标和"节点"。这样一来，分析人员就可以把自己的时间用来处理更为复杂的业务，比如破译某辆汽车从伏击地点出发后到达该区域另一边的居民区到底意味着什么。

劳伦斯·利弗莫尔实验室、麻省理工学院、洛斯·阿拉莫斯实验室和国防部高级研究计划局的研究团队几乎都是在设计广域监视摄像机的时候就开始研发自动分析软件了。

参与此类研发工作的科学家大多都有自动化图像分析的背景。林肯实验室的工程师比尔·罗斯在目标识别和跟踪算法领域钻研多年，专注于空域防御和导弹防御。史蒂夫·萨达斯自20 世纪 80 年代中期开始就一直从事人工智能和机器视觉方面的工作，在美国国防部与法国合作的一个交换项目中，他与计算机视觉方面的先驱杨立昆、莱昂·伯托有过合作。后来在弹道导弹防御组织工作时，萨达斯还参与了方块糖大小的计算机的研发，该设备可通过复杂的追踪算法识别来袭的巡航导弹。参与研发"天使之火"的工程师古纳·西塔拉曼以算法为基础研发了一系列软件，而这些成果得益于他在参与研发早期无人驾驶汽车模型的导航时所积累的经验和知识。

在自动化图像分析系统的早期研发工作中，最具开创性的部分是由劳伦斯·利弗莫尔实验室的工程师希拉·维迪雅完成的。她利用从微软卡盒式电脑游戏（即 Xbox）中拆下来的图像显示卡制造了拥有强大图像处理功能的电脑。自 2005 年开始，维迪雅主持了一个由美国空军和国家安全局资助的项目，代号为"持续集成电路"（Persisteics），这是一个新词，由英文中"持续"（persistence）和"集成电路"（ICs）两个词语组成。这个项目的目标是通过电脑从广域监视系统收集的图像中抽取出尽可能多的有效信息。

在视频游戏中，图像显示卡可以生成巨大的虚拟世界。利用与此相同的品质，维迪雅的团队设计的软件能够在虚拟世界中对真实世界中那些不能移动的物体进行精准定位，比如建筑物、树木和地面，再将这些物件放进 3D 模型中，从而制作出特定环境的固定图像。

几年之后，利用相同的办法，洛戈斯技术公司制造的一款系统也能够制作出这样的固定图像，因此他们不得不在视频中放一个正常走时的时钟，因为在固定图像中没有移动的物体，所以从屏幕看上去图像就像是被冻结了。

图像一旦固定下来，"持续集成电路"计算机就可以很容易地将行进中的车辆挑出来并进行追踪，因为在静止的背景板上，这些车辆太容易被发现了。根据劳伦斯·利弗莫尔实验室内部期刊《科学与技术回顾》中一篇文章的观点，具备了这样的追踪能力之后，分析人员很容易就可以向系统发布指令，例如"把今天下午 1 点至 2 点之间，记录了这辆车的视频传给我"，或者"向我提供这辆车今天停靠的全部地点"，等等。如果某辆汽车从"观察盒"那里经过，软件就会及时开启前行追踪和回溯追踪项目（"索诺码"项目的工程师们此前已经研发了一个类似的工具）。

这套软件还能提高视频的分辨率，这样分析人员就可以更好地锁定目标车辆。团队成员发现如果受天气影响，视频中的局部地面被遮住，他们有时甚至能够利用算法穿透云层找到被锁目标的模糊轮廓，再对其影像进行强化。

2011 年，"女妖之眼-I"被部署到阿富汗战场上，美国空军方面开始从当地的运行中心向劳伦斯·利弗莫尔实验室的工程师们传送广域监视视频，供他们测试"持续集成电路"对实战数据的分析能力。"女妖之眼-I"每一次执行任务都能生成几万亿兆字节的视频，从阿富汗到美国加利福尼亚州的距离约为14 484 千米，空军方面是如何将这些海量数据传输过来的？希拉·维迪雅拒绝透露这些信息，但是她强调这个传输过程只花了不到一天的时间。

广域监视视频传送到劳伦斯·利弗莫尔实验室之后，研究团队就将其导入处理器并开始启动自动化图像分析系统。这就不再是单纯的试验了，如果软件发现任何值得留意的情报，工程师就会将其反馈给比尔空军基地和其他几个部门，这些部门的分析人员会对这些情报进行分析审核，并将分析结果传给联合特种作战司令部以及美国境内及境外的其他情报机构。①

虽然希拉·维迪雅团队的研究人员已经习惯了处理各种敏感的视频，但是这种直接关系到生死存亡的任务还是非常少见的。他们对从关注点出发的车辆进行追踪，并分析它们的行为模式；他们观察士兵的突袭行动，并研究一座城市在经历了爆炸之类的重大变故之后，人们的生活节奏会有怎样的变化；他们还会搜索简易爆炸装置和埋放简易爆炸装置的人。有时候，他们会看到有人在屏幕中死掉。

希拉·维迪雅对我说，她认为这种经历让人毛骨悚然。她说："有一些劳伦斯·利弗莫尔实验室的年轻人是初级研究人员，他们会说：'哦，天哪！他们打死了一个人，我这里有录像，我要去看一下那个人是什么时候把简易爆炸装置埋在那儿的。'"她有点儿激动地说："这难道很酷吗？这些孩子可是刚刚从大学毕业的！"

在项目最鼎盛的时期，希拉·维迪雅手下差不多有 30 名工程师。没有经过任何背景调查的工程师只负责开发算法，看不到任何一帧广域监视视频。有安全权限的中层工程师会对广域监视视频展开分析，而只有像维迪雅这样有最高级安全权限的高级工程师才可以对算法得出的轨迹展开分析。

2014 年，"持续集成电路"项目被缩减。在此之前，劳伦斯·利弗莫尔实验室的研究人员已经加工处理了"女妖之眼"

---

① 劳伦斯·利弗莫尔实验室的一位发言人拒绝透露具体是信息，空军方面则不允许讨论"女妖之眼"的运行情况。

在阿富汗的 2 000 多次行动中所生成的图像。但现在，这套软件已经被移交给了内华达山脉公司，这家公司就是"女妖之眼"的设计者和生产者。希拉·维迪雅则转手接管了一个新的项目，主要工作内容是利用类似的自动分析技术来分析美国从朝鲜搜集到的机密情报。

当时，与"持续集成电路"相似的项目还有不少。国防部高级研究计划局和林肯实验室在 2005 年至 2010 年间就制造出了类似的自动分析工具，其他几家承包商也不甘落后。然而，这些早期的成就并不总是受人欢迎的。有些军队指挥官没有耐心等待"持续集成电路"这样复杂的自动分析工具面世，他们更信赖自己信任的士兵的眼睛，而不是那些从未涉足战场的科学家在遥远的实验室里研发出来的算法。虽然"永恒之鹰"自身就具备了"观察盒"性能，但负责分析图像的分析人员从来没有使用过这个功能。

但是，随着各种项目的步步推进，自动化图像分析工具越来越受人欢迎。仅在 2018 年，至少有 14 个"最先进"的自动化识别与追踪系统活跃在市场上，它们中的大多数都是在美国国防部或其他情报机构的资助下研发出来的。本书中所提及的军方广域监视系统全部都有自动追踪的性能。2017 年，空军方面投入了几百万美元研发了一套新的处理系统，并用其装备了一支完整的空军机队。

除了可以帮助人们有效地追踪目标，一套可靠的追踪系统还可以催生很多复杂精细的图像分析技巧，但这些技巧只有经验丰富的分析人员才有可能掌握。比如说，你正在监视一个"节点"，维迪雅说："这是武器库？还是一群坏孩子的聚集地？或者只是一个酒吧？"自动化识别软件能够监测到在该"节点"进进出出的潜在目标共有多少个，以及他们在什么时间进进出出——这些模式化的内容能指明这幢建筑物的功能。根据研发人员的介绍，美国空军研究实验室研发的一款类似的系统可以追踪某个已知的毒品销售窝点的全部顾客，从而绘制出该窝点的经销网络。

受这些理念的启发，国防部高级研究计划局的广域网络识别项目也开始尝试自动打击犯罪分子的关系网。此前，中央情报局都是人工手动处理"永恒之鹰"从伊拉克传回的视频。在探讨此类概念的研究论文中，有一篇特别具有启发性：研究人员在美国某座城市的卫星地图上勾画了一份假想的敌方动向图，敌对分子的"轨迹"将城市的东边的一处敌方站点与另一个已知的藏匿地点连接起来，然后又将该藏匿地点与另一处可疑区域连接起来，如此反复下去。最终，这份敌方动向图看上去就像是某个侦探在公告板上圈出了黑帮家族的全部成员。

识别与追踪算法还可以帮助人们从每一个像素中抽取出更多的信息，从而降低人们对昂贵的大型高分辨率摄像机的需求。例如，一款只有900万像素的摄像机对威尔士大小的区域进行了55个小时的监视，并生成广域监视视频。当人类观察员用肉眼盯着这些布满了微型颗粒的监视视频时，很难将水面上漂浮的救生艇与反射在海面上的各种各样的光斑区分开来。不过，没关系，因为这款摄像机的配套系统是澳大利亚 Sentient Vision 公司①研发的精密移动追踪软件，如此一来，这款摄像机就可以自动识别海盗的橡皮艇或者海难的幸存者之类的有价值的目标。美国海岸警备队已经对这款能够自动开展搜寻和救援任务的摄像机产生了兴趣，原因不言而喻。

看懂图像中的隐含信息

请记住，只找到目标并追踪它从 A 点行进到 B 点，只成功了一半。利用"女妖之眼"系统进行蛮力追踪的分析人员只要发现有价值的信息，就会将这些信息发送给经验更为丰富的成员，以展开更深入的分析。这意味着图像分析进入了第二阶段："意义分析"，即破解你正在观察的事物有何意义。举个例子，当你注意到家中车道上有浮油时，你就会推断自己的车正在漏油。再比如，美国中央情报局的一位分析人员在观察一个人时，发现他进入了一处已知的恐怖分子的藏身之地，分析人员就有理由推断这个人可能也是一个恐怖分子。这就是福尔摩斯对华生说的："你能看到一切。但是，你不能根据看见的东西进行推理。"

聪明的对手绝不会把自己所有的牌都摊在桌面上，因此这就要求图像分析人员根据自己看到的内容展开分析和推理。在冷战期间，位于北德文斯克的苏联核潜艇基地一般会非常谨慎

---

① 这家公司还为澳大利亚的"收割者"无人机制造了广域传感器。

地计划启动核潜艇的时间，以避开美国卫星的监视。但是，美国中央情报局的资深图像分析人员根本不需要亲眼看到核潜艇就能推断出苏联方面的动作，他们甚至能预测出苏联方面每一

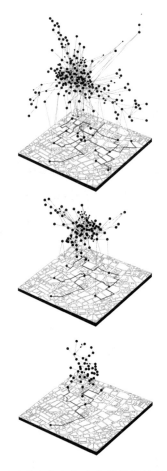

图 7-3　这张图片展示的是人们如何在广域监视视频中通过车辆的"轨迹"来绘制目标的"社交关系网"。地图上的每条线都代表着目标车辆在被追踪时从一个"节点"行进到另一个"节点"的路线。（埃米莉·维塞曼提供）

次的重要部署，这仅仅是因为这些分析人员注意到苏联的核潜艇基地出现了龙骨墩——就像是车道上出现了浮油。通过对龙骨墩进行测量和计算，这些分析人员甚至可以推测出即将潜入巴伦支海的苏联核潜艇的型号。

在美国中央情报局的图像分析总部，这样的分析策略是他们的标准做法。一位曾在北德文斯克事件中有过贡献的高级分析人员后来自豪地说，自己的团队在对方挖第一铲土之前就能确定一个新导弹发射井的位置：一道栅栏径直穿越偏远的森林，通常意味着一个新的发射点即将被建立；地面上出现一连串被砍平的木桩则表明这是一个测量项目。

一个优秀的图像分析人员在看到一排坦克的时候，仅仅通过观察它们之间的距离就能破译敌人的作战计划。但是想做到这一点并不容易。任何一个接受过基础培训的分析人员都能发现一排龙骨墩或是在两个"节点"之间行驶的车辆，甚至能够通过相对简单的算法在屏幕上追踪一个移动的目标。但是，如果你想知道这些图像到底意味着什么，你就需要专家，或者一台非常先进的电脑。

第八章

魔鬼盯着看

2008 年春季的一天，约翰·蒙哥马利上校走进了美国内华达州克里奇空军基地的地面监控站，进行常规的换班，他将要操控"收割者"无人机在伊拉克上空进行监视飞行。作为第 432 远征联队的副总指挥官，蒙哥马利上校的日程安排得很满，但是他每周还是会操纵一次无人机。当天的任务是在巴格达东北部人口密集的萨德尔城上空进行监视飞行，那里已经成为叛乱分子的温床，美国陆军在那里陷入了胶着的缠斗，因此蒙哥马利上校的飞行中队已经对该地区展开了为期几个星期的监视。

蒙哥马利上校在位置上坐好后，前一位飞行员转过身对他说："这个城市有点儿不对劲。我不知道具体是哪儿不对，但就是有这种感觉。"蒙哥马利上校也感觉到了。后来他和我聊起这次任务时说："那种气氛确实很不对劲。"蒙哥马利上校的手下早已对萨德尔城了如指掌，他们了解这座城市的节奏，甚至记得当地妇女在阳台上晾晒衣服的具体位置。因此，如果有什么事情要发生的话，他们就会有很明显的感觉。

换班 15 分钟后，一位飞行员指着屏幕上的一名男子对蒙哥马利上校说："我觉得这家伙不对劲。"那个男人穿着一套西装，正在打电话，从 4 500 米的高空向下看，没有受过正规训练的人可能看不出他有什么可疑之处。但是那位飞行员的经验十分丰富，蒙哥马利上校很信任他的直觉，因此他同意暂停原定的开放式监视飞行计划，并把那名穿西装的男子定为监视目标。

"收割者"无人机在空中盘旋了三个多小时，这名男子却从未踏进过任何一个建筑。看上去，他像是在漫无目的地散步，有时候还会走到人流拥挤的马路中间。自始至终，他的手机一直都放在耳边。

最后，这名男子走进了一条安静的小巷，广域监视视频中出现了一辆丰田小卡车。接着，三个男人下了车，与穿西装的男子聚到了一起。这群人从小卡车中拖出了一个迫击炮，对着附近的美军基地发射了两枚炮弹。之后，他们匆忙将迫击炮丢到一处垃圾点，然后那三个男人回到小卡车上疾驰而去，而那名穿西装的男子则继续散步，就像什么事情都没有发生过一样。

一支情报小队负责追踪丰田汽车，另一支小队则负责穿越街区去搜索迫击炮。无人机飞行员继续盯紧着那名穿西装的男子，发现他走进了几个街区之外的一幢房子。蒙哥马利上校说，没过一会那名穿西装的男子就被捕了。

一个追踪系统能追踪那个穿西装的男子的行迹，却不太可能告诉你那个人就是这次暴乱行为的参与者。在萨德尔城的行动中，这次任务的决定是基于一些微妙的线索、丰富的经验和敏锐的直觉做出的——而这些正是计算机无法拥有的东西。

未知的未知

2017 年 1 月，我开车前往位于纽约市奥尔巴尼城以北几千米外的 Kitware 公司总部。这家软件研发公司所研发的计算机似乎具备了与经验丰富的人类分析人员相同的能力，我想知道他们是怎么做到的。

Kitware 公司在软件研发领域具有非常大的影响力，公司的专长之一就是可视化。2005 年，Kitware 公司加入了"天使之火"项目。此前，该公司与洛斯·阿拉莫斯实验室合作研发了模拟核爆炸的可视化软件。[①] 模拟核试验需要融合超大范围内的数据点，其中包括虚拟百万吨级的核设施、虚拟爆炸的地址和天气情况，因此虚拟工作既细致又复杂。洛斯·阿拉莫斯实验室的超级计算机往往需要工作几个星期才能进行一次模拟核爆炸。

"天使之火"转交给空军研究实验室时，Kitware 公司也被

---

① 作为《全面禁止核试验条约》的签约国，美国政府自 1992 年该协议生效以来就不能开展真正的核试验了，因此只能对核弹头进行虚拟测试。

清出了项目组，公司创始人查尔斯·劳和比尔·霍夫曼认为空军方面错过了一个大好机遇。因为，当时那套系统尚未完工，不仅有瑕疵，还会造成大量数据的浪费，而人们原本可以从这些数据中挖掘出更多重要的情报。

Kitware公司对"从数据中挖掘情报"这一理念的追求没有因公司退出"天使之火"项目而结束，他们组建了一支计算机视觉小组，集中力量继续研发自动化空中监视软件。霍夫曼和劳找到了温文尔雅的安东尼·霍格斯来主持这个项目。霍格斯毕业于宾夕法尼亚州立大学，拥有计算机视觉博士学位，曾在洛克希德·马丁公司和通用电气公司全球研发中心从事情报工作。

当时，广域监视系统都是基于"爆炸之后"的理念进行操作的，这就是说，人们只有在爆炸发生之后才会对某个关系网络进行调查，因为爆炸提供了追踪潜在目标和阻止下一次袭击的线索。工程师约翰·马里昂向美国国防部推荐广域监视理念的时候，官员们总会说："呃，我们不想等到简易爆炸装置爆炸以后再去追查嫌疑人，我们根本就不想让它爆炸。你打算怎么解决这个问题？"新曼哈顿计划的核心要点就在于"爆炸之前"这一理念。

但是，一个"女妖之眼"系统执行10个小时的监视任务会产生65万亿像素的信息。如果使用情报领域流行的推算方法在爆炸发生之前搜索嫌疑人，你就会发现这像从干草堆里寻找一根针一样困难，何况这里满地都是干草。

有一天，安东尼·霍格斯在观看一段广域监视系统传来的监视视频时，突然注意到一种让他觉得非常可疑的行为。他没有告诉我那到底是什么行为，但是他说假如那段视频是实时视频，美军就可以采取行动了。要想分辨出哪种行为是可疑的，人们就需要破解行为的意义。安东尼·霍格斯并没有直接看到有人在埋放炸弹或者发射迫击炮，但是有些行为已经暗示了此类事件将要发生。而这些行为本身是简单而明显的，因此完全可以被计算机识别出来。

这件事给人们带来了启发。巴格达和喀布尔上空的"全视之眼"能够捕捉到一些美国国防部和情报部门想要深入分析的行为，比如叛乱分子之间的碰面、往卡车上搬运简易爆炸装置、在路边挖坑放置爆炸装置等等。所有的这些行为，在爆炸没有发生之前都是被人们所忽略的。如果能够识别出这些发动袭击的前兆，那么人类操作人员就可以得到预警，从而有足够的时间来阻止这些袭击，或者避免一些损失。这样，人们是不是就可以防患于未然了？

安东尼·霍格斯想用计算机视觉技术先发制人地识别犯罪行为的想法与渐趋流行的侦察理论非常合拍，即行为情报学[①]。这一理论是从美军的一系列特种作战任务，也就是在伊拉克和阿富汗对付"动态目标"[②]的实践中发展起来的。就像之前提到的那名穿西装的男子一样，这些目标的身上没有任何传统叛乱

---

① 行为情报学，activity-based intelligence（ABI）。

② 即驾驶汽车的目标。

分子的标志：他们不穿制服，也不开坦克，甚至不携带任何武器。他们唯一的武器就是一部手机，而且他们会不露痕迹地潜伏在人群之中。

行为情报学的践行者经常会提到美国国防部前部长唐纳德·拉姆斯菲尔德广受抨击的那句"未知的未知"（unknown unknowns），这是他在关于萨达姆·侯赛因与恐怖组织存在联系的新闻发布会上发表的言论。在搜寻动态的叛乱分子的时候，人们通常不知道自己到底在寻找什么。国家地理空间情报局前局长利蒂希娅·朗把这个任务描绘为"在全球范围内的海洋里去抓一条或许是鱼或许不是鱼的东西。它可能是任何东西，可能很重要。但是最初，我们甚至不确定它是不是真的存在"。[①]

美国国防部的一位高级情报官员在一份尚未公开发布的报告中称，行为情报学经常要查找武装分子身上"非传统"的标志，包括姓名、性别、年龄、体重、宗教信仰、技能、生物特征、价值观、种族、电邮地址甚至个性特征。[②]

"未知的未知"最明显、最直接的标志就是个人行为，这个理论正是因此而命名的。因为无辜的当地市民不会去制作简易爆炸装置或者发射迫击炮，他们也不会在深夜时分驾车前往已知的叛乱分子藏身之地，或者给已知的叛乱分子头目打电话。

---

① 行为情报学的官方文献中充满了深奥的话语，这些话语即便是被放到佛教典籍里面也不会显得突兀。例如，"事事处处皆在"是 2017 年一篇论文的作者在讨论行为情报学时写下的句子。

② 行为情报学的逻辑类似于饱受争议的"特征袭击"，即利用无人机袭击那些具体身份未知但其行为和 / 或交往暗示其参加了敌对组织的人。

2009 年，国防部高级研究计划局的一位项目经理曾在一份情报分析中强调："做坏事的就是坏人。"

安东尼·霍格斯在广域监视视频中发现的那种行为就属于"未知的未知"：没人知道这件事情正在发生，没人知道谁参与了这件事，但它确实是一件坏事。

要创建一套能够识别此类行为或其他相似行为的计算机视觉算法，人们面临的最大挑战就是这种算法必须要十分灵敏，能够应对战争中的混乱局面。犯罪分子可能有 100 万种方式来实施犯罪行为，而计算机则必须识别出每一种可疑行为及其种种变体。2008 年，Kitware 公司与马里兰大学、加利福尼亚大学伯克利分校以及佐治亚理工学院的研究人员合作，开始测试一款基础的自动化识别系统。由于一些研究人员没有安全权限，所以将战场上的真实视频作为测试材料并非是一个好的选择。因此，这些研究人员将系统应用到了他们认为与战场最接近的事情上——佐治亚理工学院的橄榄球比赛。

橄榄球比赛与战斗有相似之处，它们都是有组织但又很混乱的。每场比赛都是两种经过慎重思考的战略之间的激烈碰撞，会产生不可预知的结果。安东尼·霍格斯说，橄榄球运动员会积极实施一些欺骗性行为以误导自己的对手，这与巴格达的叛乱分子的行为十分相似。该项目团队的目标就是开发一个自动化动态追踪系统，在橄榄球比赛的进攻方正式执行进攻计划之前破解他们的真实意图。

由于工程师们并不知道"假传进攻"和"四分卫袭进"之

间的具体差别，所以他们招募了一位曾在绿湾包装工队[①]担任后卫的佐治亚理工学院毕业生，以找出某种橄榄球战略战术早期动向的标志。经过一年的尝试，计算机终于能够在 3 秒钟之内识别出一种打法，共能识别 7 种不同类型的打法。虽然，计算机的速度比不上人类防守后卫——他们能在 2~2.5 秒钟之内识别出一种打法，但计算机视觉算法的反应速度还是比坐在家里看比赛的普通观众要快得多。

凌晨 3 点的调头

橄榄球项目结束后不久，Kitware 公司就获得了一份价值 1 100 万美元的合同：为国防部高级研究计划局研发一款计算机视觉系统，用于自动识别某些特定的行为，以筛选出那些用其他方法几乎不可能将其从普通人中筛选出来的嫌疑人——例如萨德尔城那个穿西装的男子。这一项目的经理就是之前说"做坏事的就是坏人"的那位官员。

安东尼·霍格斯认为还有不少工具可以被应用于广域监视领域之中，而这个项目的启动也给了 Kitware 公司着手研发这些工具的机会。于是，霍格斯又向国防部高级研究计划局额外争取了一笔资金，用于研发一些基于他的理念而开发的工具。霍格斯和他的团队与很多空中监视分析人员讨论过行为类型，他们认为一些行为的确是敌人即将发动攻击的预兆。经过几个

---

① 绿湾包装工队，美国国家橄榄球联合会（NFC）的创始成员之一，截至 2014 年共赢得 13 次联赛冠军，冠绝 NFC。——编者注

月的尝试，霍格斯证明了自己的算法能够以较高的准确度筛选出几种特定的行为类型，这吸引了国防部高级研究计划局进行对其进行更多的投资。据霍格斯介绍，在那次展示的基础上，国防部高级研究计划局又启动了一个新的项目，旨在研发一套人工智能"全视之眼"。官方将其命名为"持续监视开发与分析系统"（Persistent Stare Exploitation and Analysis System），缩写为 PerSEAS（珀耳修斯）。希腊神话中有一位英雄就叫珀耳修斯，就是他杀死了蛇发女妖美杜莎。

一份该项目的规划文件透露，"珀耳修斯"项目的目标是研发出能够"及早识别威胁……扭转局势"的系统，包括识别自杀式汽车袭击发生前的驾驶行为，以及能够凸显出某人在网络上参与社交、政治、宗教、经济或军事等方面活动的"生活规律"的事件。

即便计算机不能捕捉所有信息也没关系。安东尼·霍格斯认为，只要它能够识别出比人类用肉眼识别的更多的"未知的未知"，并且没有出现太多的错误，那么计算机即便只比肉眼多发现 10%~15% 的信息也是很有价值的。

2010 年，国防部高级研究计划局又与 Kitware 公司签署了一份价值 1 380 万美元的合同，以推动"珀耳修斯"项目的进展。为了更快地获得成果，霍格斯召集了几十位学者和研究人员，他们来自 4 家主要的国防承包商和 6 所大学，其中包括加利福尼亚大学伯克利分校、哥伦比亚大学、伦斯勒理工学院和马里兰大学。

因为政策原因，Kitware 公司的计算机到底在识别何种行为仍属机密——情报部门不想让叛乱分子搞明白哪些具体的行为会暴露他们的行动——但还是有一些内容被泄露出来。一份未公开的 Kitware 公司报告列举了一些容易受到关注的行为，包括"保持距离"（一辆车在跟着另一辆车时保持一定的距离）、"近距离"（一辆车在跟着另一辆车时跟得很近）、"超车"（一辆车超过另一辆车）、"交叉行驶"（两辆车反复交叉超车）、"接近"（一辆车开向某个固定的地点）、"撤退"（一辆车驶离某地）、"平行驾驶"（两辆车并排行驶）、"下客"（停车并将一名乘客留在路边），以及"会面"（两辆车在短时间内到达同一个地点）。

项目组将自己熟练应用的软件用在了某座大城市的广域监视视频上，其结果相当惊艳。一个数据包可能包含了 1 000 万条车辆行驶的轨迹和 1 亿个案例。人们只要点一下按键，计算机就会在地图上精准地定位每一个受关注案例的具体地点。这就好比你只要打个响指，就能看到从你家附近的停车场上开走的全部车辆。①

对负责追捕叛乱分子的团队来说，他们最关注的一种行为

---

① 类似的技术也适用于社交媒体，而社交媒体已经成为美国国防部和情报机构最具价值的情报来源了。国防部情报中心利用计算机视觉系统来识别叛乱分子和恐怖组织发布在网上的视频，以找出重大威胁。而美国情报高级研究计划局则资助 Kitware 公司研发一套软件，以更加精准地自动筛选出 YouTube 上包含受特定行为的视频。在一次测试中，这套系统以 74.3% 的准确度从 2.6 万条的视频库中识别出了"快闪一族"。

类型就是车辆调头。在伊拉克战争的早期，分析人员就注意到，如果被跟踪的目标怀疑自己的车辆被跟踪了，他们就会调头并朝着跟踪自己的车辆行驶。因此，调头也就变成了一个警告信号——被跟踪的人想要藏起来。

图 8-1　测试结果图示。在这次测试中，Kitware 公司的行为识别系统在一段广域监视视频中找出了"车辆潜进"行为，即一辆车等待另一辆车离开停车位之后，停进该车位。阴影部分表示系统识别到的"车辆潜进"行为的发生地点。（Kitware 股份有限公司提供）

早在 2005 年，劳伦斯·利弗莫尔实验室以及洛戈斯技术公司的工程师就已经开始研发自动识别车辆调头行为的系统了。但是，他们很快就遇到了麻烦，因为调头在巴格达是个非常常见的行为，而且其他被列入"可疑行为"的车辆行为在当地也很常见。如果算法在指定区域内自动识别到了"下客"或"平行驾驶"行为，分析人员是不会花时间去调查的，因为这可能会使他们错过更重要的信息。而且，自动识别系统经常无法准确地识别出这些"可疑行为"。在 Kitware 公司的测试视频中，我看到被算法判断为"会面"的两辆车，事实上只是在停车场里挨着停车而已。

然而，单独的一辆车或是一个车队同时出现了上述的几种行为，有时就预示着叛乱活动。"珀耳修斯"项目的工程师着手编写软件，希望能对这种行为进行识别。虽然工程师可能不会关注一次单独的调头行为，但是如果一辆车在调头之后紧接着在繁忙的马路边停留 10 分钟，就会受到工程师的特别关注。在洛戈斯技术公司的工程师约翰·马里昂看来，这明显就是违法行为的标志。

但是，即便是在调头后紧接着长时间的停车也有可能是非常常见的行为，据此怀疑车上的司机或乘客是叛乱分子还是不够合理。也就是说，分析人员必须根据当时的具体情景来判断这种行为是否可疑。一个穿着西装的男子拿着手机打几个小时的电话，如果发生在曼哈顿下城区，就不一定是一个绝对可疑的行为。但是，如果这一行为出现在饱经战乱的萨德尔城中心，明显就是很反常的。安东尼·霍格斯指出，在白天拥挤的停车场里，两辆汽车紧挨着停车是正常的，但是相同的行为如果发生在凌晨三点钟的空旷停车场，那就是不正常的。同理，到了十字路口，汽车都会停下，但是如果一辆车停在了一条繁忙的道路的边上,那么车上的乘客就很有可能是在制作炸弹。霍格斯顿了顿说,当然,也有可能只是车子抛锚了。

与"轨迹"一样,"反常"也是侦察的基本要素之一。在通用电气全球研发中心,安东尼·霍格斯曾为国防部高级研究计划局研发过另一个系统。这一系统能从海运交通数据中筛选出反常数据,以查出违法的海运活动(因为正常运货的船只会按照预定的且可预测的航线航行,而违法运货的船只则不会这样做)。信用卡公司也采用了类似的策略来筛查诈骗交易,凭借这种技术,银行会在你企图在国外提款的时候锁定你的信用卡。

利用这种"聚类分析技术",Kitware 公司建立了一种算法,可以将监视区域分割成小块,并在每个版块内生成一个日常活动的"常态模型"。例如,在监测含有十字路口的版块时,算法能够测算出车辆的平均速度、大小和型号,以及停车和调头的频率。模型确立以后,计算机就可以只筛选那些明显反常的行为。

约翰·蒙哥马利上校花了几个月乃至几年的时间才学会了如何识别萨德尔城中出现的问题,而这些自动识别系统只需几个小时就能识别出某个地区的反常行为。利用相似的技术手段,国防承包商哈里斯公司也建立了一套交通速度常态模型,部署在纽约州的罗彻斯特市。该模型能够识别出一辆车经过某个地点的速度是否超过了平均速度,或者一辆车是否在需要快速行驶的区域停了下来。

2017 年冬天,就在我驾车前往 Kitware 公司总部见安东

尼·霍格斯的路上，我用来导航的手机没电了。我在高速公路
上紧急变道之后找到了一个可以离开主干道的出口，最终将车
停在斯克内克塔迪郊区的一个加油站给手机充电。充完电之
后，我向前开了 20 分钟，然后调头回到了原先的主干道上，
继续开了 8 000 多米。

当安东尼·霍格斯向我描述"珀耳修斯"项目的时候，我
突然意识到自己在来时在路上的那些行为刚好与自动识别系统
里设计识别的目标行为类型相似：在既定路线之外迂回绕路的
过程中，我不仅转弯和停车，而且——我这才意识到——这一
切还发生在纽约北部一个非常偏僻的郊区，而这种车辆行驶模
式在这个区域是极其罕见的。

我问霍格斯，如果自动识别系统一直在追踪我，那么它会
做出什么反应。霍格斯说，我刚才的驾驶行为可能会触发系统
的警报。其他情报专家和工程师则向我证实，我的行为肯定
已经让该地区的情报分析人员和机器人分析系统对我进行密切
追踪。

危险系数：99%

在"珀耳修斯"项目工作了几年之后，国防部高级研究计
划局负责主管这一项目的经理离职了。据安东尼·霍格斯介绍，
之后的继任者将"珀耳修斯"的工作重点重新转回到了车辆追
踪上。之后，Kitware 公司生产的自动追踪系统——"Kitware
图像与视频开发和检索系统"（Kitware Image and Video Exploi-

tation and Retrieval System，简称为 KWIVER）被部署到了战场上，但是霍格斯并没有透露具体的部署地点，以及是谁在使用这套系统。2014 年，空军研究实验室将 KWIVER 描述为该领域"最先进"的系统。

我访问的时候，Kitware 公司仍在继续研究可以识别行为的算法。公司已经得到了美国国防部的多项授权，可以为政府机构和国家实验室（包括空军研究实验室）继续研发该软件。在国防部部长办公室的支持下，该公司还研发了一套事件检测软件，力求将先进的自动化分析技术用于检测各种监视系统提供的视频。因为这个项目，Kitware 公司从政府部门获得了价值4 000 万美元的合同。从 2009 年到 2013 年，Kitware 公司始终位列美国发展最快公司的榜单之中。

Kitware 公司研发的这种行为分析系统的潜力没有被情报界忽略，许多组织机构和承包商都已经研发了类似的软件，来消除未知的未知因素。这种软件如果与前述章节中描述的具有自动追踪能力的软件相结合，就能够把海量的数据自动处理成详细的情报信息，人们不仅可以用来分析个体，也可以用来分析复杂的关系网络。

来自 Kitware 公司、洛斯·阿拉莫斯实验室和新墨西哥州立大学的一组研究人员已经提出建议：一套经过精准调整的常态识别系统能够计算出在同一地点出现两个异常行为的可能性，就像罗斯·麦克纳特的分析人员在巴尔的摩市所做的事一样，他们甚至能识别出一座城市里最容易出现团体聚集的区域，从而让地面部队提前等在那里，静候人群的到来。

在这个领域，有一家备受尊崇的公司——Signal Innovation Group（SIG），该公司是由两名来自杜克大学的工程师于 2004 年创建的。SIG 公司将精准复杂的数据分析方法应用于众多空中监视技术之中，包括探测简易爆炸装置的声呐、雷达和传感器。公司的两位创始人从不回应外界多次提出的问题，但我们还是能通过其他渠道了解到 SIG 公司生产的产品早就在战场上被大范围使用，而且都是秘密使用。该公司与美国海军研究办公室、空军研究实验室、陆军研究办公室、国防部高级研究计划局以及陆军夜视与电子传感器指挥部已经合作多年，此外公司还有一些保密的客户。

SIG 公司自主研发的自动分析系统与 Kitware 公司研发的系统很相似，这是非常了不起的。2013 年。SIG 公司制作了一份产品推介书，阐述了该系统的目标是接收千万亿像素的图像，并将其转化为几百条可供人类进行分析的潜在线索。

不仅如此，这份产品推介书还称，SIG 公司研发的系统仅仅依靠空中监视产生的数据就能够计算出既定区域成为叛乱分子集结点的可能性。在美国领土的上空，秘密地翱翔着数量众多的广域监视试验飞机，而 SIG 公司似乎只利用了其中一架飞机提供的数据就证实了自身相当精准的检测能力。

这份产品推介书还透露，要启动这个软件，分析人员首先需要在地图上标出已知的叛乱分子集结点，然后当车辆从已知的集结点开出时，系统就会自动对其实施监视，并识别出哪些建筑有可能会成为叛乱分子新的集结点。SIG 公司宣称，这款软件能够"很大概率"地识别出监视区域内全部车辆的出发点和目的地。这份产品推介书展示了一份得克萨斯州拉伯克市的卫星地图，上面标注了几千辆被追踪车辆的行驶路线。

这套系统一直在走精准路线，用于帮助人们挖掘更多的未知因素。该推介书透露：该系统对拉伯克市内 11 处不同类型的地点进行了监视，包括住宅、写字楼、足球场、餐厅甚至理发店，从这 11 个地点出发或到达这里的车辆都会被系统自动追踪。然后，该系统基于这些信息创建了每一种类型的地点在常规状态下每天的访问模式，这有点像 Kitware 公司研制的车辆速度的常态模型。通过将某个神秘地点的访问模式与已知地点的访问模式进行匹配，SIG 公司的系统就可以推测出这个神秘地点在扮演什么样的"角色"。例如，如果车辆在下午 4 点到晚上 8 点聚集在某个地点的周围，那么这里很有可能是个足球场；如果某幢建筑物在午餐和晚餐时间迎来访客高峰，且与某个已知餐厅的常态访问模式很相似，那么人们就可以推断该处建筑也是一个餐厅。

SIG 公司宣称，该系统不仅可以将未知建筑物附近的车辆行为模式与已知的餐厅、简易爆炸装置制作室，甚至理发店周围的车辆行为模式进行匹配，而且当某个类型的地点附近出现了与正常访问模式不相匹配的活动时，该系统还会自动将其识别为可疑的地点——比如一家餐厅在凌晨 2 点和 4 点之间迎来了访客高峰，或者一座建筑接待的到访者在来此途中表现出异常的驾驶行为。假如我驾车驶过斯克内克塔迪的时候也被这一系统监测到了，那么我的行为可能已经引起了该系统的注意。

2014 年，国防承包商英国宇航系统公司收购了 SIG 公司，具体收购金额不详。英国宇航系统公司现在出售的软件的前身，就是 SIG 公司利用拉伯克市的监视试验数据开发的那套实验性软件。根据英国宇航系统公司提供的产品资料，这款软件能够同时监视数量众多的汽车，并且能识别出可疑团体的异常行为模式。

由于拉伯克市大概率没有简易爆炸装置制作室，所以 SIG 公司将城市中的医疗机构当作犯罪分子网点的替代品。在该城市的另一张卫星地图上，一处名为"西得克萨斯儿童医院"的地点（在现实中真实存在）被贴上了标签，表明这里的危险系数是 99%。而向北更远一点儿的地方，一处名为"医疗管理方案"的企业（也是真实存在的）的危险系数仅为 15%。至于 SIG 公司研发的软件为什么会认为西得克萨斯儿童医院特别危险，该推介书并未详述。

一知半解是一件很危险的事情

截至 2017 年初，政府投资的各实验室开展自动化试验已有十多年的时间了。美国国防部的一个特别工作小组总结道：先进的自动图像分析系统已"表现出接近人类的水平"。在特别工作小组的推荐下，国防部领导层启动了"麦文计划"（Project Maven），这个被媒体广泛报道同时又有些遮遮掩掩的项目旨在将自动图像分析工具用于战争之中。

　　"麦文计划"的目标很简单：尽快将最好的自动化系统投入战场。与"大狩猎者"一样，"麦文计划"也是在其成果只完成 80% 的时候就进行了战略部署。这个项目还有一个名字叫"算法战争跨职能团队"（Algorithmic Warfare Cross-Functional Team），它的第一个试验是在 2017 年底将一套自动图像分析系统交付给 10 个情报机构，这些机构在叙利亚、伊拉克和非洲一些未公开名字的国家有各自的任务。据说这套自动图像分析系统能够识别出"汽水吸管"式视频中的可疑目标和可疑行为。

图 8-2　美国国防部为"算法战争跨职能团队"（又叫"麦文计划"）制作的官方徽章。（美国国防部提供）

　　这套自动分析系统的功能之一是在分析人员选择一个感兴趣的目标后，该系统就能将现存的有关这个目标的无人机视频片段整合起来。该系统的其他功能虽然是保密的，但也很容易猜到。作为该项目的承包商之一，计算机视觉初创公司 Clarifai 提供的软件能够通过视频和照片来分析一个人的年龄、性别和文化面貌。

在第二次冲刺中，"麦文计划"转向了广域运动成像技术。截至 2018 年底，该项目将会完成自动图像分析系统的部署，届时，美国国防部内部机密性最高的系统 SIPRNET 和 JWICS 也能够使用它。空军方面拒绝向我透露这套自动图像分析系统到底能够做何种类型的分析，但是美国国防部在 2018 年初发布的一份预算报告表明，这一系统可以进行目标识别和确认。该项目的负责人曾向澳大利亚皇家空军的部分成员做过项目介绍，他说这一软件在早期能够很快辨认出小汽车、卡车、人和船只，还演示了分析人员该如何选择感兴趣的区域，以及该系统如何计算一帧视频中出现的人和车辆的数量。而且，该负责人还暗示这套系统最终将能够处理更为精密复杂的工作，即"意义识别"。

如果成功了，"麦文计划"将会为人们开启人工智能侦察和监视技术的新时代。在 2019 年的预算申请中，国防部长办公室计划为"麦文计划"拨款 1.09 亿美元，并将其称为国防部在人工智能领域的"探路者"。这一项目的合作伙伴主要是美国各国家实验室和美国情报领域的 17 个组织。

在其早期的历史中，自动图像分析技术并未被广泛使用的主要原因是，在现实中即便是这类技术的最先进代表也不是完全没有失误的。我注意到，在一次 20 分钟的测试中，Kitware 公司的自动行为识别算法将一片区域划定为可疑地区，其依据是一辆车从停车标志处离开几秒钟后，排在后面的另一辆车停到了它先前停车的位置上（"取代"，即一辆车取代了另一辆车的位置，是该系统按照工程师要求所关注的特定行为之一）。而在另一段视频中，该系统将一个三点调头[①]动作识别成了"取代"。

　　一旦自动识别一套系统出现了这样的错误，就没有士兵敢相信它了。国防部高级研究计划局的"心灵之眼"（Mind's Eye）项目试图打造一套自动化系统，使其能够有效识别 48 种不同的

图 8-3　"心灵之眼"系统在进行测试时的截图。该软件能正确识别出一个女人正在转身，但是没有识别出她手里端着一碗水果。（布鲁斯·A. 德雷珀，"心灵之眼"项目的产品介绍，网址：http://www.cw.colostate. edu/~draper）

---

① 　三点调头是美国驾照试中考官常用的指令，是指在没有其他车道可以借用的情况下，驾驶员倒车驶入路边的院落或者其他的小路，再从小路的最右侧做回转，当汽车接触到最左侧的路沿时做后退动作，同时在后退时继续将车头进行调整，最后换成前进挡，继续完成调头动作。——译者注

人类行为，包括"拿""转身""打""挖坑""跳""跑""抓""扔""触碰""交换""替代""逃跑"……该项目曾经进行过一次测试，系统在测试中正确地识别出一个女人正在做"转身"的动作。但是，研究人员非常失落地抱怨说："这套系统的设计初衷是要在第一时间从视频里识别出'手里拿着东西的人'，结果我们却没有识别出一个手里端着一碗水果的女人。"

但是目前，这样的错误已经越来越少见了，这很大程度上得益于机器学习领域的技术进步。

机器学习和深度学习对现代生活有着深远的影响。以 YouTube 精准度极高的相关视频推荐栏为例，这个系统就是使用了类似于 Kitware 公司异常行为识别系统的聚类分析技术。Kitware 公司的系统认为公路上的调头行为预示着不良行为，YouTube 则认为搜索直升机视频的用户可能会对核潜艇方面的视频感兴趣。Kitware 公司的软件经常会犯错，但 YouTube 的用户基本上不会只看一个视频就打住，因为 YouTube 的相关视频推荐系统是以 1 000 亿个用户的行为样本为基础进行训练的。正是基于类似的原因，脸书的人脸识别系统（以海量的自拍照为训练素材）比美国联邦调查局的人脸识别系统（以规模小太多的数据库为训练素材）精准很多倍。

在自动监视领域，即便是规模很小的学习，也能带来很大的进步，深度学习的影响尤其如此。2016 年，杰森国防咨询小组在一份研究总结中称："深度学习的影响是革命性的。"麻省理工学院林肯实验室利用 ImageNet[①] 对深度学习系统进行了强化，再将其与自动图像分析系统组合到一起，随后，广域图像分析系统的出错率就几乎降到了零。2017 年，中佛罗里达大学的一个研究团队公开了一套基于深度学习的自动追踪和识别系统。据报道，这套系统的准确率比其他 13 套非深度学习系统高出 50%。"麦文计划"最初的成功很大程度上就是因为它的分析软件是以 100 万张经过标记的图像为基础进行过训练的。

　　怀疑论者则说，即便是在实验室里进行了广泛的训练，人们研发的算法也不可能完全准备好应对战争，因为战场十分混乱，难以模拟。比如，Kitware 公司研发的系统在搜寻"替代"行为的过程中反复出现错误，但只要给人类指出来这种错误，他就绝不会再犯第二次，目前算法还做不到这一点。因此，林肯实验室、美国空军研究实验室、代顿大学的广域监视实验室以及其他一些机构都在积极地在他们研发的系统中加入"主动学习"功能，这样分析人员就可以在执行任务的同时修正自动化系统出现的错误。在"麦文计划"中，如果系统未能正确识别地面上的某个目标或行为，分析人员就会点击"人工智能培训"按钮，这样算法就会将其记录下来，以确保未来不会再犯同样的错误。

　　同理，如果系统的识别结果是正确的，分析人员就会予以肯定。通过这种方式，计算机就对正确和错误有了认识。如果你曾在在线填表的时候填写过 CAPTCHA 验证码，那么你就参

---

① ImageNet 是一个包含 1 400 万张图像的数据库，内容涵盖了从动物到著名建筑的广大范畴。——编者注

与过在人类监督下的机器学习过程。因为将你识别的验证码输入到计算机是对其工作的确认，即便你是在证明自己"不是机器人"，但你的这种操作会让人工智能变得更加强大。一般来说，一个系统运行的时间越久，它的工作表现就会越出色，功能也将变得越来越多样化。代顿大学实验室的维贾扬·亚沙里解释说："在费城受训的飞行员也必须能在凤凰城开飞机，计算机程序也一样。"例如，一项任务的地点从城市战场转到了农村战场，人类操作人员只要给一点点的指导，基于主动学习的算法就能快速适应新的环境。

在飞行过程中，有些系统还可以学会新技巧。比如，分析人员利用"麦文计划"的成果可以教会广域监视系统识别全新的事件。项目组曾经给过一个案例：分析人员将不熟悉的场景贴上"紧急情况"的标签，并在视频框中对消防车和救护车进行了识别。下一次，当类似场景出现的时候，只要有消防车进入视线，系统就会自动对其进行识别并且知道它的用途。

即便是拥有丰富的第一手工作经验的人——也正是注定要被算法取代的人——也很难否认机器学习进来取得的进步。2016年12月，我与约翰·蒙哥马利上校①交谈的时候，他仍然认为在执行各种任务的时候，人类的介入还是必不可少的。但是如今，随着机器学习的发展，他已经没有以前那么坚定了。

在我们通话的前一天，蒙哥马利上校在 YouTube 上看了一

---

① 前文中追踪穿西装男子的那位无人机飞行员。——编者注

段机器人练习往杯子里扔球的视频。一开始，这个采用机器学习的机器人看起来就像一个蹒跚学步的孩子那样无助，在试到第 70 次的时候，球第一次碰到了杯子的边缘，在试到第 90 次以后，球就一直可以击中杯子的边缘，第 100 次尝试的时候，机器人终于把球投进了杯子。蒙哥马利上校说："你知道吗，自那以后，它就再也没有失手过。"

硅谷也加入了这场战争

在机器学习领域，硅谷的科技公司是当之无愧的领导者。其中一个很重要的原因就是科技行业总是能从国防、情报等其他领域挖走优秀的人才。以劳伦斯·利弗莫尔实验室的"ICs"项目为例，在项目结束以后，该项目组的大多数研究人员都去了谷歌、YouTube、脸书和其他一些科技公司任职。希拉·维迪雅表示，这是劳伦斯·利弗莫尔实验室不得不在 2014 年停止一些研究的主要原因。

美国国防部迫切希望这些人才和技术能够重新回归到空中监视领域中来，硅谷也表示愿意合作。2017 年秋天，国防部办公室选择了谷歌公司作为"麦文计划"的合作伙伴。根据协议，美国国防部将使用这家互联网巨头的 TensorFlow 人工智能系统来改进各项分析程序。谷歌公司内部的邮件显示，谷歌的领导层预测，这次合作最终能给公司带来 2.5 亿美元的收益。

2018 年 3 月，双方的合作关系被曝光，并在业内产生了巨大的影响。谷歌公司发布声明称，该公司的工具只会用于"非攻击性"行为。但即便如此，还是有 3 000 多名谷歌母公司的员工签署请愿书，要求公司的首席执行官桑达尔·皮查伊取消与国防部的合作。不久之后，桑达尔·皮查伊就照做了。

很多关注这一丑闻的人都表示，这次合作让人震惊。因为多年以来，谷歌公司一直秉承的座右铭是"不作恶"。但是事实上，这并不是谷歌公司第一次支持空中自动监视项目。大概在 2013 年，谷歌公司就和美国空军研究实验室签署了一份合作协议，共同研发空中监视的数据分析技术和其他相关技术。

合作研究与开发协议（CRADA），是指政府机构与公司或大学之间为某个具体的技术或产品而签署的合作协议。作为资助者，政府机构最终希望将这些技术和产品用于实际的行动之中。按照国防部部长办公室在网页上的描述，"空军研究实验室-谷歌"项目的最终成果就是一种可以用于处理广域监视视频的、具有"革命性意义"的自动化生活方式分析模型。

这并不是一种"非攻击性"的技术，因为生活方式分析就是从空中对个体的日常生活行为进行分析，这是实施空中打击之前至关重要的一步。我联系的空军发言人拒绝就该合作协议透露更多的细节。

还有一些其他迹象也能够证明谷歌公司与国防领域的合作比人们知道的要广泛得多。例如，联合特种作战司令部在 2019 年提交的预算显示，司令部要向谷歌公司支付 450 万美元用于购买计算服务，其中就包括用于"大数据分析"项目的 TensorFlow 系统。"空军研究实验室-谷歌"CRADA 项目是不是谷歌公司和空军合作的唯一项目？空军发言人对此既不否认也不承认，他们只是一味地强调，政府部门将继续与科技行业和学术机构进行合作以探索新兴的技术，用于提高政府部门的决策能力。

虽然谷歌公司的领导层对美国国防部的资金垂涎三尺，但是因为"麦文计划"引发的争议，他们不得不低调行事，至少暂时是这样的。2018 年 10 月，谷歌公司退出了美国国防部的一个价值超过 100 亿美元的云计算项目的竞标。根据公司的声明，放弃该项目的竞标是基于谷歌公司"不能保证该项目与公司的人工智能原则保持一致"的现实考虑。

但是在硅谷，仍然有一些公司在和军方做生意，而且并未表现出悔意。就在谷歌公司发表上述声明的一周以后，在一次会议上，亚马逊公司的首席执行官杰夫·贝索斯说："如果大型科技公司都拒绝与美国国防部合作，那么这个国家就危险了。"他同时表示，亚马逊公司将继续与军方进行合作。对美国国防部里的很多人来说，贝索斯的话不啻袅袅仙乐。在 2013 年，亚马逊公司签订了价值 6 亿的合同，向 17 个情报机构提供用于优化自动分析技术的云计算系统。①

就在贝索斯发表该声明的 10 多天之后，微软公司的总裁布

---

① 云计算，可以让付费顾客使用的这个星球上最强大的计算能力，它对自动化监视系统的效果产生了意义深远的影响。空军研究实验室发现，在俄亥俄州哥伦布市的一段 1.4 亿像素的视频中，亚马逊的云服务显著地提升了自动化车辆识别和追踪的速度和精准度。

拉德·史密斯也在公司的官方博客上发布公告，称微软将继续维持与国防部在技术投资领域的合作。他特别强调说："我们不会退出未来。"

来看看硅谷已经为我们设计好的未来吧：以后，只要动动手指，你可以通过手机订购一本关于无人机的书，然后计算机将会为你推荐几千甚至上万个小时的直升机或潜水艇视频，因为它认定你肯定想看这些，你果然就点开了视频并开始观看。未来，科技行业将与国防和情报领域越走越近，我们已经预见到了这令人心惊的前景。但新闻头条对于这种灾难性的新概念表现得非常温和，甚至充满了欢迎的意味，例如，"终于问世：一款能够识别你在徒步时遇到的动物的 App"或者"谷歌通过人工智能找到了与你极其相似的人"。而所有这些伟大的发明都将融入监视技术中去，无论是通过哪种方式。

第九章

新维度

随着监视技术变得越来越智能，它正以前所未有的方式进入我们生活中的各个领域——从大气层外的卫星到大街上的闭路电视监控系统。最终，几乎我们星球上的每一个角落都将被"全视之眼"所监视。

就以今天的闭路电视监控摄像头为例，它已经覆盖了很多现代化城市。但是，与"捕食者"无人机一样，监控摄像头也面临着"汽水吸管"的瓶颈。在一些重要的区域，比如机场和赌场，唯一能够保证不出现遗漏的方式就是在各处安装更多的摄像头。

要解决视域狭窄的问题，其中一个方法就是研发更大的摄像机。世界上第一套真正意义上的全视闭路电视监控系统是"浸入式监视系统"（Imaging System for Immersive Surveillance），这套闭路电视监控系统共有 48 个独立的成像仪器，是麻省理工学院林肯实验室和西北太平洋国家实验室应国土安全局之邀而研制的。2009 年，这套系统在波士顿洛根机场的 A 航站楼内进行了第一次测试。该系统有 2.4 亿万个像素，能够在 60 米之外看清乘客登机牌上的名字。

在摄像机持续拍摄整个空间的同时，操作人员可以平移、俯仰和缩放摄像机镜头。当特定人群路过的时候，追踪算法可以帮助国土安全局对他们实施持续监视，即便是在人员拥挤杂乱的高峰时刻，也不会对追踪特定目标有什么影响。侦察人员能够回看过去 30 天的监控视频，林肯实验室的工程师比尔·罗斯说："你不会错过任何蛛丝马迹。"

"浸入式监视系统"在洛根机场进行测试之后，波士顿警察局在 2014 年的马拉松比赛终点处安装了这套监控系统，特勤处在白宫附近也部署了一套。2016 年，麻省理工学院将这项技术转让给了 CRI 公司，该公司于 2017 年初就售出了两套系统。2018 年，西雅图的世纪互联运动场也安装了一套该系统。

"浸入式监视系统"投入使用后不久，林肯实验室就开始研发另一套更令人震惊的地面摄像机，并将其命名为 WISP-360。这套红外线系统是基于"每个像素都要经过计算机处理"的技术理念进行研发的，能够利用相对较小的高速旋转摄像机拍摄数量惊人的图像，并且能够追踪加速中的子弹。WISP-360 摄像机利用每秒钟拍摄几十个亿像素的速度创造出了 360 度全景图像，因此使用者以各种角度来查看几千米以外的事物。它的操作方法与雷达十分相似，只不过它生成的是精美清晰的黑白视频。这款摄像机的具体性能是保密的，但是可以肯定的是，当林肯实验室的研究人员在波士顿上空 2 700 米的高空使用这款摄像机的时候，足以看清麻省理工学院校园里的每一辆汽车。

2012 年，美国陆军开始在前沿作战设施上安装 WISP-360 系统。后来，"伊斯兰国"和其他一些无政府组织开始尝试在商用无人机上放置爆炸物以充当微型巡航导弹，因此美国军方对 WISP-360 的需求就变得极为迫切，因为凭借广阔的覆盖面和自动化系统，WISP-360 能够识别体型较小的商业无人机。为了加速生产速度，2018 年，比尔·罗斯和自己的团队成员成立了一家私人公司——Copious Imaging，该公司致力于进一步推动超高清摄像机的商业化量产，并继续研发基于"每个像素都要经过自动化系统处理"的技术。

在美国国内，对于地面"全视之眼"的需求也在不断上升。2017 年初，海关与边境保护局计划在南部边境线上新建 200 个监视塔，与此前已经建成的 200 个监视塔形成互补。根据相关信息，海关与边境保护局正在寻找一款能够进行 360 度全景拍摄，并能识别出沙漠中 12 千米以内（或者城市中 5 千米以内）的普通成年人的监视设备。

以色列防务公司埃尔比特系统公司发布了两款广域监视摄像机，GroundEye 和 SupervisIR，以寻求与美国海关与边境保护局进行合作，同时准备进军"人口密集地区"的监视项目。其他公司也相继揭开了自家大规格地面摄像机的神秘面纱。在巴西圣保罗的科林蒂安竞技场，由中国的海康威视公司制作的广域监视摄像机监视着全场的球迷，该公司正在成为这一行业的领跑者；匈牙利的 Logipix 公司正在出售一款 2 亿像素的全景摄像机；尚处于初创阶段的 Aqueti 公司正在出售一款 10 亿像素的摄像机——"螳螂"（the Mantis），它是以美国国防部高级研究计划局的 400 亿像素的 AWARE 系统为基础研发的。

现在，这项技术已经在市场上形成了滴流效应。2017 年，在宾夕法尼亚州南威廉姆斯体育场举行的少年棒球联盟世界大赛中，执行监视任务的是由佳能公司研发的一款拥有 2 亿像素的广域摄像机构成的监视网络，这款摄像机的很多组件可以在专业的摄像机网站上找到。安讯士网络通信公司（Axis Communications）也在出售一款 2 亿像素的摄像机，它的外形与闭路电视监控摄像头很相似，但是可以拍摄在三个足球场距离之外高速行驶的汽车及其牌照。有些超高清摄像机的价格低廉到适合家用。目前，很多大型闭路电视监控系统的制造商都在生产像素相对较高的广域摄像机，它们可以被当作小型的"全视之眼"使用。像松下、派尔高和海康威视等公司都在销售高像素的 360 度全景微型摄像头，价格在 1 000 美元左右。

此前两章讨论过的自动监视技术也将应用于广角模式和"汽水吸管"模式的监视摄像机。得益于人脸和行为识别技术的发展，世纪联合体育场安装的广域摄像机能识别出是谁丢了背包，还能提醒安保人员注意排队队伍里有一个有案底的闹事者。科林蒂安竞技场安装的摄像头以及海康威视公司生产的低端摄像头也配备了人脸识别软件，能够识别入侵行为、跟踪人群，甚至能识别交通违规行为。

与此同时，专攻计算机视觉的公司也在研制能够直接接入到已有监视网络中的自动分析系统。想一想目前有多少现代公共场合已经被闭路电视监控系统所覆盖，我们就能知道这里蕴含着多么惊人的前景。此类产品的市场需求高涨，尤其是在几起恐怖袭击发生之后。比如 2017 年，爱莉安娜·格兰德在英国曼彻斯特举行的音乐会上发生了爆炸事件。为了寻找袭击者的线索，警方需要从上千个闭路电视监控摄像头里提取几万个小时的监控视频，然后进行人工梳理。而一个自动分析系统能大大减少人们处理这样的搜索工作所需的时间和人力成本。

自 2016 年起，亚马逊公司就开始向美国的执法机构兜售人脸识别和物体识别软件，以处理来自闭路电视监控摄像头和其他来源的视频。根据亚马逊公司的市场营销资料，该软件能够根据一个人脸上的表情来识别他的情绪。奥兰多警察局和华盛顿治安官办公室都是该软件的用户。此外，包括《纽约时报》在内的多家新闻机构正在利用该软件来识别在大型赛事的照片和视频中出现的名人。

南非的约翰内斯堡和新加坡等城市也在测试和安装类似的自动化系统。在莫斯科，政府官员已经建议将该技术用于追踪当地的清洁工，以确保他们没有在工作中偷奸耍滑。

得益于愈发强大的人脸识别功能，当一个人从某个摄像头的拍摄范围行进到另一个摄像头的拍摄范围时，有些软件仍然能够对其进行追踪。在闭路电视监控头安装特别密集的城市，类似的程序能够长时间持续追踪一个人。目前，伦敦已经与新兴的 SeeQuestor 公司进行合作，以测试该市街道和地铁站闭路电视监控系统的联动追踪能力。

这些监视系统将会越来越智能化。美国情报高级研究计划局是美国情报机构的高级研究实验室，该机构希望在 2020 年之前让深度学习软件学会自动识别闭路电视监控视频中的 40 种简单的动作、20 种行为和 12 种复杂的活动，其中包括"有人扔了一个背包""有人携带或挥舞枪支""有人扔了一块石头""暴乱或骚动"，甚至"不合理地运输异常沉重的物品"等。

与空中摄像机一样，智能地面广域监视摄像机也有相对温和的用途。杜克大学的一个研究团队曾经为国防部高级研究计划局制造了一款 10 亿像素的摄像机。该团队认为，如果电视台用一款 10 亿像素的摄像机转播体育赛事，观众就可以对自己感兴趣的内容进行放大，这与在地面上处理"女妖之眼"视频片段的地面部队的做法相同。

研究人员认为，"缩放播映"（zoomcast）是一种比传统直播更具吸引力的体验。如果你对某一位队员的表现特别感兴趣，或者你想看清楚裁判有没有公正执法，那么在多个 10 亿像素摄像机拍摄一场比赛的时候，导播员就能够制作出某段比赛过程的实时 3D 视频，让观众可以核查比赛，就像自己真的站到了赛场上一样。

美国国防部早已针对此类技术开展了战场适应性试验，包括将城市航拍视频转换为精密的 3D 数字模型，以帮助士兵快速适应他们即将前往的新环境；史蒂夫·萨达斯团队研发的软件已经能将广域监视视频转换为 3D 可移动城市景观，该软件同样是由国防部资助的；警察局也可以使用类似"缩放播映"技术对人群实施追踪，以便以不同的角度近距离地查验潜在的嫌疑人。

此外，杜克大学的团队利用一款简化版的"缩放播映"设备帮助美国全国广播公司直播了超级拳王争霸赛的系列赛事，他们使用的只是一台安装在比赛场地上方的大型 360 度摄像机。这种摄像机能够即时生成连续的 3D 比赛视频。这样一来，当某位拳手打出一记精彩的重拳时，观众就可以定格这帧视频，并进行多角度旋转，以寻找最佳的视角，然后对其进行缩小或放大，以便看得更真切。正如记者马特·哈蒂根指出的那样，这种摄像机将拳击比赛变成了 1999 年的电影《黑客帝国》中人躲子弹的现场版。这种效果既令人满足，又令人不安。

WAMI 越做越大

在不断落地的同时，广域监视技术也在努力突破自我。希拉·维迪雅告诉我："我们从空中广域运动成像技术的使用中学到的一切，都可以用在太空中。"在实践中，基于太空的"全视之眼"代表了一种巨大的挑战。但是，它终将成为现实：生活在地球上的每一个人——不仅仅是那些不幸生活在战争地区或犯罪活动猖獗地区的人——都不得不与"太空之眼"打交道。

将广域监视技术送入太空轨道的争论由来已久。事实上，劳伦斯·利弗莫尔实验室在研发第一代"全视之眼"的时候就是想研发一颗监视卫星，而不是监视飞机。虽然目前已知的广域监视系统都是安装在飞机上的，但是这个行业从未放弃像电影《国家公敌》中展现的那种"老大哥"卫星。布赖恩·莱宁格尔在国防部高级研究计划局研发"阿格斯"的时候，曾与美国国家侦察局负责管理间谍卫星的分支机构进行过几次深入的交流，其交流内容都是最高机密。

把一台摄像机放到卫星上，并不是一件难事。2013 年，"天空 1 号"卫星（SkySat-1）发回了几个大城市的航拍视频片段，其分辨率之高令人难以置信，而这颗卫星竟然只有一台洗碗机那么大。在拍摄北京的一段视频中，人们可以看到机场里的飞机正在起飞和降落。而在另一段视频中，人们可以看到车流正在繁忙的城市中心迂回前行。

但是，由于卫星以约每小时 27 359 千米的速度绕地球环线飞行，因此在隐入地平线之前，卫星拍摄一个目标的时间只有 90 秒。① 因此，众多研究团队都在努力从短暂的卫星视频里提取出尽可能多的信息。但是，即便是一段长度为 90 分钟

① 虽然有些卫星确实能够无限期地保持在某个特定目标的正上方，也就是处于对地同步轨道上，但是它们必须位于距离地球很远的位置上。从技术上来说，将一套广域监视卫星送入对地同步轨道并非难事，但是目前的摄像机技术不太可能从如此遥远的地方拍摄地球表面上的细节。中国大型的"高分四号"卫星目前正处于对地轨道上，可以覆盖东亚地区 4 900万平方千米的面积，据说该卫星具备一定的视频拍摄功能，但是它可能还是无法拍到比一艘大型船只更小的物体。

的视频——这大概是处于近围轨道上的卫星绕地球一圈所花的时间——仍然无法让分析人员持续追踪敌对分子或团体。

图 9-1　"PhoneSat 2.5"卫星是美国国家航空航天局艾姆斯研究中心于 2014 年制造的立方体卫星。(美国国家航空航天局艾姆斯研究中心提供)

　　第二个问题是，在宇宙中放置摄像机的成本是异常昂贵的。老牌卫星成像公司 Digital Globe 建造一颗卫星的成本超过了 5 亿美元，而美国政府大多数卫星的成本都超过了 10 亿美元。

　　令人高兴的是（也可能是令人不高兴，关键看你问的是谁），卫星正在变得越来越小，越来越便宜。立方体卫星（CubeSat）是一种由棱长 10 厘米的立方体模块组合而成的模块化卫星，制造成本仅为 4 万美元，将其送入轨道大约需要 8 万美元，而且一个运载火箭一次可以同时携带几十颗这样的立方体卫星。通用原子公司（General Atomics）曾经提议使用一个巨大的电磁轨道炮将多个立方体卫星送入轨道，这项技术有望继续降低这种卫星的发射费用。

因此，在接下来的几年间，绕地球轨道飞行的小型美国监视卫星的数量将急剧增加。除了美国空军、海军和陆军以外，自 1961 年起就在卫星上投资了几十亿美元的国家侦察局已经拥有了活跃且不断发展的小型卫星项目。此前没有能力拥有卫星的机构，现在也因为"小型卫星革命"而组建起自己的卫星群。联合特种作战司令部管理的一支卫星编队只有一项任务：追踪逃亡中的目标。

根据 2017 年披露的一个名为"杀伤链"（Kill Chain）的应急计划，美国国防部计划在朝鲜半岛上空组建一个由微型雷达卫星组成的大型卫星群，每小时对朝鲜半岛上的主要目标进行一次拍摄，并生成图像。如果使用传统的大型雷达卫星来覆盖这一区域，总花费大约为 1 000 亿美元。美国国防部的一些官员希望现役情报分析人员能够拥有一个包含这个星球表面上的每一平方厘米的数据库。此外，国防部高级研究计划局也在组建一个由几十颗小卫星组成的卫星群。

人们对小型卫星的兴趣并没有局限在美国国境以内。2017年，俄罗斯发射的一枚火箭携带了由 5 个不同国家提供的 72 颗小型卫星，而印度航天局也正在研发自己的小型卫星发射系统。

在这场新的太空竞赛中，商业领域已经完全领先于政府机构。硅谷一家初创公司 Planet 凭借一个由 200 颗小型卫星组成的卫星群，能够保证每天至少拍摄一次地球上的陆地部分，当然是在天气允许的时候。因为这些卫星还不能穿透云层或在夜晚进行拍摄，但是像 Capella Space 这样的新兴企业正在研发的小型雷达卫星可以同时做到这两点，这家公司计划用这些雷达卫星组成卫星群，对特定地点每小时进行一次拍摄。2016 年，美国国家地理空间情报局向 Planet 公司支付了 2 000 万美元，用于使用该公司拍摄的全球影像。该项目启动后一个月内，情报局的分析人员就利用这些图像在秘鲁发现了非法开采的金矿，并在洪都拉斯发现了新建的机场。

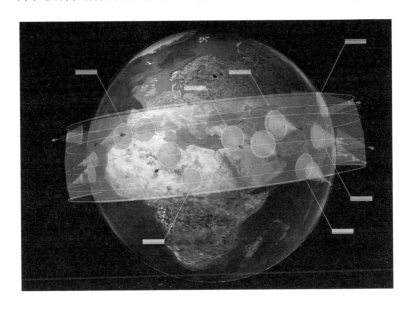

图 9–2　一位艺术家绘制的美军事监视卫星群示意图，这些卫星可以在两小时内被安排拍摄地球上几乎任何地方。（美国国防部高级研究计划局提供）

最终，小型卫星的发展和发射频率都将加速，届时将会有足够多的卫星拥有足够强大的功能，在几周之内就能够产出全球的图像。这就意味着，每天早晨我们都能看到纽约、迪拜、悉尼或者马德里的新形象，分辨率之高甚至能够让我们看清楚谁家倒了垃圾，谁家没有倒。

如果你在一座城市的上空拥有了足够多的卫星，那么为什么不每天更新一次这座城市的图像呢？另一家小型初创企业BlackSky 就将把自己的 60 颗卫星对准了全球人口密度最高的区域：这些卫星每天拍摄巴格达 42 次，平壤和北京 52 次，西雅图 80 次。总之，世界上 95% 的人口都将被这家公司的卫星进行周期性拍照。

有了足够多的卫星，广域监视技术进入太空的第一个难题，即以约每小时 27 359 千米的速度绕轨道飞行这一物理问题的解决方案似乎就要浮出水面了。在大气层之下，当美国空军想要连续多天监视某个目标时，就会使用多架无人机。因为当一架无人机的燃料快要耗尽的时候，另一架无人机就会来接替它，继续进行监视。这样，美国空军才能够持久地监视其目标。同样的原理也可以运用到太空中。

美国国家航空航天局喷气推进实验室的工程师查尔斯·诺顿带领一支队伍主攻小型卫星技术，他向我解释了小型卫星技术的工作原理：你可以将小型的廉价卫星组成一条直线，这用轨道力学中奇妙且富有诗意的术语来说就是"一串珍珠"。宇宙飞船在太空中也是这样排列的，其目的是当每隔 90 秒有一颗卫星隐入到地平线以下的时候，另一颗卫星就会进入到可监视目标的位置上，就像一条精心设计好的舞蹈轨迹。将所有这些 90 秒的视频连接在一起，从理论上来说，人们就可以得到地球上某个区域的稳定且不间断的视频。

　　基于太空的广域监视技术面临的其他一些相对不太明显的障碍也在消失。其中一个难题就是如何让时速 27 359 千米的卫星能够将其携带的摄像机盯准地球表面的某个点。这与劳伦斯·利弗莫尔实验室早期的一个试验非常相似：由前高尔夫锦标赛摄像师转型为国防承包商的内森·克劳福德让自己的摄像机从圣费尔南多谷上空几百米的地方飞过，同时还要锁定地面上的一个汽车加油站。这个任务，即便是让经验丰富的人类摄像师通过手持摄像机来完成都是非常困难的，更不用说空间如此有限的小型立方体卫星。但是，在 2013 年，已经在小型卫星领域钻研了 20 多年的航空航天公司（Aerospace Corporation）让一颗 1 千克重的卫星在以全轨道速度飞行的过程中始终对准澳大利亚西南角的一个小型半岛，证明了"姿态控制"（attitude control）是完全可能实现的。

　　与此同时，洛克希德·马丁公司正在研发一款名为"蜘蛛"（SPIDER）的摄像机，它由排列成一小块平板的微型芯片构成。在卫星上，镜头必须足够大才能聚焦非常遥远的物体，而现在，"蜘蛛"摄像机通过取消镜头的方式让自身比同等功率的相机缩小和减轻了 100 倍，这让它的发射成本比其他摄像机降低了很多。要想使用这款相机拍摄一座城市的高分辨率图像，所需的芯片板大约为 30.5 厘米宽、2.5 厘米厚。

在真正的广域监视卫星出现之前，我们最有可能看到的技术是高空伪卫星技术（HAPS），这是一种能够在高于商业客机2 倍的高度上飞行的无人机，而这个高度刚好处于太空的边缘。这种无人机可以连续飞行几个星期甚至几个月。当然，这是一种非常难掌握的技术，脸书和谷歌公司都曾经尝试过类似的技术，最后都失败了，但是这一技术也并不是不可能实现的。在一次飞行测试中，由空中客车公司研发的高空伪卫星"和风-S"（Zephyr S）在未补充燃料的情况下连续飞行了 25 天 23小时 47 分钟。[①] 如果装配了广域运动成像技术，这种无人机就能够拥有与立方体卫星群类似的监视能力，根本不需要俄罗斯的火箭推动器、巨大的轨道炮或者任何"姿态控制"。

广域太空监视技术一旦实现，它带来的战略优势将会十分显著。第一代广域监视系统无法在受保护的主权空域内使用，比如"收割者"无人机很容易就会成为防空导弹的目标。与此不同的是，卫星可以飞到这颗星球任何地方的上空，不受约束而且不消耗汽油，因此一个卫星群可以连续几年一直监视某个区域。由于卫星是在高空进行拍摄，因此其监视视野更广，被监视者也更加难以躲藏。

由于卫星搜集的数据规模过于庞大，因此只有将此前章节中所描述的各种人工智能软件用于解析这些数据才能向人们展

---

① 目前，英国国防部已经订购了 3 架"和风-S"无人机。

示它的价值。如果匹配了正确的算法，即使是卫星所拍摄的照片也能揭示惊人的真相。Orbital Insight 是一家位于旧金山的初创公司，该公司运用深度学习软件对空中拍摄的整个星球的图像进行分析，以定期统计全球的原油储量。

利用同一种技术和图像资料，该公司还能计算出美国每一家百货大楼停车场中的汽车数量，预测当季全球所有大陆的作物产量，并对美国一家大型保险公司所覆盖的几十万个实体投保对象进行监视。当然，该公司也为大量国防和情报机构提供服务，但是拒绝透露它们的名字，也不愿透露公司具体在监视什么。

中央情报局和国家地理空间情报局也在研发类似的人工智能分析系统。为了测试和训练这些系统，他们已经建好一个涵盖全球上万座建筑物的图像数据库。与此同时，美国国防部位于硅谷的一处孵化基地里的国防创新小组与国家地理空间情报局于 2018 年发起了一场卫星数据自动化分析大赛，最佳算法的奖金是 10 万美元。针对卫星视频的自动分析工作也早已在暗地里开始了。此前，Kitware 公司的研究人员研发了用于在大气层内追踪目标的算法，现在在为空军研究实验室开发卫星视频分析软件时，他们使用了很多相同的算法。

如果太空中有了自动化广域监视系统，人们就能够识别到异常行为，并对罪犯的关系网进行定位，更快地找到他们。人们还可以第一时间了解德黑兰发生抗议的迹象，以及澳大利亚发生森林火灾的种种征兆。Orbital Insight 这样的公司能通过挖掘和分析数据来追踪各种各样的经济和信息指标——不是以周为单位，而是以小时为单位。

现在，故事的发展脉络已经很清晰了。2016 年，在麻省理工学院林肯实验室从事此类工作的工程师比尔·罗斯告诉我，目前所有的研发工作都是为了让广域监视系统变得越来越强大，最好能覆盖全球，最少也应该能覆盖全世界所有重要的大城市。一套广域监视系统真的可能看到一切。

在当时，我是赞同罗斯的观点的，就像我赞同某人说将来某一天每个人都可以驾驶飞行汽车一样。因为他们可能是对的，但是那一天可能是非常遥远的。随后，在 2018 年的春天，一家名为 EarthNow 的初创企业宣布，他们很快就将发射并组建一个能够生成全球绝大部分地区的持续实时视频的卫星群——也就是说，他们的卫星终于拥有了和电影《国家公敌》里的卫星一样的功能。最初，由空中客车公司制造的卫星传回的视频只供政府和大型公司使用，但 EarthNow 公司希望能够将这一服务推向广大的大众市场，使其像谷歌地图一样为所有人所用——不管是好人还是坏人。

就在我写这本书的时候，EarthNow 公司一直都在回避其计划中的技术细节。尽管这个冒险的行为得到了包括比尔·盖茨和日本软银集团在内的大量高端投资者的支持，我们仍有充分的理由对该公司的承诺保持谨慎态度。但是，这个该公司希望推行到底的项目是一个我们无法躲避的趋势。即便目前 EarthNow 公司还未能做到持续监视全球，但我们都知道这个故事的最终结局：总会有人做到的，或早或晚。

第十章

全感监视

厨师总喜欢说，人们需要用到五种感官才能把一顿饭做好。例如当你煎牛排的时候，那种呲呲的响声说明你的煎锅已经足够热了；想知道牛排是否已经煎好，用手指戳一下是一个不错的方法；而如果牛排糊了，你的鼻子肯定比眼睛先知道。

同样，美国政府也有很多种感知这个世界的方法。空军的500多架情报、监视和侦察飞机上所安装的雷达系统可以探测斯洛伐克国土面积那么大的区域内任何移动的物体，高光谱传感器能够看到上千种不同材料发射出来的电磁辐射，而无线电频率接收器能够在1万米的高空拦截敌人的无线电通话。

美国的情报机构也是一样的。国家地理空间情报局拥有自己的激光成像传感器，能够生成非常细致的3D地图，甚至能够探测到飘浮在空中的无法用肉眼识别的气溶胶。美国国家安全局的"吉尔伽美什机载手机拦截器"能够精确定位一部手机的具体位置，其误差仅在几米以内；据报道，该局的另一台空中设备"诡计"（Shenanigans）可以接收一座中等规模的城镇中每一台无线路由器、联网电脑和智能手机里的数据。

一些最高机密的工具充满了科幻色彩，甚至有些怪异。2007年，在一次罕见直率的会议上，美国国防部中负责监督军方秘密行动的联合特种作战司令部称，该组织将很快部署自己的监听设备和广域监视无人机，以及在几千米之外就能嗅到人类气息的人造犬。

除此之外，社交媒体也是世界上有史以来最大规模的情报信息来源。脸书上的个人简介可能已经包含了目标人物的详细生平信息。此外，大量暴露当事人长相的图片、透露政治观点和日常生活的日志、与家人和朋友相互关注的列表都是丰富至极的个人数据。全世界的间谍群体都在热情高涨地窥视着这些资源。

举个例子，美国国防部高级研究计划局有一个名为"全球情报监视和侦察"的项目，这一项目的任务就是研究如何把YouTube和Instagram上的数百万视频中出现的地点和事件进行3D重构。这一项目主要针对那些有防空系统的国家，比如中国、俄罗斯和伊朗，因为美国的无人机和侦察飞机无法进入这些国家的空域进行拍摄。

美国政府正在计划将所有这些技术和信息来源都整合到一起进行使用，而且这是一种不可避免的趋势。在伊拉克、阿富汗和其他一些地区，虽然广域监视系统在搜查和追踪叛乱分子方面的能力相当出色，但美国国防部一直以来只是把它当作大型监视系统的一部分，这种思路被称为"分层感应"——执行某项任务的时候，负责分析"女妖之眼"所拍摄的视频的空军情报部门也会使用雷达、手机拦截器、光谱热成像化学探测器等其他一系列设备收集到的数据。

　　天空中监视设备的多样性使人们可以对地面进行"不眨眼"地监视。当人们使用广域监视无人机追踪一辆汽车时，可能会被一朵云挡住视线，但雷达能在任何天气状况下拍摄到清晰的图像；如果你在"女妖之眼"拍摄的视频中无法识别出目标的细节特征，且通过雷达拍摄的图像也不行，可能附近一架"收割者"无人机上的"汽水吸管"式摄像机可以让你看清楚目标人物的发型以及他是不是正在抽烟；手机拦截器可能只能锁定目标设备的大致位置，如果你想知道那部手机在哪辆汽车里，那么你还是要到广域监视视频里面去确定。

　　将不同设备收集到的信息融汇到一起，从一开始就是美国国防部追踪目标时的核心要点。在一个名为"交叉暗示"的软件里，类似于广域监视系统或地面追踪雷达的传感器会对整个目标区域进行扫描以查找可疑行为，然后再将可疑人物的坐标位置传输给装配了"汽水吸管"式摄像机的飞行器，这样分析人员就可以确定嫌疑司机到底是叛乱分子，还是一位手机没电又迷了路的普通市民。

　　美国海关与边境保护局也将类似的技术用在了边境线上。该机构为"收割者"无人机配备了 VADER 地面雷达，这款雷达能够监视极为广大的区域，如果一架"收割者"无人机识别到了某个正在移动的物体，工作人员就会将摄像机对准该物体，并对其进行识别。

图 10-1　2009 年，在巴格达北部的自由营（Camp Liberty），第 362 远征侦察中队的分析人员正在处理多种情报信息。（美国空军高级飞行员杰奎琳·罗梅罗提供）

其实，当人们运用算法来识别目标时，应该使用多种传感器来进行核查，因为如果单一摄像机和有缺陷的算法将屏幕上的一团物体识别为敌军坦克，那么你就很难排除那个疑似坦克的物体事实上只是一辆冷藏车的可能性。但是，如果你使用了多种传感器，而且另一种传感器也将其识别为坦克，那么你就有更充分的理由相信这一结论。SIG 公司研发的自动行为识别系统曾在得克萨斯州拉伯克市进行过测试，结论是它在同时分析多个监视视频时，得出的结果最为准确。

将所有的信息融合到一起的过程是非常艰难、枯燥、耗时且昂贵的。因为分析每一种不同类型的情报信息都要求分析人员具备不同的专业技能。在执行一个复杂的大型任务时，你可能需要一名中央情报局的口译员分析拦截到的无线电通话、一名国家安全局的网络专家分析无线数据，以及一名空军的图像专家来分析视频资料。即便他们看到的是同一个目标，但每位分析人员解析出来的内容对其他人来说可能是毫无意义的。

这样的安排有点儿像一队厨师站在一起，但每位厨师只拥有一种感官：一位厨师只能闻到食物的气味、另一位厨师只能品尝食物的味道、第三位只能触摸到食物、第四位只能看到食物。在时效性极强的军事行动中，为了同一个目标，若干个团队在针对差异明显的情报资源开展工作时，通常不得不隔着整个房间朝着对方大喊大叫——如果他们不在同一个房间里，就不得不通过聊天室来分享自己的收获。如果某个团队跟丢了目标，比如一辆车停在了云团的下方，分析人员就必须马上把这一追踪任务转交给另一个拥有能够穿透那团云朵的传感器的团队。如果第一个团队的反应速度不够快，目标可能就会发起攻击，或者从团队的视野中完全消失。

美国国防部 21 世纪情报策略的核心原则，就是将令人感到绝望的情报融合工作转交给计算机。

这个被称为"传感器自动融合"的想法，是指一个由人工智能支撑的单独软件能够从不同类型的传感器中汇总数据，并生成针对特定目标的综合性描绘。以前，几个机构的数千名员工盯着不同类型的信息，近乎绝望地试图把杂乱无章的线索组合在一起的情况在以后将不再出现。现在，你只需要一个自动化系统就可以汇总所有的信息了。

请思考一下，美国国防部和情报机构的武器库里现在共有多少种搜集情报的工具呢？再思考一下，这些无处不在的工具在现实生活中和数字世界里的使用范围有多广泛？早先能够在不被注意的情况下悄悄溜掉的目标，可能再也没有那样的好运了。而那些因为偶然因素而被传统的分析人员列为反常目标的人，有希望躲过一劫。

让计算机接管一切

以英国宇航系统公司开发的"九头蛇"（Hydra）系统为例。美国空军的"女妖之眼"分析小组使用了各类传感器，而能够将所有传感器自动关联起来的正是"九头蛇"系统，目前它能同时整合来自6种情报来源的信息。

如果信号情报传感器检测到了可疑电话，但是无法将其定位到具体的车辆上，"九头蛇"软件就会根据监视视频查找线索，同时运用概率推理锁定疑似的目标。一旦锁定了可疑车辆，系统就会利用同一套整合技术将目标控制在视野之内。如果目标从一个传感器的视野中消失，系统就会自动切入另一个传感器，并从目标消失的地方继续进行监视。

桑迪亚国家实验室在美国空军方面的资助下研发了一套能够在目标发起攻击之前对其身份进行交叉检查的系统。从理论上来说，当空军方面准备开火的时候，这一系统可以确认空军的打击目标是正确的，而不是其他无辜的人。

一架飞机可以安装多种传感器，而如何将这些传感器采集到的信息融合到一起是人们关心的问题。"亮眼"（Bright Eyes）是洛戈斯技术公司为一家不愿公开名字的情报机构研发的系统，它能够将广域监视系统在白天和夜晚采集的数据融合到一起。此外，公司还为该情报机构研发了一款能够探测化学物质放射的高光谱传感器、一款能够生成目标精准 3D 模型的激光探测系统，以及一款伸缩摄像头和两个机密传感器。

配备这类系统的飞机会自动给广域监视视频中的目标拍摄特写镜头，同时确认该目标是否正在运载爆炸物，并且能窃听他们的通话。多个独立的监视视频无须传送给地面上的分析人员进行人工汇总，这类系统能够针对目标生成一个全景影像。基于相同的理念，英国国防部也在建造多传感器无人机，其设计初衷是全自动目标检测，英国国防部将其称为"全知计划"（Project Omniscient）。

上述的这些系统能够将体量巨大的广域监视视频浓缩到简单直观的界面上。美国空军研究实验室正在与卡耐基·梅隆大学和其他几家民营公司合作，研发一款名为"触角"（Tentacle）的系统，这一系统可以在成百上千的视频中自动识别并追踪目标车辆和个人，并将这些"轨迹"整合成该区域的浸入式 3D 模型。因此，分析人员无须同时盯着几十个视频，而是可以从任意角度进行监视。在非保密的模拟行动中，这个系统就像是一款简单到连几岁大的孩子都能操作的电子游戏。

在传统的情报体制中，类型如此之多的信息通常会被众多的机构和专业分隔开，一些重要的信息很有可能会被人们忽略。在两位分析人员在两个不同的地方盯着两套不同的监视系统时，如果将他们所获得的信息整合到一起，就有可能使一些潜在的危机浮出水面，但是之前他们并没有机会分享彼此的内部信息。彼此独立的机构之间缺乏合作已经成为近年来美国许多重大情报失误的根本原因。

国防部高级研究计划局的"洞察力"（Insight）项目正致力于解决这一突出的问题。该项目的成果将会自动整理来自广域监视系统、电子通信、雷达数据以及无人机"汽水吸管"式视频的情报，以保证针对同一个目标的各方能联结起来。该系统的设计亮点是"丰富"和"互动"，就像智能手机上的 App 一样能够针对每一个目标分别生成像脸书上的个人简介一样的内容。显然，"洞察力"之类的系统还可以在分析社交媒体数据方面大有作为，因为经过核对，社交媒体上的一些信息碎片能够指向某种潜在的异常行为或威胁。比如说，根据"女妖之眼"拍摄的视频，有人到访了一处已知的叛乱分子的藏身之地，而当地一个线人又获知一个叛乱分子将要袭击附近一处市场的传言，该系统就会根据这些信息展开推理，并对分析人员进行预警。

美国国防部高级研究计划局坚持认为，"洞察力"系统很快就能建立起一个"生活模式"模型，并以此来分析居住在不同地区的人的社交与文化行为，甚至可以根据某个目标之前的行动路线与通信记录来预测他某次行程的目的地。同样，国家地理空间情报局也有一款系统，可以在"女妖之眼"这类系统的监视区域内追踪当地人在脸书和推特上发布的内容，这些信息可用于分析一座城市的"动态稳定性"——这是一个情报领域的术语，指某地出现大规模暴力行为的可能性。

基于类似的原理，美国空军方面计划研发一套智能的深度学习系统，以通过数据融合帮助人类分析人员找到监视区域内的可疑目标和行为，应对"欺骗性场景"和"电子战"，以及恶劣天气等环境条件造成的情报质量下降现象。

按照美国空军方面的构想，该系统甚至不需要被告知查找对象，自己就能读得懂情报分析人员在聊天室内的对话，并推断出他们可能要寻找的信息。如果两位分析人员在早晨谈论到了某个特定的个人，那么这个系统就会从各机构搜集到的情报中查找关于此人的全部信息，并在午饭前发给这两位情报分析人员。

大融合

将这所有的信息融合在一起，会怎么样呢？在 2018 年发表的一篇名为《机器智能的管弦乐队》①的文章中，来自英国宇航系统公司、两家卫星图像分析公司和美国西北大学考斯塔斯国

---

① An Orchestra of Machine Intelligence。

土安全研究所的工程师提出了一种统一的未来监视方法。

按照他们的设想：一位情报分析人员在定位奥萨马·本·拉登时，会打开自己的人工智能融合系统并问道："奥萨马·本·拉登在哪里？"之后，该系统开始在所有可以访问的海量情报信息中进行查找，以识别出最有可能就所问的问题给出提示的信息源——这和苹果手机的 Siri 很像，Siri 通常会利用谷歌搜索来回答人们提出的问题。在确定了本·拉登可能藏在巴基斯坦或阿富汗的某个地方之后，该系统就会通过语音识别程序记录该地区所有被监听的手机对话，并发现本·拉登的部分同伙之间的通话内容。当该系统从公共电话亭中识别出本·拉登的同伙与另一个人进行了通话之后，就会将另一个人判定为可关注目标。

为了查找那个未知的通话者，软件会对该区域的监视视频进行交叉检查。接下来，动态追踪软件就会利用广域监视视频来追踪那个通话者在此前和此后的行动轨迹。如果通话者曾在一处神秘的住宅停留过，而系统稍做搜索就能查出这个住宅的主人是一位高级军官，而且他最近在社交媒体上发表的内容都是对本·拉登的狂热支持。那么，该软件就会将院落的地址汇报给分析人员，同时还有一个软件自评的正确率。①

接受指令之后，自动化系统就能在全球范围内自动查找目

---

① 事实上，在针对本·拉登的袭击中，美国中央情报局就是通过类似的方法找到那处住宅的，但是他们是利用人工查找的方式，同时他们也进行了正确率评分：60%～80%。

标人物。美国国防部计划将其与分析人员匹配在一起，这显然要等到若干年以后才能实现，但是一些自动化传感器融合武器已经在奔赴前线战场的路上了。

一些先进的喷气式战斗机，比如 F-35"闪电 II"（Lightning II）和最新的 F/A-18"超级大黄蜂"（Super Hornet）都配备了融合软件，可以将飞机上各种传感器搜集到的数据汇总并生成一个周边环境的全景视图。2017 年，经过 5 年左右的研发，美国空军方面开始将英国宇航系统公司与桑迪亚实验室合作研发的软件连同一些类似的程序安装到"收割者"无人机上，用于监视空对空目标。在此期间，美国国防部高级研究计划局的广域网络检测项目研发的一款工具也于 2013 年转交给了联合特种作战司令部，该工具能够将广域监视系统收集到的数据进行融合，从而实现对车辆行驶"轨迹"和个人下车徒步"轨迹"的预测性延伸。据可靠消息称，该工具目前仍在服役，主要用于解析"阿格斯"摄像机捕捉到的图像。

情报机构研发的不少工具都已经被使用了很多年。国家地理空间情报局的"世界地图"系统（有点像谷歌地图）能将多种来源的信息整合到一起，实现对地球表面每一寸土地的监视。使用者可以访问这个图像系统去查找任何一处自己感兴趣的地方，无论这个地方是否位于战争地区。该机构的多元情报分析与存档系统和另一个名为 QuellFire 的系统——该系统归属于一家不愿公开名字的情报机构——可以利用庞大的数据库自动收集整理已知的叛乱分子的个人资料。国家地理空间情报局预测，到 2020 年，该机构的每一位分析人员都可以掌握情报界所有类型的数据。

一些融合产品已经在市场上公开销售了。英国宇航系统公司在销售一款名为"智能化运动"的软件，它与国防部高级研究计划局研发的广域网络检测系统很像，也像是"九头蛇"软件的商务版。英国宇航系统公司是"阿格斯"摄像机的研发者，是该领域的领头羊，同时也是"世界地图"系统和国防部高级研究计划局"洞察力"系统的主要承包商。仅在 2018 年，该公司就因这两个项目获得了价值 4 亿美元的合同。

SRC 是一家总部位于纽约的研发公司，该公司出售的软件能够将无人机拍摄的视频与手机信号等情报整合到谷歌地图中。位于弗吉尼亚州的国防公司 Leidos 研发了一款名为"高级分析套件"的产品，该产品能够自动融合图像和文本情报。该公司自豪地表示，该套件尤其适用于搜寻重量级目标。同时，国防巨头洛克希德·马丁公司也在销售一种产品，它能将卫星、无人机与人类分析人员提供的信息进行汇总，并制作出浸入式 3D 模拟战场。在这款产品的宣传手册中，洛克希德·马丁公司特别强调，由于该产品的研发地点是在加拿大，所以这一产品几乎可以出口到全球所有国家。

这种软件的确价格不菲。英国宇航系统公司的"九头蛇"系统售价为 14.4 万美元，与广域监视系统配套的自动追踪软件的售价为 28.7 万美元，每年还需要 4.9 万美元的维护费。而洛克希德·马丁公司的系统售价为 9 000 美元，相比之下还算便宜。

无人机编队

一旦计算机的智能化能够达到与人合作的程度，那么实现计算机与计算机合作也就指日可待了。

设想一下，在不远的将来，一个无人机编队受命抵达敌方领空，袭击敌人的防空雷达设施。这样的任务如果由人类飞行员驾驶飞机去执行的话，实在是太危险了。为了让无人机编队避开雷达，它们彼此之间、它们与后方基地的操作员之间会尽量减少交流。那时，整个无人机编队就要完全靠自己了。

在这次假想的反雷达任务中（实际上是美国国防部高级研究计划局于 2018 年对外公布的一个模拟报告），无人机编队的表现与 2018 年执行目标追踪任务的一队空军分析人员的行为非常相似。一架配备了广域监视系统的无人机在探测到了敌方雷达的位置之后，就会通知另一架配备了"汽水吸管"式摄像机的无人机以进行近距离观察。但因为当时的天气状况不佳，"汽水吸管"式视频并不是特别清晰。于是，第三架无人机就会利用合成孔径雷达对该区域进行扫描，并将扫描的结果与"汽水吸管"式视频进行融合，实现图像锐化。随后，无人机编队就会利用目标识别算法确定袭击目标，然后将其击毁。国防部高级研究计划局指出，他们将会严格按照美国国防部的规定管理这些无人机。

每一架无人机都非常明确自己所搜集的数据的重要性，而且知道应该在何时以何种方式将这些数据分享给无人机编队的其他成员。当一架无人机无法识别某个特定的目标时，它就会与团队中的其他无人机进行协商——就像空军的图像分析人员所做的一样，他们有时也会向同事求助，一起分析自己屏幕上的那个像素到底是摩托车还是驴。如果另一架无人机探测到该地区有防空导弹发射井，那么它会将这个信息传送给其他无人机，它们就会重新规划路线以避开导弹。

这种系统能让人类飞行员远离伤害，加快战场决策的速度，同时大幅减少对情报分析人员的需求。因为这种系统不会像人类一样举棋不定、瞻前顾后。另外，无人机编队不需要一直与后方基地保持持续的联系，因此它们很适合在敌后执行秘密任务。

国防部高级研究计划局的另一个可怕的策略名为"OFF-SET"，即"进攻性蜂群战术"①，这是一个专门针对城市战斗空间的战术。在该机构组织的一次假想任务中，100多架无人机组成一个机群，按照指令对一座建筑物发起了攻击，并清空了敌人。这些无人机需要相互合作才能找到进入那座建筑物的最佳入口，并对建筑物里的人进行定位，构建空间地图，锁定无线电和化学武器所在的地点。总之，那次任务在两小时之内就结束了。

这样的系统让目标无法摆脱无人机编队的追踪。一款名为"疯子"（Bedlam）的系统就是一个典型例子。该系统受美国陆军方面的资助，研发设计的初衷是对追踪地面目标的无人机机群进行优化。在公开发布的模拟报告中，一架安装了该系统的

———————
① 进攻性蜂群战术，OFFensive Swarm-Enabled Tactics（OFF-SET）。

无人机正在一条迂回曲折的街道上空追踪一辆汽车,其背景看上去像是在中东的某座城市。

这段视频很值得一看。每次车辆转弯时,无人机都会立刻变换自己的路线,并重新计算目标在逃跑时可能会选择的路线。如果整个无人机编队都具备了这种推理能力,那么当一架无人机发现车辆变换路线的时候,它就会直接与其他无人机进行沟通,赶在车辆的前方切断其行进路线,就像一群狼包围了一头驯鹿一样。

当无人机机群与地面上的广域监视系统结合在一起的时候,人们将无处藏身。2017 年,美国康奈尔大学的研究人员宣布要组织一系列的实地试验,让自动融合系统能够自动调用无人机监视编队和康奈尔大学校园里的地面摄像头。基于深度学习算法和贝叶斯定理,当一架无人机发现一群人正在打架的时候,它就会切入地面摄像头的视角,这样能看得更清楚。地面摄像头注意到有人在拥挤的广场上放置了一个背包,就会把这个关键信息传输给无人机,无人机就能从空中追踪从现场离开的嫌疑人了。已经有人在谈论要将这个具有整合性能的产品——这是由美国海军方面赞助的——部署到大学校园的安保系统中。

融合为什么很重要?

今天,世界到处都是传感器。在一座现代化的城市或者某个大学校园里走上一走,我就能看到几十个甚至上百个摄像头，我口袋里的手机也在持续不断地暴露我的位置，车牌识别设备在我不知情的情况下就已经读取了我的车牌号，偶尔我还会在推特上主动表达我的政治观点，而我在网上晒自拍的频率可能刚好满足人脸识别系统的抓取需求。

目前，在绝大多数情况下，这些摄像机还不能相互交流。在我走过了 50 个摄像头后，他们的智能程度还不足以分析从它们各自的镜头下走过的那个人是否是同一个人。它们不知道我的推特上有什么把柄，也不知道我最近开的这辆车的车牌号。虽然自布鲁克林枪击案以来，袭击者已经多次出现在成千上万个闭路电视监控系统的屏幕上，但是这些摄像头还无法将他们与犯罪案件联系起来。这些人就是像素化的匿名魔鬼——未知的未知。

非常明确的是，自动化传感器融合的原理早就在美国非常流行了。美国的 49 个州加上哥伦比亚特区、波多黎各、美属维尔京群岛和关岛等地的大约 80 家地方执法机构都在运行所谓的融合中心，该中心是以军方的作战指挥所为模板建造的，能将各种不同的机构和个体组织搜集到的信息融合在一起进行处理。

根据国土安全局最近起草的一份指南，成立这些融合中心的目的是打击"暴力极端主义"，并向当地的情报机构提供"威胁国家的信息"。

与此同时，美国的许多执法部门，包括洛杉矶市警察局、华盛顿特区大都会警察局、弗吉尼亚州警察局等都在使用硅谷一家名为 Palantir^① 的公司研发的系统，该系统能够整合并分析个人犯罪记录、黑帮成员数据、车牌数据、社交媒体数据甚至监狱的电话记录，从而精准判断哪些人有实施暴力犯罪的倾向。

与此同时，纽约、新加坡和许多不愿意透露名字的城市也在使用微软公司研发的一款精密的融合系统——"意识"（Aware）。该系统能够将市政管理数据和实时监视系统中的图像与文本信息融合到一起。2017 年，我与微软公司的一位代表交谈时，他说微软正计划将"意识"系统投放到各新兴市场中。当我问他是哪些市场时，他拒绝透露更多的细节，并突然终止了那次谈话。

你可以想象一下，这样一套系统能够给泰坤·哈特枪击案的调查人员提供多大的帮助：枪声探测器可以指挥闭路电视监控摄像头对案发街区周围进行定点监视，并对所有从路易斯街和范布伦街拐角处离开的人进行追踪；摄像机可以将所有被追踪者的图像与面部图像数据库进行比对，以确定他们是否有犯罪记录；等到警察赶到事发地点时，系统可能已经准确锁定了袭击者的位置，并且知道了他的身份。

随着 2022 年卡塔尔世界杯的临近，卡塔尔安防部门计划启用一款名为"武装"（ARMED）的融合系统，该系统能够梳理人们在社交媒体上发布的帖子、人们发送的短信和已知的恐怖

---

① 该公司与美国国防部和情报机构开展了深入的合作，据说就是这家公司提供的数据分析服务帮助美国政府追踪到了奥萨马·本·拉登。

分子关系网的情报信息，以识别那些可能会发动袭击的人。当"武装"系统的前身对 2013 年波士顿马拉松大赛前几天的数据进行反查的时候，它将爆炸案的真凶萨纳耶夫兄弟列入了最有可能实施暴行的 100 个嫌疑人名单之中。如果在世界杯期间，该软件能够确定某个嫌疑人正在计划于近期发动袭击，它就能融合无人机、地面摄像头和电话监听设备所收集的全部信息，引导警方在恶性事件发生之前找到该嫌疑人。

在中国，大华技术公司销售的一款系统能够从闭路电视监控系统中识别出个人的脸，并自动追踪个人被其他摄像头所拍摄的全部信息，最长可追溯到一周前。它的智能化程度甚至可以分辨出目标有什么样的车。该公司宣称，在一些闭路电视监控系统安装特别密集的城市，该公司的系统能够根据人们与已标记的目标人物的互动频率识别出哪些是合法公民，哪些是不法分子。

在一座各种信息完全融合的城市里，人们是无处藏身的：空中摄像机可能因探测到我的车调了头而一直追踪我，直到停车；车牌识别设备会核查我在其他州是否有过严重的违章行为；我的双脚刚刚落地，地面摄像头又开始进行监视；如果我在街角拐弯处往 Instagram 上传一张照片，我的身份和监视视频中代表我的那些像素就会关联到一起，于是我的社交软件上所有的信息都会裸露在那些把我当作目标的人的面前。

然而即使会出现这样的情况，在生活中，人们还是会主动生产并上传关于自己的信息。来思考一下物联网吧，这是由个人设备、汽车、家用电器以及其他一些早先无法发送和接收数据的电子工具构成的网络。

虽然这些系统可能会让我们的生活更加便利，但是它们也为我们每一个人都绘制出了细致到令人无法相信的个人肖像。据猜测，到 2025 年，全球将会有 800 亿个正在被使用的智能设备，平均每分钟将会有 15 万个新设备上线。美国国防部已经计划要充分利用这些免费的监视设备了。在一份文件中，美国国防部提出："在这些互联的设备之间，存在着巨大且无人涉足的空间，能够充当覆盖全球的多元传感器监视系统。"该文件还引用了法学专家朱利娅·波尔斯的观点：到 2015 年，物联网将会成为全球最强大的大规模监视基础设施。

因此，我们在思考"全视之眼"的时候，需要结合那些包围着我们的其他所有技术。广域监视系统之所以影响重大，不仅是因为它能够记录我们的一举一动，能够同时追踪成千上万的人，还因为它的出现使我们生活中的大部分内容都变成了无数个不眨眼的传感器的试验对象——无论是闭路电视监控摄像头、空中监视飞机、监视卫星群还是电子邮件监视设备，乃至我们自己的 Instagram。

在所有的系统中，广域监视系统或许就是那个"老大哥"。但是，它并非某个具体的设备，而是各种技术的融合。这种融合正将我们无情地推向被无死角监视的未来。除非，我们能自己想办法，并采取行动。

EYES IN THE SKY

第三部分

另一条漫漫长路

The
Secret Rise of
Gorgon Stare
and
How It Will Watch
Us All

第十一章

一场恶战

广域监视技术刚刚进入公众视野时，就有人开始尝试阻止它入侵市民的生活，或者至少是在尝试延缓这一过程。但是在这些人中间，很少有人能够像杰伊·斯坦利那样对"全视之眼"始终如一地绝不退让。杰伊·斯坦利是美国公民自由联合会的高级政策分析人员，从2013年起，他就开始公开批判广域监视技术。

2013，斯坦利在观看美国公共广播公司的系列纪录片《新星》（*NOVA*）时注意了广域监视技术，该纪录片有一集专门介绍了"阿格斯"摄像机。在短片中，"阿格斯"项目的首席工程师扬尼斯·安东尼亚德斯的半张脸隐藏在阴影里，他仅仅向公众阐述了这套系统的规格参数，故意漏掉了其他的内容。他说："让公众知道一些功能的存在是件很重要的事。"背景中，一台摄像机就藏在蓝色的防雨布下面。

杰伊·斯坦利知道，这些功能带着不祥的预兆。18 个月之前，加拿大温哥华的一组摄影师在一幢建筑物的顶上俯瞰一座冰球场，并对着观看比赛的冰球爱好者拍摄了 216 张照片，然后将其合成为一张 20 亿像素的图像，现在人们在网上还能找得到这张图像。图像中，每一个人脸的清晰度都能满足人脸识别系统的要求。当天晚些时候，这群冰球爱好者爆发了冲突，斯坦利以及他的很多同行指出，分辨率如此之高的图像完全可以被用来识别是哪些人参与了这起暴力事件。

杰伊·斯坦利意识到，"阿格斯"代表的是高清摄像技术与无人机技术的结合。在接下来的几年时间里，他一直在追踪并反对这种结合。看过纪录片《新星》之后，他在博客中写道："即使是从最悲观的角度出发，我也不认为我们的每条街道、每片空地、每个花园、每块运动场每时每刻都处于监视之下。但是，这确实就是这种技术能够带来的现实。"

杰伊·斯坦利开始密切关注广域监视领域的发展。2017 年，他对我说："我们现在的技术就是在制造噩梦，每座城市的上空都有它们的身影，每个人的一举一动都被它们拍摄下来。允许这种技术进入我们社会的决策让我犹如雷击，但是这种事情真的发生了。"

没过多久，杰伊·斯坦利就有机会亲眼见证这种决策，并对其施加了影响。在他发现广域监视技术的前一年夏天，PSS公司已经在俄亥俄州代顿市的上空进行了一周的监视飞行测试，并向代顿市城市委员会提交了一份建议书，表示要在 2013

年夏天开展一次时长为 120 小时的监视飞行。

2013 年 2 月，当这份建议书被公之于众时，当地居民在俄亥俄州美国公民自由联合会的帮助下将其驳回。代顿市警察局在接见当地居民后发布了一份修订后的行动计划，强化了隐私保护原则。但是，美国公民自由联合会拒绝承认这份修订后的计划，因为它既没有规定空中监视的约束条件，也没有提及数据保存和分享方面的具体条款。

杰伊·斯坦利在博客中写道："在美国，我们不允许政府以防止某个人可能会做错事的名义监视每一个人。"一位读者匿名评论说："我就住在代顿市，我发现这事办得太无耻了，绝对的奥威尔式！该开除他们！这是纯粹的邪恶！"

两周之后，代顿市城市委员会否决了 PSS 公司创始人罗斯·麦克纳特的提议。市政执行官在发言中说："尽管我们相信，有效利用这种技术确实会给我们带来一些潜在的益处，但是我们收到了很多的质疑，大家对于这项技术的使用会给我们带来什么样的影响心存疑虑。"根据罗斯·麦克纳特在巴尔的摩市时给我看的那份资料，代顿市城市委员会认为关于这项技术的计划需要"进一步明确和细化"，但是委员们都很明白，代顿市不太可能在短期内重新考虑这一提议，因为根据城市委员会得到的反馈，当地居民显然还没有做好准备。

罗斯·麦克纳特当时非常气愤，现在一提起这件事还是很愤怒。他认为整个计划是被那"12 个抗议者"搞黄的，而他们根本不了解广域监视技术的工作原理。他说："一些人说'无人机会杀人，你们用无人机，所以你们会杀人。'面对这样的人，你很难与他们展开辩论。"但是，麦克纳特并未被击垮。据知情人透露，麦克纳特当时说，如果代顿市终止这个计划，他就会去另一个城市。

几个月之后，在佛罗里达州奥兰多市举行的一个会议上，罗斯·麦克纳特在看到杰伊·斯坦利胸前戴着的美国公民自由联合会徽章后主动和他搭讪，并做了自我介绍。麦克纳特亮明了自己的观点，表示广域监视技术给人们带来的威胁远远没有斯坦利认为得那么大，那次交谈非常友好，两人还商定继续保持联系。2014年初，麦克纳特和斯坦利在美国公民自由联合会的办公室里再次会面。麦克纳特解释说，PSS公司制定了一套非常严格的规定，而且一直都在遵守这些规定，持不同政见的群体和弱势群体同样受到公司规定的保护。麦克纳特表示，PSS公司的广域摄像机不会开通人脸识别与车牌识别功能。

但斯坦利并未被麦克纳特说服。在博客中，斯坦利谈到了那次会面，他认为随着技术的进步，这些限制条件可能会消失，而且麦克纳特本人也承认，他自己不会滥用这一技术并不意味着其他人不会滥用。"肯定会有人这么干的。"麦克纳特对斯坦利说。

杰伊·斯坦利所在的维权群体认为，广域监视技术带来的威胁是多方面的，也是显而易见的。当我问斯坦利，广域监视技术具体会带来哪些威胁时，他似乎被这个问题激怒了。他说："您是在问，我们为什么要关心个人隐私吗？"

"在美国，执法机构经常出于政治目的而使用监视设备和窃听工具，这是一段漫长又极其不幸的历史，"他接着说，"如果有充足的理由可以证明一个人正在计划做违法的事时，根本就没必要动用那些监视工具；但是当执法机构的官员与人们的政治观点不相符的时候，监视工具的存在就很有必要了。"

在这一点上，越来越多来自不同政治派别的学者和拥护者开始支持杰伊·斯坦利的观点，其中具有代表性的人物有宪法项目高级法律顾问、隐私问题专家杰克·拉珀鲁克和卡托研究所的政策分析人员马修·菲尼。他们认为，目前用在犯罪分子身上这种技术，非常有可能用在持不同政见者和少数群体的身上。2016 年，马修·菲尼写道："广域监视技术使其操控者可以追踪到清真寺参加集会的穆斯林、参加抗议的人群、去过堕胎诊所的人、参加匿名戒酒互助社团的成员以及观看枪展的观众。"第二年，杰克·拉珀鲁克也发表了自己的观点：如果警方动用了"阿格斯"，那就标志着匿名时代的终结。

另一些人批判的焦点在于在美国境内运行的广域监视项目缺少透明度。在洛杉矶市利用广域监视系统秘密监视康普顿市多年的消息被披露后，《大西洋月刊》的康纳·弗里德斯多夫就撰文写道："看到执法机构的专业人士违背了民主精神真是太让人震惊了，他们明明知道公众不愿意接受这样的监视，但还是偷偷使用这些监视工具，还非常理直气壮。那是因为他们从一开始就带有明显的偏见。"负责执行这一监视项目的指挥官则对这些担忧不以为然，他说："在如今这个时代，各种技术的普及让摄像头到处都是，比如自动取款机上、7-11便利店里，甚至每一根路灯杆上，人们已经习惯了被监视。"

在杰伊·斯坦利看来，广域监视技术带来的最大的威胁并不是偶尔暴露出来的滥用现象，而是"全视之眼"能看到一切。他承认，广域监视技术能够帮助政府解决一些犯罪案例，但是他问道："我们是否应该为了'将来可能用得上'这一理由而允许政府拍摄并保存我们现在所做的每一件事？"他认为，监视着一切的摄像机将改变公共空间的意义，乃至公民与民主国家之间神圣不可侵犯的关系。

杰伊·斯坦利说："这样一来，政府的权力就太大了，因为他们可以对每个人的私生活按下'回放'键，而在很多情况下，这种权力可能会毁掉一个人的生活。可能有人会说，'那又怎样，我没什么可隐瞒的。'但是别人有啊，而且我们也不希望人们在挑战当权者时还要担心有这样一个系统的存在。即便你认为自己没什么需要隐瞒的，也可能会成为某次操作失误的受害者，而且如果一个检察官非要揪出你曾经犯过什么错，那么在这样一个系统的帮助下，他肯定每次都能成功。因为现在的法律太复杂了，而自由裁量权又应用得很广泛。"

杰伊·斯坦利对于广域监视技术的立场是以《公平信息实践原则》为基础的，这是由美国联邦贸易委员会制定的关于电子信息搜集和使用的五项原则。斯坦利对这些原则进行了解释："任何人都不应该在你不知情的情况下收集你的个人信息。而且即便是经你允许而采集的信息，也只能用于你允许和授权的目的。另外，你被收集的那些信息必须被收集者安全地保存，并且你有权查看自己被收集的个人信息。"

在杰伊·斯坦利看来，"全视之眼"会违背上述所有的原则，他已经下定决心坚决抵制这种情况。他说："我预感，我们将面临一场恶战。"

反方的观点

不出所料，这场恶战另一方的观点几乎与斯坦利的想法完全相反。我认识的每一个参与研发"全视之眼"的人，即便是外围的参与者，都相信他们制造的工具对人们是有益的。很多人似乎把自己的工作视作对正义的追求——从早期在伊拉克和阿富汗打击叛乱分子关系网到最近将这项技术推广到美国国内。

这些人对自己的工作极具热情。罗斯·麦克纳特和他的广域监视团队在巴尔的摩市运行"社区支持计划"项目时，不仅致力于解决谋杀案，还调查了性侵、盗窃和交通肇事等案件，虽然警方并没有要求他们这样做。CRI 公司的创始人内森·克劳福德说，等到他能够完全阻止诱拐儿童行为时，他就会停止"他的旅程"。而 PSS 公司的一份文件称，从 2012 年起公司就已经开始协助各种私人机构调查拐骗儿童的案件了。

但是，广域监视技术的创造者们也很清楚，善恶之间的那道界线是非常模糊的。最初，当他们以简易爆炸装置为目标的时候，几乎不存在任何道德困惑。曾在麻省理工学院林肯实验室担任工程师的比尔·罗斯说："但是，当这些广域监视系统转向美国国内的时候，大家就会想，接下来会发生什么呢？而且问题并不只是我们打算怎么使用这种技术，还有别人打算怎么使用它？"毕竟，这项技术的研发灵感来自一部电影，而这部电影已经向人们展示了一个国家在拥有超强的监视能力后会出现什么风险。那些广域监视系统的创造者们如何才能让公众相信《国家公敌》里噩梦般的场景永远都不会成为现实呢？

内森·克劳福德回忆道：早在两个广域运动成像技术项目合作之初，海滩上的工程师们就达成了一致，如果要将这个技术应用于现实世界中，他们就一定会"采用正确的方式"。在后来的一次交谈中，他又对我说："如果它不能给社会带来益处，那么它就不应该存在。"

停顿了一下，克劳福德接着说："如果事情真的变成那样，我会第一个站出来反对它。"

到目前为止，大多数创造和研究广域监视技术的工程师和官员都没有公开谈论过存在于自己工作中的道德伦理问题。而人们在沉默了多年以后，通常都有向别人倾诉一下的想法。在访谈中，几乎所有受访者还没等到我发问就开始谈起了道德问题。

有一次，在和迈克·梅尔曼斯交谈时，我向这位国会前议员、现任内华达山脉公司总裁说起了"女妖之眼"之类的广域监视系统在美国国内的使用情况。在听我举了几个例子之后，他示意我停下来，然后说："现在和将来都会存在隐私权的问题。"在采访扬尼斯·安东尼亚德斯时我问他，在做项目的时候有没有很在意过隐私问题。这位出生在希腊，在大学时期移民到美国的工程师解释说："我们都热爱自由，所以我们才选择来到这个国家。因此，对于你刚才的问题，我的答案是'有'。"

内森·克劳福德向潜在客户或赞助商做演示的时候，对方总是想让他把镜头对准自己所在的街区，甚至是自己的家，克劳福德也总是照做。但是很多时候，有一些人会本能地要求他在屏幕上展示追踪汽车或行人的方法。克劳福德说："突然之间，他们灵魂的深处冒出了这样的想法，但我不想这么干。"

但是，并不是每一个运营广域监视项目的人都能像克劳福德那样想、那样做，与我交流的一些人承认，这才是问题的关键。2016年，业余音乐人、视频博主威廉·雷·沃尔特斯从一位朋友那里听说自己的妻子在上班之前会去和另一个男人约会。于是，沃尔特斯就用自己的四旋翼无人机跟踪了妻子并在她不知情的情况下进行了拍摄。只要沃尔特斯没有违犯航空法规，他这么做就是合法的。

随后沃尔特斯将这段视频发到了 YouTube 上。截至 2018年年底，该视频已有 1 500 万次观看记录。在视频中，沃尔特斯的妻子走到了一辆越野车的旁边。吻了一下司机，然后上车一起离开。沃尔特斯尖叫起来："18 年呀，你就这样抛弃了我！"

在视频上传后不久，沃尔特斯在接受《内幕新闻》的采访时说："我绝对、百分之百会亲手杀了那个家伙。"

在视频上传一年之后，沃尔特斯宣布他和妻子已经重归于好。在回应订阅者的问题时，沃尔特斯表示，他非常后悔把视频上传到网上，但他并没有对当初用无人机监视妻子的行为表示后悔。

几乎所有接受我采访的广域监视系统的研发者们都非常清楚这些系统是如何被用于不好的用途的。罗斯·麦克纳特暗示说，人们可能会使用他研发的系统追踪一些政客，然后用他们去同性酒吧的视频勒索他们。他还说，沃尔玛可以用这一系统追踪自己的员工，以查清他们是否参加过工会集会。史蒂夫·萨达斯则说，这种技术会成为"跟踪者梦寐以求的利器"。

但是，他们都对"美国政府将会利用这种技术入侵公民的个人私生活"这一说法表现出了厌恶的态度。自称是自由主义者的罗斯·麦克纳特① 对我说："有时候，人们会这样想'嘿，我是个大人物，你们跟踪我，想弄清楚我的身份，然后让警察来抓我们。'"他接着说："抱歉，我可没时间做这种事。如果你没有杀人，没有放火烧房子，没有开枪打死人，没有抢劫，没有实施绑架，没有撞人后逃逸，那么我真的不在乎你在做什么"。

在我们第一次见面的时候，迈克·梅尔曼斯就反复向我强调：美国的情报机构有能力监视你，但是它们没有那样做，这

---

① 对于一个向政府机构销售监视设备的人来说，这一政治立场有些令人困惑。

些情报机构并不在乎你。

在《国家公敌》这部电影里，国家安全局副局长托马斯·布赖恩·雷诺兹也表达了相似的想法。当一位对隐私问题非常敏感的国会议员拒绝支持新的监视法案时，雷诺兹劝他说："喏，我不在乎谁跟谁滥交，也不在乎内阁官员为什么事神魂颠倒。"他只在意那些会伤害美国人民的人。讽刺的是，雷诺兹随后就杀了这位拒绝支持新法案的议员。

当我向广域监视系统的创造者们问起，生活在"全视之眼"的注目之下，他们自己有什么感受时，他们的回答很一致：没什么问题。理查德·尼古拉斯在国防部高级研究计划局领导"阿格斯"项目近 10 年，他说："我没什么好隐瞒的。我对能提升这个国家和我所生活的城市的安保和防御水平的事物没有任何意见。人们对于隐私的担忧是可以理解的，但是政府需要获取一些特定的信息，以确保那些坏人没办法去实施他们的坏想法。"

只有一个人持不同的观点，那就是在 2018 年退休的劳伦斯·利弗莫尔实验室的工程师希拉·维迪雅。因为她认为，广域监视系统会收集很多与犯罪活动无关的人的个人信息，比如她去海滩学冲浪时的驾车路线。这让她想起了国家安全局窃听海量的电话记录的历史，这件事直到 2013 年斯诺登泄密事件发生后才为公众所知。她问我："如果你给奶奶打个电话，他们有权知道这通电话的内容吗？"问过之后，她并没有给出答案。"我不是说这个技术好或者不好。我可以容忍它的存在，但是我不想拥抱它。"她说。在较早的一次谈话中，维迪雅说，她更希望将这种技术的使用限制在边境安防和有限的一些国土安全行动之内。

另一个常见的观点是，很久以前我们就已经没有隐私了，因此"天空之眼"的存在没什么大不了的。在 Kitware 公司研发自动行为分析系统的工程师安东尼·霍格斯指出：如果想追踪人们每天的行走路线，手机数据比可视监视系统更可靠，也更精准，而且可能早就被人们所使用。Kitware 公司的创始人比尔·霍夫曼说，他曾经看过一次手机使用情况的地图，他发现地图显示大量手机正在当地机场的跑道上被使用——这说明了人们无视商业航空公司制定的"禁止使用手机"规则。

如果你穿过公共区域或走进一家商店，你就会被闭路电视监控系统的摄像头拍到。如果你此前曾被拘留过，即便你最终没有被判刑，你的脸也会被录入美国联邦人脸识别数据库中。在做采访的时候，我被多次提醒，真正的罪魁祸首是微软、脸书和谷歌等公司，因为他们一直在收集用户的详细信息，而且这一点已经被证实。一些人认为，既然我们已经被那么多团体盯上了，再多一个"眼睛"又有什么关系呢？

广域监视系统的创造者说：即使天空中多了无数双"眼睛"，人们也照样能生活得很舒适。他们说，总有一天，人们的担忧会逐渐消退。

澳大利亚自动监视行业的初创公司 Sentient Vision 的创始人保罗·博克瑟打赌说：如果广域监视系统部署到他所生活

的墨尔本，那么城市里的人"会适应，会麻木，然后不再关注它"。

我问他，如果真的是这样的话，那么为什么这项技术还没有被任何一座城市所接受呢？他解释说，那是因为当地政府没有主动这样做，而且"人们可能会认为这个技术太先进了，太像《1984》了，所以当地政府在使用监视工具的时候会遇到很多的阻碍"。

"但是，那一天肯定会到来的。"他很轻松地补充道。

法律和秩序

总而言之，广域监视技术的支持者普遍承认，这一技术和其他监视技术都只能在特定规则的约束下为人们所使用。比尔·罗斯认为："必须进行一次大讨论，以确立相关规则和监管措施。"

但是这一团体始终在回避我们到底需要什么样的规则。比尔·罗斯认为，我们要采纳的任何规则都必须通过"金发姑娘原则"的测试①。他说："人们不能说'哦，美国永远都不会使用广域监视技术的'，这根本就不现实。但是，我们的社会也不可能走向另一个极端。我认为它会成为另一个《狂野

---

① 金发姑娘原则，源自童话《金发姑娘和三只熊》的故事，是指最终的选择要经过全盘的尝试之后才能做出来。——译者注

西部》①。"

扬尼斯·安东尼亚德斯含糊地说："政府应该出台相关法律来指导人们如何使用我们不应该掌握的信息，就像提供给法庭的其他证据那样。"迈克·梅尔曼斯说，如果警方想要使用广域监视技术对特定目标实施持续追踪，那么现行的美国法律"可能"需要稍做调整。内森·克劳福德只是表示，执法机构如果想把广域监视系统得到的信息与其他信息融合到一起，就必须走一个传唤的流程。

有些人认为，这种含混不清的表述似乎是公司政策的问题。当我采访于2013年成为洛戈斯技术公司总裁的约翰·马里昂时，我问他支持什么样的限制措施。这时，坐在马里昂旁边的媒体关系顾问在他回答我之前打断了他。这位不愿意透露姓名的媒体关系顾问说："我们只是承包商，制定规则的事情就交给顾客、警察和政府吧。我们只能很宽泛地说，公众需要对此事展开讨论，而且警方也必须尽快提出一些具体的规则。但是我们的身份确实不合适参与这些规则的制定。"之后，马里昂表示，他"强烈反对"巴尔的摩市警察局未与市民协商就上马监视项目一事。

罗斯·麦克纳特似乎是广域监视领域里唯一一位提出了具体的隐私规则的人。他所创建的 PSS 公司有一套非常严格的内部政策，而且该公司与公共机构签署的每一份合同中都包含这

---

① 《狂野西部》是一款背景设定在狂野西部时代的浸入式视频游戏，游戏玩家需要在逼真的虚拟环境中消灭不法分子。——译者注

些隐秘政策。

　　麦克纳特承认，制定这些政策的一部分原因是为了更好地开展业务。我在巴尔的摩市参观当时还处于保密阶段的"社区支持计划"项目时，麦克纳特就曾说过："我们认为自己能够做非常有价值的事，但人们总是担心代价，隐私的代价。因此，制定隐私政策可以帮助我们减少相关的负面影响。"

　　不管怎么说，PSS 公司的大部分隐私政策都是合理的。例如，PSS 公司规定，分析人员必须拒绝任何与调查项目或电话应急服务非直接相关的监视要求；分析人员只有在获得管理人员的许可后，才能对某个特定的地区进行持续监视；在没有搜查令的情况下，公司决定不会使用红外监视摄像机。

　　PSS 公司认为，高度透明必须成为广域监视领域通用的原则。罗斯·麦克纳特对我说："我想把所有的媒体都邀请到我们公司来，并向大家展示我们在做什么。我想让大家在亲眼看过这些广域监视图像后说他们不再担心了。"

第十二章

复盘巴尔的摩谋杀案

2016 年夏天，我到巴尔的摩市参观了 PSS 公司及其监视项目的运营情况。回来之后的几周里，我与罗斯·麦克纳特通了好几次电话。他不止一次地告诉我，他不同意该市警察局将这个项目继续保密的决定。后来有消息称，麦克纳特一直给他在巴尔的摩市警察局的主要联络人萨姆·胡德中尉发电子邮件，敦促警察局尽快对外公布这个广域监视项目的存在。

我们每次交谈时，罗斯·麦克纳特都比上一次更加焦虑。他当时决定，如果到了 8 月的最后一周，巴尔的摩市警方仍然不公开这一项目的话，他就亲自出面解决这件事。《彭博商业周刊》的记者蒙特·雷埃尔听说了这个项目后，麦克纳特带他参观了项目的分析中心，因此雷埃尔计划针对此事做一次专题报道。麦克纳特想让我在雷埃尔发布深度报道之前先发一条短新闻来披露这个项目。

就在短消息即将发布的那天早晨，麦克纳特最后一次向胡德中尉提出请求，敦促他赶在我发布消息之前发表声明，但胡德中尉依然没有回应。

罗斯·麦克纳特告诉我，他不希望公众认为他在刻意隐瞒什么。但是，当《彭博商业周刊》通过刊登一篇 4 000 字左右的深度报道来揭露整个计划时，事情的走向果然如他所料。[①]绝大多数市议员和州议员都是从《彭博商业周刊》上的报道中知道这个监视项目的，这座城市的公共辩护律师此前根本没听说过这个项目，州检察官、华盛顿特区的马里兰州议会代表，以及杰伊·斯坦利等隐私权捍卫者也是如此。而巴尔的摩市市长斯蒂芬妮·罗琳-布莱克是在该项目启动几个月之后才知道这一监视项目的存在。

当公众得知这座城市已经被广域监视飞机秘密监视了近 9 个月后，反应异常激烈并且满怀敌意，最终给这个项目带来了致命的打击。公众与其所谓的"守护者"（即警察）之间的关系跌到了历史的最低点。一年前，当弗雷迪·格雷一案的抗议活动让这座城市深陷泥淖时，巴尔的摩市警方就因带有歧视性的执法方式被美国司法部调查。巴尔的摩市前警官唐·罗比对我："可能现在真的不是运行这个项目的好时机。"

市议员和州议员全都义愤填膺。市议员布兰登·斯科特对《巴尔的摩太阳报》说："我非常气愤。作为议员，我竟然不知

---

① 《彭博商业周刊》的编辑听说我已经把写好的新闻稿交给了《连线》杂志，就加快了进程，比我提前几个小时抢先报道了这个广域监视项目。

道这件事！他们竟然偷偷地干了这种事！在这方面，我们必须要保持透明，而且要保证我们使用这一技术的方式是正确的，尤其是在考虑到警察局之前的所作所为之后。"

马里兰州公共辩护律师保罗·德沃尔夫告诉该报："进行广泛监视的行为侵犯了每一位市民的隐私权，而秘密地进行这一活动对市民的权利造成了进一步的侵害。"

在"社区支持计划"运营期间，没有一个巴尔的摩市市民知道自己已经被一张从未在美国其他城市上空出现过的监视网锁定了。卡尔·库珀是枪杀一对老夫妇的嫌疑人，此前没有人告诉过他，警方是通过"全视之眼"提供的视频获得了对他的逮捕令。凯文·坎普也同样不知道他被指控实施了一系列的犯罪活动，是因为PSS公司的分析人员追踪他骑着一辆轻型摩托车在城市里穿梭了近两个小时。

杰伊·斯坦利指出，这个广域监视项目违反了巴尔的摩市警方内部的闭路电视监控数据储存政策。马里兰州美国公民自由联合会发表声明，要求巴尔的摩市立即停止这个监视项目，并"禁止使用这种监视技术"。

国会议员伊莱贾·卡明斯的选区包括巴尔的摩市的大部分区域，这件事被曝光后，他在自己的办公室里召见了巴尔的摩市警察局局长凯文·戴维斯。据卡明斯议员说，在解释该项目在打击犯罪方面的优势之前，戴维斯局长为长期隐瞒该项目的存在而"不停道歉"。卡明斯议员赞同该项目确实有望减少犯罪，但是他强调，只有在得到法律界、市民自由团体、宗教团体和全体公众的同意之后，才能开展这样的监视行动。

一些对这一项目毫不知情的巴尔的摩市市民异常震惊，倍感愤怒。新闻曝光的第二天，一名男子对电视台摄制组的工作人员说："过去，尤其是在其他国家，我们已经见证了这种监视行为带来的后果。而现在，当事情发展到这一步时，你是否是一个罪犯已经不再重要了。我不想说我很害怕，因为这正是他们想要的结果。恐惧会让人变得温顺。"

然而，正如罗斯·麦克纳特预料的那样，也有人对这个项目表示欢迎。一位市民说，虽然她觉得有一点被冒犯，但她总体上还是支持这个监视项目的。她说："我认为这座城市的犯罪率已经超出了警察的处理能力范围。我不清楚这是不是一件坏事，毕竟在这个城市里总是有可恶的人在做可恶的事。"布兰登·斯科特议员指出，他不赞成秘密运行这个监视项目，但是他的选民不断要求他为他们所在的街区安装更多的闭路电视监控摄像头。

事后

总的说来，支持巴尔的摩市监视项目的人几乎没有机会表达自己的想法。面对强烈的抵制，巴尔的摩市警方立刻停止了该项目，让罗斯·麦克纳特的团队只为重大事件提供服务，比如巴尔的摩市举办的马拉松比赛。

该项目被曝光两个月以后，马里兰州议会司法委员会召集了一次听证会，讨论在城市里使用先进的广域监视技术的事宜，巴尔的摩市的"社区支持计划"是核心话题。巴尔的摩市警察局发言人 T.J. 史密斯代表项目组在会议上发言。

史密斯做了一次热情洋溢的捍卫宣言。他说："自本年度（即 2016 年）1 月 1 日以来，巴尔的摩市共发生了 255 起杀人案，案件飙升了大约 62%，这要求我们要创新，要去做更多的工作，要以创纪录的速度把大街上干了坏事的罪犯全都抓起来。"

广域监视技术在这方面的影响巨大。"社区支持计划"项目运行期间，在广域监视飞机覆盖的区域内，人们拨打 911 求救电话的次数有 21 243 次。麦克纳特的团队共提交了 105 起案件的调查简报，其中包括 5 起谋杀案、15 起枪击案、3 起持刀伤人案、16 起肇事逃逸案和 1 起性侵案。仅在针对谋杀案和枪击案的调查中，PSS 公司的分析人员就追踪了 537 个目标，并将其中的 73 个人认定为这些案件的嫌疑人。

总而言之，PSS 公司搜集的线索帮助警方推进了至少 10 起枪击案的调查进度。以罗伯特·麦金托什谋杀案为例，这位 3 个孩子的爸爸在麦迪逊公园被枪杀，去世时才 31 岁。PSS 公司的分析人员利用空中监视视频帮助警方抓捕了嫌疑人——28 岁的迪昂塔·特纳。警方坦白，如果没有"天空之眼"，这个案子很有可能毫无破解的希望。就在特纳被捕的同一个星期，巴尔的摩市发生了另一起枪杀案，但因为当时广域监视飞机没有起飞，所以调查工作陷入了停滞。史密斯说，他经常接到一些谋杀案受害者家属的电话，他们想知道在命案发生的时候广域监视飞机有没有起飞。

　　广域监视项目的威慑力似乎比人们想象的更大。史密斯说，在"社区支持计划"项目运行的最后两个月，巴尔的摩市平均每周会发生 6 起枪击案，但是在该项目被曝光的那一周只发生了 1 起枪击案。

　　史密斯还提到了警方对美国国内恐怖主义的担忧。他指出，新泽西州和纽约市最近发生了一系列连环爆炸事件。"在某人实施类似的恐怖袭击时，如果他的头顶上有这种广域监视技术，我们就可以回看视频，仔细查辨是谁干的，甚至有可能找到恐怖分子的老巢。我认为，现在已经是 2016 年了，在美国说这样话应该不算极端吧，因为大家都知道恐怖分子的存在。"他说。

　　在会议上向史密斯发起质询的是马里兰州美国公民自由联合会的高级律师戴维·罗卡。在他看来，史密斯对 PSS 公司的积极影响赞不绝口，既误导他人也被他人所误导。听证会结束几天后，罗卡在接受纽约《城市报》的采访时说："我们对这项技术的担忧并不在于它有没有用。如果警方不需要申请搜查令就可以搜查一个人的家，不需要合理的理由就可以怀疑一个人，那么对他们来说这项技术就是'有用'的。"罗卡认为，如果把"是否有用"当作评判广域监视技术的唯一标准，那么美国宪法第四修正案的意义何在？ ①

　　面对戴维·罗卡律师的质疑，史密斯向审查委员会保证，

---

① 美国宪法第四修正案禁止警察无理搜查和扣押个人，搜查令和扣押状的申请和批准都必须有相当合理的理由。——编者注

广域监视技术绝不像大多数市民担心的那样会侵犯个人隐私。他展示了一个有很多监视视频截图的幻灯片。"我们从视频里真的看不到站在楼顶上的威尔·史密斯的脸。"这位巴尔的摩市警方发言人强调。他所说的威尔·史密斯就是《国家公敌》里面主要角色的扮演者。他接着说:"大家都可以看到,我们能识别建筑物和车辆,但是我们无法看清人脸。"(严格来说这是不对的,因为在罗伯特·麦金托什谋杀案和很多其他案件的调查中,广域监视视频的分析人员追踪了许多行人。)

查尔斯·E.西德诺问道,既然广域监视技术在抓捕犯人方面如此出色,为什么还有那么多的罪案没有了结呢?史密斯又一次指出,这项技术还做不到完全的"全视"。例如,著名说唱艺人洛·斯克塔被杀的地点距离摄像头的拍摄范围只有90米左右。史密斯说:"我们使用的技术只能覆盖83平方千米的区域。"

至于开展空中监视活动为什么不需要申请搜查令,史密斯向审查委员会阐述了美国法律中的一个漏洞,这个漏洞允许美国公民在空中观察地面。他声称:"天空是公共空间。各位现在就可以带着自己的相机在公共空间拍照,想拍多少就拍多少,这绝对不违法,在空中拍照也是一样的。"

一个月后,巴尔的摩市警察局发布了一份《关于广域空中监视活动并未违犯宪法的法律备忘录》,它似乎是以2016年我访问巴尔的摩市时罗斯·麦克纳特给我看的那份法律备忘录为基础改写的。

警方的法律备忘录援引了三个最高法院的案例作为美国空中隐私权保护判例的依据，声称人们在公共航行区域的有人驾驶飞机上拍照不需要搜查令，也不违宪。与麦克纳特的备忘录相似，这份备忘录还宣称，一个几百万像素的军事级别摄像机是"公众可获取"的技术。

该法律备忘录进一步宣称，巴尔的摩市的广域监视项目一直没有使用红外线、伸缩镜头和变焦镜头等技术。但是在听证会上，史密斯似乎曾满怀信心地表示，一旦"社区支持计划"成长为一个全天候广域监视项目，警方就会使用红外线技术，那样才可以保证在夜间继续对地面进行监视。

"但是你得先通过本次审查委员会的审核吧？"一位代表这样问他。

"当然。"史密斯回答道。

2017年1月，阿诺德基金会和PSS公司曾邀请警察基金会担任中间人，见证前者资助"社区支持计划"的捐赠行为。警察委员会的条件是允许自己对这一技术的有效性展开评估。后来，警察基金会得出了结论："持续监视技术在协助警方解决犯罪问题方面很有潜力。"但是最终，仍有很多议员不为所动。

警察基金会强烈建议在美国警方大规模使用广域监视技术之前对这一技术开展更严格的评估。同时，他们也为巴尔的摩市警方在没有得到公众更广泛的认可前就推进这一监视项目进行了辩护：

警方并没有那么多的时间等待相关调查，以证明某种方法是有效的。只要出现人员伤亡，警察就必须立刻采取行动，制止暴力——就算这样做会有一定的政治风险。

警察基金会认为，巴尔的摩市警察局决定将个人利益和行业内部利益放到一边，竭力推动一个长期以来不受公众欢迎的项目，彰显了有胆有识的领导力。

西德诺议员和另外两位议员则提交了一个提案，呼吁建立一支工作小组，对全国范围内正在使用和计划使用最新监视技术的情况进行摸底。但是，在众议院司法委员会发布了一份措辞严厉的报告后，该提案被撤销了。

迈阿密的犯罪与民意

那次听证会之后，过了几个星期，我又与罗斯·麦克纳特通了电话，他依然火气十足。在他看来，对"社区支持计划"的强烈抗议"就是几个记者在那里大呼小叫"。他解释说："就是媒体在那里叫唤'哦，我的天哪，你竟然没告诉我们。'"

麦克纳特向我说起《巴尔的摩商务日报》发起的一个网上投票，注册并参与投票的128人中有82个人选择支持该项目——"只要它能保证人们的安全，"一些支持者表示。《巴尔的摩太阳报》也发起了一个类似的投票活动，参与者被问到在实施广域监视行动之前，巴尔的摩市警察局是否应该向公众披露空中监视计划的内容？316名参与者中有4/5回答"不应该"。

"这样做可能会有风险，"一些人说。

这两组数字让麦克纳特舒心不少，也给了他乐观的理由。他对我说，他正在计划把在巴尔的摩市开展的广域监视项目复制到另一座城市，这个项目的前景看起来相当乐观。但事实证明，他的信心是毫无根据的。

2017 年春末，佛罗里达州迈阿密–戴德县政府悄悄发布了一份简短的申请书，提到了该县向美国司法部申请了一笔 120 万美元的拨款，用来与 PSS 公司开展合作，在城市上空开展广域监视测试项目。根据罗斯·麦克纳特拟定的运营计划，配备该公司摄像机的飞机可以覆盖大约 78 平方千米的面积，每天将在城市上空飞行 10 个小时左右。

该县政府希望能够监视飞机密切关注迈阿密的北部地区。用于支撑申请书的一份参考文件指出：近年来，该地区的犯罪案件急剧上涨。拨款申请书中这样写道："在这一地区，即便是在一个小区里扎根几十年的家庭也会被急速增长的犯罪和暴力吓醒。"申请书同时指出，目前目击证人与调查人员之间的合作已经越来越少见了，因为每周发生的枪击案实在太多了，社区的组织架构已经快要垮掉了。根据一份备忘录[①]中的记录，迈阿密–戴德县警察局希望利用这套系统实现"定罪最大化"和"阻止犯罪"。

与巴尔的摩市一样，迈阿密–戴德县的广域监视项目在县长

---

① 这是县长提交给地方长官委员会的，目的是让最初的拨款申请的签批具有追溯效力。

办公室提交拨款申请之前一直对绝大多数当地政府官员保密，包括县委委员会的成员。罗斯·麦克纳特声称，他一直在敦促相关官员在提交拨款申请前披露该项目，但被告知这样做会违背县里的政策。在提交给县委委员会的这份备忘录中，县长办公室解释说，在拨款申请书提交的截止日期之前，他们来不及通知每一位县委委员。

2017 年 5 月，该县在政府官方网站上上传了这份备忘录，却没有发布相关声明，像是在希望这份备忘录尽量不要引起人们的注意。然而几天之后，《迈阿密新时报》的一位记者发现了这份备忘录，于是该县也出现了汹涌的民愤——甚至可以说是怒海狂涛。当地政府想要保住这个监视项目的努力几乎没有任何效果。

很快，当地的众多官员都出面反对这个项目。迈阿密市市长托马斯·莱加拉多对本市的一位博客博主说，县政府没有权力从城市上空监视人们。另一个城市的市长杰夫·波特也对这位博主说："他们想让一架无声的无人机在我们的家园上空监视我们，我是绝对不会支持这种事的。你想在我们的头顶上撒这么大一张网是不可能的。不准监视我们所有人！"

与其他地区的美国公民自由联合会一样，佛罗里达州的联合会也发布了一份声明，重申了人们对在代顿市和巴尔的摩市开展的空中监视行动的担忧。当地和全国范围内的多个游说团体也发表了一份联合声明谴责该项目："我们非常期望自己的活动不被当地警察追踪和拍摄！有色人群、移民群体、宗教团体、政治活动家和同性恋群体都已经成了政府监视的目标。"

但还是有一些人表示支持这个监视项目。"任何能够帮助降低犯罪率的事情，我都会支持。"迈阿密北部地区的一位居民这样告诉《迈阿密先驱报》。但是，与反对浪潮比起来，这些支持者的声音没有形成一股统一的力量，最终那份拨款申请书在提交给县委会的前一天被撤回了。对于这个决定，迈阿密-戴德县警察局局长胡安·佩雷斯向《迈阿密先驱报》解释说："我考虑到了反对的声音。"

杀人模式

虽然遭遇了挫折，但是罗斯·麦克纳特依旧坚信，总有一天，他会站在历史的正轨上。2017年春天，在巴尔的摩市重启"社区支持计划"的斗争中，麦克纳特再遭失败。"社区支持计划"第一次能够成功启动得益于它是一场幕后交易，与此相比第二次的努力更像是一场政治运动。麦克纳特为此创建了一个网站，在上面发布了各种关于广域监视技术的详细资料，试图说服当地执法机构和政府官员。此外，他还接受了一系列的采访，并在城市的各社区中心开办宣介会。

2018年夏天，罗斯·麦克纳特找到了一位盟友——阿亚奇·威廉姆斯，他是一位精力充沛的社区活动家，曾因涉毒被起诉，坐了十几年的牢。最初，威廉姆斯也对巴尔的摩市警方偷偷对城市进行军事级别的监视火冒三丈。但是到了2018年5

月，在听完麦克纳特在西蒙斯浸信会纪念教堂①举办的一场宣介会后，他的想法改变了。麦克纳特说，在那场宣介会上，威廉姆斯最初一直都是双手交叉抱在胸前，充满了挑衅的意味。麦克纳特先是熟练地讲了一遍之前排练好的内容，然后他开始说起广域监视系统如何对这座城市里声名狼藉、贪腐成风的警察进行监视，以验证他们发布的枪击案调查结果和搜查令是否属实。威廉姆斯认为这一点相当有说服力。

2016 年，广域监视系统曾拍下两起警察开枪事件。麦克纳特想到，这些数据可以用于核实警察局官方的案件记录是否属实。他告诉我，PSS 公司已经帮助一名公设辩护人反驳了警方对一名市民的指控。在那起案件中，警方出示了一份搜查令，声称该在市民家中发现了毒品。但广域监视系统提供的视频显示，在搜查令有效的那段时间里只有两个人到过该市民的家中，其中并没有警察。

了解广域监视技术的工程师和官员经常会说自己被"改变"了，或者变得"盲目地相信它"。从西蒙斯教堂的宣介会开始，阿亚奇·威廉姆斯也被改变了。在那之后，这位教堂牧师和其他几位当时在场的听众决定建立一个非营利组织，取名为"社区解决方案"，意在通过草根运动来支持罗斯·麦克纳特的愿景。

罗斯·麦克纳特和"社区解决方案"的成员一起主动接触

---

① 那里距离一年前罗伯特·麦金托什枪杀案的发生地点只有几条街区。

了巴尔的摩市的不少领导，包括新当选的市长凯瑟琳·皮尤。麦克纳特相信最初支持过巴尔的摩市广域监视项目的约翰与劳拉·阿诺德基金会提供的资金足以维持 PSS 公司无人机一年的运转。根据《巴尔的摩太阳报》的报道，凯瑟琳市长同意考虑重启"社区支持计划"项目，但前提是麦克纳特和"社区解决方案"的成员能够证明这个项目已经得到了城市管理层、社区领导者和法律机构官员们的广泛支持。第二年，凯瑟琳市长对一家报纸说："如果社区层面提出什么意见，我觉得我们应该好好倾听。"

"社区解决方案"为麦克纳特和威廉姆斯举行了几十场见面会，其中包括数家商会及浸信会牧师工会参加的研讨会。2018年5月，在接受电话采访时，威廉姆斯告诉我，他个人已经与社区组织领导者及城市领导层开了100多次会议。《巴尔的摩太阳报》报道称，威廉姆斯与人交谈的时候手段多样，他会根据听众的身份调整自己的策略。如果是与商业团体交谈，他就会主要讨论如何降低犯罪率，如果是与公诉辩护团队交谈，他就会主要讨论如何利用"社区支持计划"监视警方。

麦克纳特和威廉姆斯都说过，"社区解决方案"这个组织从未拿过 PSS 公司的钱。但是，公司的确为"社区解决方案"提供了一位网络开发员以帮助该组织组建一个维权网站，并向威廉姆斯和其他成员提供了相关视频资料用于宣传介绍工作。"社区解决方案"组织可以定期在2016年作为"社区支持计划"运营基地的那间办公室里举办宣介会，而且据威廉姆斯所说，麦克纳特曾指导他们如何以最有效的方式进行展示。[①] 威廉姆斯还表示，麦克纳特曾以"个人的名义"送给他一岁大的儿子一些东西，比如一个汽车安全座椅。

当我谈起隐私问题的时候，阿亚奇·威廉姆斯承认这个技术确实引起了政策层面上的问题，但是他认为麦克纳特会在公司的规章制度解决这些问题。他说："至于我？我并不介意。现在，大家的心态就是要么杀人，要么被杀。如果有人在大白天对我开枪，那是因为他们相信自己不会被抓住。如果有监视飞机的存在，他们会不会收敛一些呢？"

"这样就救了两个人，"他接着说，"可能被杀死的那个人，还有打算杀人的那个人。"

谈话快要结束的时候，威廉姆斯问我有没有录音。我说有，但是如果他介意的话，我们可以改变他的声音。威廉姆斯说："不用，就直接用我本人的声音吧，我认为这很重要。任何想要拯救生命的人，都应该有机会去做。"

他提高了声音说："人们总是在担心广域监视系统的功能越来越强大该怎么办？罗斯认为，如果广域监视系统质量提高了，人们能看到的就更多了。他一直都想解决更多的悬案呢。"他接着说："我们不想让大家以为自己杀了人后能逃脱，只要有人能打消人们的这种想法，我就觉得很棒，觉得自己做成了大事，比如破坏了这里的杀人模式。"

---

① 我与威廉姆斯交谈时，发现他的很多论述与麦克纳特讲话的要点相互呼应，有时甚至一字不差。

几天后，罗斯·麦克纳特接受了我的采访。这时距离第一次"社区支持计划"的惨淡收尾已经过去差不多两年了，但凯瑟琳市长似乎还是没有重启这一广域监视项目的意思。

我问麦克纳特，既然巴尔的摩市和迈阿密市的反对声音都这么大，你为什么还要如此坚持？麦克纳特说，1993年，他曾参加了一个名为"一半人支持科罗拉多"的志愿项目，并因此在丹佛市一个破败的社区待过一段时间。麦克纳特向我描述了他见到的一名警察和一名居民之间爆发的种族主义冲突，这件事让他一直耿耿于怀。他说："现在，我有机会来判断自己打造的这个系统能给城市带来什么样的影响了，我相信它能让人们的生活变得更美好。"

显然，罗斯·麦克纳特并不指望巴尔的摩市的项目让他赚钱，他的财务状况也并非完全取决于市政府的决定。他对我说，他还有一家飞机租赁公司，目前运营得不错，可以用来补贴PSS公司。我们交谈后不久，他就从俄亥俄州网络研究中心获得了一笔巨额资金，用于研发无人驾驶载客飞机。

麦克纳特说，巴尔的摩市的项目的一旦重启，他就打算只向市政府收取成本费。"从商业的角度看，我应该主动关掉PSS公司，然后把它忘了。但是我认为，它能对这座城市产生很大的影响，能够提供很大的帮助，我不想就这么放弃。"他说。

第十三章

当权力遇到怒火

　　2017 年 6 月，我到新墨西哥州去见史蒂夫·萨达斯的当天，我们就乘飞机在阿尔伯克基市的上空秘密地监视了这座城市。我们看到学生们正在新墨西哥州立大学的操场上锻炼，还追踪了在市中心疾驰的汽车。在桑迪亚高地上空盘旋时，我学到了广域监视技术的第一课。而到访的第二天，我就变成了地面上被监视的对象。

　　萨达斯住在阿尔伯克基市郊区的一处居民区，有自己的飞机跑道，可以直接把那架白色的塞斯纳小飞机滑行到家门口的私家车道上。他家旁边还有一个比房子更大的机库，那里就是他的公司的总部和车间。这家名为 Transparent Sky 的公司已经生产了一系列广域监视系统及其配件。

　　第二天早晨，天空晴朗，萨达斯和助手乘坐飞机升空。他的助手是一位沉默寡言的男子，曾经是一名在核潜艇里工作的

电气工程师。和我一起留在地面上的是萨达斯的商业合作伙伴
格雷格·沃克、萨达斯的妻子德博拉、公司的实习生瓦妮莎，
还有萨达斯的爱犬杜克。

飞机到达巡航高度后，我和瓦妮莎、杜克一起走到了车道
上。肉眼望去，他们乘坐的飞机在苍茫辽阔的天空中不过是一
个小白点，但是飞机上的摄像机能清晰地识别我们。当时正
是上午 10 点左右，我们的影子伸展到飞机跑道的柏油路边缘。
通过无线电，萨达斯让我们开车去距此地几千米远的一家沃尔
玛超市，到超市的大停车场上做一些追踪测试。我和他赌一瓶
啤酒，他做不到一路盯着我们到沃尔玛超市的停车场。

沃克开着他的卡车载着我和瓦妮莎出发了（德博拉和杜克
留在了家里）。我把头伸出车窗外想看看他们乘坐的飞机在哪
儿，然而什么都没看到，但萨达斯会不时通过无线电准确地报
出我们的位置。

这片区域人烟稀少、房子低矮，我们无处可藏。我问沃克能
不能转到小路上去，再来一个调头，试着甩掉萨达斯，但沃克
不同意。他说自己对这里不熟，不想迷路。瓦妮莎建议我们从
第二个入口进沃尔玛停车场，她觉得萨达斯肯定想不到这一点。

我们把车停到了停车场的一个角落。下车后，我再次尝试
寻找飞机，但还是什么都看不到。此时，萨达斯的声音从无线
电里面传来，说他一直能看到我。

当天下午，萨达斯把这段追踪视频传给了密苏里大学的研
究人员，他们利用计算机视觉处理器把我们开车的那一段视频

挑了出来。这让我明白了，我就算开车再跑多远也没什么用处。换句话说，我终于面对面地领教了这套"永恒的、详尽的、无处不在的、能够洞察一切的监视仪器"——这是福柯著名的《圆形监狱》一文中的原话。

这就是广域监视和自动化这两种技术理论与现实的契合之处。美国国家实验室、军队和情报机构争分夺秒的研发活动基本结束了，这两种技术开始进入到人们的日常生活中。工程师们希望产生的积极影响遭遇了这样的现实：承载着新生力量的工具本质上并没有善恶之分，是人们的使用方式决定了它的善与恶。

广域运动成像技术从天空中打开了我们的生活。自文明的曙光乍现直到前不久，这还都是只有上帝和星月才能窥视到的内容。我们无法否认这种力量能够成为正义的力量：如果在我目睹泰坤·哈特枪击案时，纽约市警察局就拥有这些技术的话，我希望它能被用来抓捕袭击者；在"全视之眼"的监视下，犯罪团伙关系网就可以被拆解，诱拐和绑架案件就可以迎刃而解，深夜被困在房顶上的飓风幸存者也可以被找到并送到安全地带。

但是，历史上几乎每一套被广泛使用的监视技术都在某一刻超出了其最初的目的或导致了意想不到的后果。虽然我们才刚刚开始去发掘广域监视技术的用途，但有一点已经很清晰了：如果管理不当，广域监视和自动化这两种技术会让广域监视系统更具侵略性、更加肆无忌惮且无法捉摸，破坏社会公平。因使用不当引起的任何伤害，都会反过来吞噬掉"以正确的方式"利用这些技术的种种努力。

因此，我们需要制定基本的原则，以避开潜在的危险。这项工作首先要从坦诚的评估开始，即为什么"全视之眼"会在特定的环境下给人们带来严重的伤害。

通往地狱之路

研究广域运动成像技术的工程师们指出，像闭路电视监控系统和社交媒体这样广受欢迎的技术早已让我们的生活暴露无遗。我想他们是对的，但人们的私人空间还是存在的。然而，从设计理念来看，广域监视系统就是一种入侵这些现存的私人空间的工具，其中一个私人空间就是我们的运动轨迹。广域运动成像技术能够挖出人们的运动轨迹，揭露人们去了哪里，以及和谁在一起。你现在已经知道这是其他任何一种没有得到授权的技术无法做到的事。

一个显而易见却又极其不幸的事实是，监视技术的发展史充满了为了不光彩的目的而入侵神圣的私人空间的故事。19 世纪与 20 世纪之交，窃听器问世没多久之后，纽约市警察就开始随机窃听宾馆和台球场的电话，希望抓住一些他们用其他手段无法逮捕的罪犯。绝大多数情况下，他们听到的都是跟自己无关的谈话。而且，警方只是出于好玩而窃听居民区的电话并不是什么罕见的事。近期兴起的一些社交媒体监视软件、手机窃听器，以及人脸识别系统都被用来对付美国国内的维权团体，但是这些维权团体确确实实只是在践行宪法赋予他们的权力而已。

广域运动成像技术代表了情报和监视领域最强大的手段，它毫无保留地体现了间谍系统最高级别的咒语——一网打尽。而且，如果那些使用它的人对其放任自流、不管不问，它就可能被滥用：用来追踪性侵犯、暴力犯罪者、交通违章和非法倾倒行为的工具也可能被用来追踪游行示威人群、敌对政治团体成员和有异常行为的宗教团体。

出现被滥用的情况，部分原因在于美国目前没有明确的法律来限制这项技术的使用，导致所谓的公平监视沦为了立场问题。史蒂夫·萨达斯追踪我去沃尔玛超市的几个小时之后，他和德博拉带我去了桑迪亚峰山脚下一个简陋的路边酒吧。太阳依旧灿烂，我们坐在酒吧外面的露台上俯瞰着一个小小的停车场，那里停满了哈雷摩托车和大型皮卡。我愿赌服输，给他买了啤酒，想请他告诉我，我们为什么无须担心美国国内广域监视系统的使用前景。

我注意到萨达斯的帽子上写着：不要踩到我。他对我说："如果你没有安全感，那么确保安全就是你生命中最重要的事。如果你有了安全感，那么你就会有更高的追求。"他喝了一口啤酒，接着说："民主自由，是以安全感为基础的。人们只有在感到安全之后才会考虑隐私问题。如果他们没有安全感，就会放弃对于隐私的争论。"

为了证明他的观点，萨达斯举了一个例子，同时也警告我最好不要把这个例子当成绝对正确的政治样板。他分析道，印度到今天才算是成功地转型成一个健康的社会，是因为几百年来的殖民统治为这个国家建立了一套严格的秩序。萨达斯认为，"天使之火"的终极目标是协助美军实现他们驻扎在伊拉克的"真实目的"。按照他的描述，阿尔扎伊德将军于 2003 年警告美国国防部留心简易爆炸装置的那份备忘录，想表达的就是处置简易爆炸装置问题是设立秩序的关键，就像英国对印度进行的殖民统治一样。只有设立了秩序，才能消灭一个国家动乱的根基。在伊拉克，这个动乱的根基就是沿袭了近千年的种族与部落联盟。无论是萨达斯的假想也好，还是现实也罢，这似乎正是他乐于去实现的目标。

此前一天，萨达斯还曾告诉我，2015 年夏天，他的监视飞机还飞到过密苏里州的弗格森市，因为当地一名白人警察开枪杀死了一位十几岁的非裔少年迈克尔·布朗，引发了当地的抗议和暴乱。萨达斯的飞机对现场进行了监视，他对我说，那次行动的目的是收集视频样本，以测试自动追踪与分析算法。相对于地面上的监视，萨达斯在空中拥有绝对优势。他说，如果他发现了可疑的行为，就会把这些信息传送给当地的执法机构。在另外几次交谈中，这位妻子是黑人、自己是白人的工程师说，他们夫妻很反对"黑人的命也是命"这个运动。萨达斯认为，弗格森市的一些抗议者就像"暴徒"一样。

萨达斯并不是唯一一个让自己的政治观点介入到工作之中的人。罗斯·麦克纳特也曾对我说，政治监视是广域监视领域需要应对的最大风险，而 PSS 公司的分析人员只会关注"煽动者"——就是"那 20 个跑到外面制造混乱的浑蛋"。

萨达斯和麦克纳特一直告诉我，他们想把这个世界变成一个更和平、更和谐的家园。但是，在英国殖民者眼中，圣雄甘地就是一个企图制造混乱的煽动者。毫无疑问，如果殖民者拥有广域监视技术，他们肯定会使用监视系统去拍摄和识别参与甘地发动的"食盐进军"的人群，就像美国联邦调查局在1965年对从塞尔玛到蒙哥马利参与大游行的人们使用"警惕之眼"一样。主导监视的那些人可能会像萨达斯和麦克纳特一样，坚信自己正在为和平与安全做出贡献。今天，如果放任这些监视者自行其是，我们会迎来什么样的结局呢？

天罗地网

对和平游行者和政敌进行监视当然是对这一技术的滥用，因为所有真正的民主社会都已经制定了相关法规以保护这些群体不受侵犯，即便这些规则可能不总是被人们所遵守。然而，即便是受到限制的广域监视技术也可能也会造成不妙的结果。

广域监视系统会收集所有信息，加之从3 000米的高空向下看时，每个人都是一个小小的像素，很有可能被误认为是嫌疑人，因此广域监视系统会导致执法机构与普通市民之间出现更多的接触。虽然这意味着警方能够发现更多的犯罪嫌疑人，但也会导致警方冤枉一些无辜的市民，有时这些市民不过是碰巧在错误的地点调了个头。

这对执法机构和普通民众之间本就紧张的关系来说无异于雪上加霜。更糟糕的是，这项技术会导致一种基于行为的冷酷的分析模式，所有人都会被视作未知的未知，也就是说执法机构只有通过进行持续监视才能识别出潜在的犯罪分子。

这就使当地居民很难与以社区为工作基地的地方警察进行合作。地方警察被认为是执法机构与当地社区之间的缓冲地带，尤其是在双方关系已经遭到严重破坏的地区，比如广域监视系统最有可能被用于打击犯罪的巴尔的摩市和弗格森市。

2016年，在"社区支持计划"运营期间，巴尔的摩市警察局开始使用这一技术去识别那些目睹了罪案却没有主动向警方提供证词的目击者，有时候还会追踪那些目击者的回家路线。虽然从技术层面上来说，这种做法并不是违法的，但这种强制策略会进一步疏远当地居民与警察之间的关系，并进一步削弱那些警察本应该守护的原则和底线。而且，拒绝出庭作证本来就是人们的一种权力，而且是一种神圣不可侵犯的权力。

即便执法机构在使用广域监视系统时能够严格遵循具体的约束规则（下面的章节中会谈到），也不能保证某些蔑视规则的人就真的不会滥用权力。每一位能够操作广域监视系统的分析人员都能获得成千上万个公民的具体信息，包括他们的日常活动、社交网络和家庭住址。有些分析人员或许要经过艰难的斗争才能抵抗住窥视的诱惑，在几分钟、几小时，或者几天之内不去追踪自己的配偶、名人或当地政客。

而且，由于广域监视系统在司法调查方面确实非常实用，所以很多执法部门想把这些监视数据保存得更久一些，这种做法可能不那么安全。就算那些掌握了密码的人不会出问题，那些能够通过非法渠道破解密码的人呢？人们从来都不太了解当地执法部门在网络安全方面的能力，如果有一位白人至上主义者攻击了含有迈克尔·布朗抗议活动现场视频的数据库，他就可能会追踪一些示威者，一路找到他们的家庭住址。而一些不择手段的政客可能会用广域监视视频来调查自己的对手。国外政权可能会对在敏感场所工作的员工进行追踪，就像劳伦斯·利弗莫尔实验室的工程师曾想利用他们的监视卫星追踪朝鲜核物理学家的通勤路线一样。

在第十章，我们已经解了广域监视系统产出的很大一部分信息需要与其他来源的信息进行交叉参照之后才能挖掘出更多的信息。因此，广域监视系统的使用就会驱使其他的监视工具收集更多的信息，因此有可能造成其他监视工具的滥用。例如，在巴尔的摩市，麦金托什谋杀案的调查中启用的广域监视系统就促使警方在当地公交车上安装了摄像头和车牌识别器。

行为情报理论认为，最明智的做法就是搜集到尽可能多的数据，并将其保存尽可能长的时间，以备与其他渠道搜集的新信息进行交叉参照。举个例子，国家地理空间情报局的高级官员戴夫·高蒂尔暗示，在巴格达，人们希望能够拍摄并记录下所有车辆的车牌号，看看其中一些车辆是否与后来发生的袭击事件存在联系。这个所谓的"情报拼凑理论"，奠定了"渔网"技术的基础，也在很大程度上决定了今天全世界监视模式的不断升级。

越能有效地融合独立的信息，就越能激发人们对其他来源的信息的渴望。现在，各种数据收集工具早已大规模入侵我们的生活，这反过来刺激各种机构更加仔细地审查自己收集到的数据。因为任何一条信息，无论它是多么不起眼，在放进另一个来源的数据库里进行比对后，都可能变得极其重要。如果这一理念走到极端，就只有一个结果：世界上的一切都是可疑的。

因此，以上所有信息指向了广域监视技术最危险的一点：这项技术会制造恐惧。

没错，这就是这一技术最初被设计的功能，而且在后续使用中也得到了淋漓尽致地展现。根据美国国防部在 2005 年发布的一份行动报告，所有广域监视系统的主要目标都是打造出一种"我们能够看到每一个对手的每一个意图"的印象，从而促使对手频繁地抬头探望，以确保自己有没有被监视、追踪和监听。很多广域监视项目的名字很直白地表明了这种威胁之意：警醒的"永恒之鹰"、百眼巨人"阿格斯"、可致人石化的"女妖之眼"……

不幸的是，恐惧并不是一款能精准打击敌人的武器，有时会殃及无辜。有些心怀鬼胎的人自然会害怕，而有些人本来并没有什么可担心的，但是天空中持续不停的监视让他们感到不安。在战争地区，生活在无人机监视下的市民就挣扎于这种恒久不安的生存状态中：他们害怕广域监视系统稍有疏忽，自己变成了被打击的对象。因此，广域监视系统能让残暴的犯罪分子在出门之前缩手缩脚，但它同时也让其他人没法正常生活。

从我的角度来说，我希望当我合法地调头时，不用担心广域监视系统会把这一行为认定为异常行为，并把我当成嫌疑人进行追踪；当我到商店买酒的时候，不用担心广域监视系统会把我当作涉毒人员；当我去参加一次政治集会的时候，不用担心有人在头顶上观察我。

随着时间的流逝和我们态度的转变，对"全视之眼"的恐惧可能会逐渐消减。我们可能会学会远离抗议人群、政治集会和杂货铺，我们可能会学会在穆斯林聚居区停车之前要三思，以及与曾被政府或警察审查的人交往的时候要万分谨慎。最终，我们就能够接受自己再也没有神圣不可侵犯的私人空间了！

子弹和脑袋

幸运的是，这些风险并不是特别新奇。在其他技术领域验证过的可行措施也可以用于广域监视领域。但是，另一方面，自动化广域监视技术带来什么后果还属于未知，由此引发的担忧确实很棘手，因为我们对它的了解太少了。

与常规的广域监视系统一样，自动化广域监视系统也能够用于有益的目的。代顿大学的视觉实验室利用类似的技术做了许多工作，包括在边境线上识别越境的非法移民、通过无人机视频监视建筑机械以防止人们在离下水管管道太近的地方进行挖掘。2018 年，在南非野生动物园进行的一次测试中，装配了人工智能系统的无人机发现盗猎者的速度比人类监察员快了好几倍。计算机视觉公司 Kitware 也重新配置了自己的部分广域运动成像软件，以用于"人体连接计划"，试图创建出一个完整的人类大脑的连接图。

但是，如果自动化技术的潜在风险得不到监管，这些良性的使用方法也会遭到破坏，最终给人们带来伤害。对于执法机构来说尤其如此，比如美国国防部已经使用了一系列自动化技术。截至本书撰写时，美国已经有几十个城市的政府启用了预测警务软件，即利用精密的算法梳理以前的犯罪数据，以此来判断未来最有可能发生罪案的区域。许多州和行政辖区正在利用算法来生成某些罪案的量刑决定。许多执法机构在积极将人脸识别技术和融合技术整合到闭路电视监控系统中，甚至随身执法记录仪中。

成熟的监视算法，比如美国国防部正在研发的那些算法，本质上是警惕且多疑的物种。它们会把接收到的每一条信息都视为潜在的危险要素，其实一些优秀的警察也是这样做的。可以肯定的是，很多导致算法怀疑无辜市民的行为同样会引起人类警察的怀疑。但是，与闭路电视摄像头不同的是，并不是每条大街的角落都有警察。在每一次因警察误判无辜行为而将路人逼停到路边的背后，都有成千上万的人正在做着同样的行为，但是没有警察看到他们。

然而，人工智能化的"全视之眼"能够识别每一种异常行为。它有一套我们无法理解的算法逻辑，导致摄像机视野内的每一种行为都会被视为一种潜在的威胁。许多自动化广域监视系统都已经具备触发性能，即系统会自动追踪每一辆从指定区域驶过的汽车。在战场上，这一功能在监视网络"节点"附近的行为时效果特别好。而在美国国内，这一功能的存在意味着天空中的那只"眼睛"会仅仅因为你驾车走错了街道而追踪你的行为。

　　不用太费脑筋就能想到，由于随时随地都要接受强大的自动化广域监视系统的监视，被监视的人群与那些本应该保护他们的那些人之间的信任可能会进一步削弱。人们与监视者之间的动态变化是一种非常复杂的关系，但这并不是我们唯一需要考虑的问题。我们还应该考虑自动化广域监视系统和人类分析人员之间发生了什么。

　　设想一下，空军方面一位目标追踪领域的专家正通过一架无人机进行监视时，自动化行为识别系统通知他：一位已知此前曾经攻击美国军队的人正驾驶着一辆装满炸药的车辆驶向一支美军士兵分遣队。

　　目标追踪专家想要确认的是，计算机对于这个目标的判断是否有绝对的把握。如果计算机出错了（计算机经常会出错），那么这位专家就只有很短的时间来决定是否要下令攻击那个人。因此，如果计算机没有绝对的把握，它就需要具备将相关信息传递给人类的能力。但是人类该如何制定一个标准，让计算机确信自己是否是绝对正确的呢？

　　许多能够与人类互动的自动化识别系统都会安装一套用百分数表示的评分系统，这套系统可以用来评估计算机对自己所得出的结论的信心值。比如，在"女妖之眼"的视频里追踪车辆时，最初被追踪的那辆车与任务结束时被十字瞄准镜瞄着的那辆车是同一辆车的可能性有多大？劳伦斯·利弗莫尔实验室的持续监视软件会给出一个评分。

在一张截图上，"麦文计划"的算法在处理一段在港口上空拍摄视频的时候，将一艘小船认定为"小船"的信心值是85%，将一座大仓库认定为"建筑物"的信心值是90%，将另一个奇怪的飞机机库状的事物也认定为"建筑物"的信心值仅为40%。这些信心值的评判基础是视频的清晰度以及目标在视频中的完整度。

谷歌公司的在线计算机视觉服务 Vision API 也使用了类似的技术，你可以亲自体验一下。2016 年，我访问了该网站并上传了一张未来主义军用无人机模型 X-47B 的图片，软件给出的结论是这张图片中可能含有"飞行器"，信心值为 92%。该软件不太确定（信心值 85%）这个飞行器是否是一架"飞机"，对于将 X-47B 认定为"军用飞机"的信心值只有 71%。

该软件在处理抽象主义画家杰克逊·波洛克的《无题.C.1950》（Untitled.C.1950）时，花费的时间很长，将其认定为"艺术品"的信心值为 85%，识别出画中有"黑与白"的信心值是 83%（你如果看一看原图，就会很奇怪这项信心值为什么这么低）。另外，该软件在认定图中是否含有色情或暴力元素的时候，只说了"不太可能"，而不是"非常不可能"。

美国的执法机构早就开始使用这种评分系统了。例如，自动化公司 SeeQuestor 的闭路电视监控分析系统对自己分析结果的评分范围就是从"可能"到"不可能"。

这些数值及其误差可能会关系到一个人的生与死。假如说你是一位警察，而且你负责监管的这套计算机视觉软件与这座城市的广域监视系统是相连的。城市里发生了一起持枪暴力抢劫案，20 分钟之后，自动追踪系统锁定了一辆汽车，并将其判定为是从案发现场逃离的车辆，但信心值只有 71%。[①] 你会命令巡逻车去拦截这辆车并告诉警员做好发生武装冲突的准备吗？或者，你会进行二次评估并亲自进行追踪，因此延误了抓捕罪犯的最佳时机吗？

这个问题如果涉及预测探测软件时，就更令人担忧了。在一篇名为《天空之眼》（Eye in the Sky）的文章里，剑桥大学、印度理工学院和印度科学研究院的研究人员描述了他们研发的一套计算机视觉系统，该系统能够识别无人机拍摄的视频中的暴力行为，而且准确度很高。如果这套程序给出了信心值为 71% 的判断：在路易斯街和范布伦街的交叉路口处将要发生一起武装袭击，你该怎么做？

如果该系统的判断是正确的，你就能阻止一起可怕的犯罪活动。但是，如果这个系统识别到的只是一群在街上玩耍的孩子，那你就会将这些孩子置于危险之中，因为他们即将面对一大群全副武装的警察。

在战场上，人们对自动化识别系统的盲目信任已经导致了诸多悲剧的发生。1988 年，美军的巡洋舰曾在霍尔木兹海峡

---

① 市面上的一些人脸识别系统一般会向操作人员提供一个潜在嫌疑人的名单，来代替信心值这个数字，但是这并不能完全解决问题。如果说二者有什么不同的话，那就是这种名单可能会让事情变得更糟，因为它牵扯到了一些完全没有嫌疑的人。

击落过一架伊朗的客机，导致机上 290 人全部遇难。其原因在于战舰上的自动雷达防御系统将这架飞机错误地判定为军事飞机，而战舰上的官兵并未对该系统的分析结果进行确认就直接发射了导弹。后来，美军又犯了类似的错误——2003 年，他们在伊拉克击落过一架英国的喷气式战斗机。

人们对自动化系统的判断缺乏信任同样是一个大问题。因飞行员忽略了驾驶舱内的自动警报系统的预警而导致的航空事故远比你想象的要多。例如，执法机构的系统在判定即将发生一次袭击时只有 60% 的信心值，这数值看起来偏低，但是你敢忽略它吗？假如事后证明系统的判断是正确的，那么忽略它的后果应该由谁来承担？

美国空军首席科学家格雷格·扎卡赖亚斯博士在 2016 年的一次演讲中提到，信任的崩溃可能会导致令人悔恨不已的行为，所以人和自动化系统之间的关系非常脆弱。如果自动化系统对一次识别结果的信心值是 95%，但最终被证实其判断不完全精准，那么下一次即便它给出信心值很高的分析结果，人类分析人员可能也很难信任它了。自动化系统的算法可以被调整，但这样还是无法杜绝它会犯其他类型的错误。而信任一旦失去，就再难建立起来："永恒之鹰"的图像分析人员在发现该系统的自动追踪性能有时会出错之后就完全放弃了这个功能，转向采用蛮力追踪的方法。

另一方面，如果人类忽略了自动化系统提供的信心值为 51% 的分析结果，而事实证明它是对的，那么下一次自动化系统再给出信心值为51%的分析结果时，人类可能会过度信任它。

无论是在军事范畴还是民用领域，人们要想就这些问题达成共识还需要很长一段时间。很多国家的军事活动条例都对部队提出了基本要求：拟打击的目标应该是一个军事实体。但是，还没有哪个国际组织出面来确定信心值为71%的判断到底是有把握的结果，还是说这仅仅是自动化系统随机报告的一个数字。

截至2018年，距离那场关于致命性自动武器①的正式辩论已经过去5年了，但是国际社会甚至连到底应该如何定义致命性自动武器都未能达成一致，更不用说早就已经开始广泛扩散的自动化广域监视系统了。

当前的美国民法系统也没有准备好处理这些因信任而产生的问题。假如自动化系统提供的信心值为71%的分析结果导致一名无辜者在冲突中遇难，那么谁该为此负责？是控制中心里轻信了自动化系统并派遣队伍前往事发现场的警察？是在现场执行任务时扣动扳机的警察？是这套自动化系统的生产商？还是整个警察局？

假如警察局因一次分析结果的信心值仅为71%而忽略了自动化系统预测的一次袭击，那么当受害者家属因此起诉警察局时，我们该怎么办？这等同于警察忽略了来自同事的提示吗？法律会因为自动化系统信心值的高低而酌情寻找平衡点吗？如果调查人员用另一套自动化系统再次分析相同的数据，然后得

---

① 致命性自动武器，即能在没有人类的参与下寻找、识别并杀死目标的武器。

出了与之前完全不同的信心值，这时我们该怎么办呢？

这不是一场游戏

现在需要解决的问题不只是自动化系统有时会出错，还有它们有时会以非常奇怪而神秘的方式出错。2011 年，IBM 公司的人工智能机器人"沃森"参加了知识竞赛节目《危险边缘》。在节目中，它打败了节目开播以来最成功的两位人类选手，但是它所犯的一些错误是人类竞争对手即便在嗑药致幻以后也不会犯的错。

当被问道"2010 年 5 月，布拉克、马蒂斯和其他三位画家的 5 幅价值 1.25 亿美元的画作弥补了巴黎博物馆哪一艺术时期的空白"时，"沃森"的回答是"毕加索"，而且它对这一回答的信心值竟然高达 97%。

即便不修艺术史这门课的人也应该知道，毕加索并不是一个艺术时期，"沃森"出错的原因是问题中提到了巴黎博物馆，而巴黎确实有一座毕加索博物馆（这一问题的正确答案应该是"现代艺术"——虽然另外两位人类选手也没有答对，但是他们可没像"沃森"那样超级自信）。

我们虽然能够相对容易地预测人类的错误（"沃森"的人类对手回答得相对合理一些，一个是"印象派"，另一个是"立体派"），但是我们真的不太能预测到计算机会犯什么类型的错误。当我向谷歌公司的视觉识别系统展示了一碗苹果片时，它告诉我那是一个"开花植物"。

　　虽然警察有时候也会表现得很疯狂，但是人类还是能预测到他们的决策会有什么样的风险。绝大多数警察都知道，把司机手里的香蕉错看成手机和错看成手枪是两个程度截然不同的错误。前一个风险很低，而后一个风险就很高。即便某位警察因兴奋过头导致判断失误，但这种兴奋劲会在核查阶段赋予他更大的责任感，尤其是当他的决策超出了正常范畴的时候。

　　自动化识别软件更像是警犬，它们知道如何识别毒品，却不知道毒品是违法的。而且，正如警犬不知道自己的行为会将某个人送进监狱一样，自动化系统也不知道自己的信心值会决定一个人的生死。

　　而且，计算机算法公正的分析逻辑并不一定能抵消警察有意或无意的偏见。举个例子来说，与白人司机相比，黑人和拉丁裔司机被迫接受警察搜查和逮捕的概率更大。然而越来越多的调查表明，算法的分析结果与之恰好相反。

　　再来说一下尼康公司在 2009 年发布的 CoolPix S630 数码相机。有人称赞它"设计合理、功能设置非常好"。这款相机包含了一个简单的计算机视觉系统，如果它识别到有人闭眼了，就会提醒使用者。对绝大多数使用者来说，这个系统的效果很好。但是对生活在美国的中国台湾人王先生来说，情况并非如此。王先生无论自拍多少次，S630 相机都会提醒他相同的信息："有人眨眼了。"事后查明，这是因为该相机的系统中没有设置识别亚洲人眼睛的程序。

　　另外一个例子就更过分了。比 S630 相机晚一年发布的一款惠普公司生产的"智能"网络摄像头似乎无法识别黑人用户的脸，但是它在识别白人用户的脸时并不存在任何问题。2017年，一家名为 FaceApp 的公司的首席执行官不得不出面就其应用程序的滤镜功能道歉，因为它总是试图将较深的肤色调亮。

据推测，设计这些系统的工程师们可能并不是有意冒犯有色人种的。但是自动化系统的行为更像是人们社会化的延伸，因此，它们不仅不会减轻现有的偏见和歧视，反而会延续这些偏见和歧视。人类的情感和智力（更不用说保住一份工作的渴望）尚且会对促使人们对自己的决策进行平衡，对大脑所做的偏见进行复核，但自动化系统并不受情感和智力的约束，它们会一如既往、愈演愈烈地将偏见和歧视执行下去。

美国联邦调查局自 2012 年起开始的一项研究发现，人脸识别系统对女性、黑人和年轻人的识别结果总是不太准确。而在联邦调查局人脸数据库里几千万美国人的人脸数据中，有 80% 的人都从未有过犯罪记录。由 Pro Publica[①] 主导的一项深度研究发现，许多自动化量刑系统在给相同的犯罪行为量刑时，对黑人的惩罚要比对白人的严厉得多。今后，这种带有偏见的评估方式可能将应用于各种事物，从评估一个人的信用分数到评估一个人的就业资质。

我们很容易就能联想到，一套可以自动识别与严重犯罪相关的行为的系统很可能也会突然出现类似的情形。道理很简单：当

---

① Pro Publica 成立于 2007 年，总部设在纽约市曼哈顿，是一个独立的非营利性新闻编辑部，专门关注关乎公众利益的事件。——译者注

对某个街区的监视达到一定的程度之后，即便该区域真实的犯罪率并不高，但算法还是会将其认定为高风险嫌疑区域。为了研究警务系统中的自动化偏见，兰德公司的一组研究人员进行了一次模拟测试，结果发现以历史数据为基础训练出来的犯罪预测算法倾向于将被监视更多的区域认定为"更危险"的区域，尽管这两个区域的犯罪率是一模一样的。如果一个系统以历史数据为基础建立模型，那么它更有可能将长期接受监视的人群的行为标记为可疑行为。

假如一套带有偏见的广域监视系统产生的数据与其他自动化系统产生的数据进行融合，那问题就更严重了。比如说，广域监视视频与每个街区居民的犯罪记录融合在一起，这些犯罪记录本身就是自动量刑软件决定的，而该软件针对某个少数群体的量刑更为严厉。结果会怎么样？

如果广域监视系统在平均量刑较为严厉的社区采用较低的嫌疑标准，就会导致警方在该区域发现的异常行为多于临近的量刑较宽松的社区，导致该区域会有更多的人被抓，进一步加重自动化量刑系统的偏见。最可怕的是，没人会留意到这种算法是带有偏见的，直到最终造成灾难性的后果。在这个领域内，有些人将某些算法称为"数学杀伤性武器"[①]是有一定道理的。

目前，我们距离以监视为基础的世界末日还有一些距离，所以我们还有时间来采取行动。

---

① "数字杀伤性武器"（weapons of math destruction），是统计学家凯西·奥尼尔在同名著作中创造出来的词语。——译者注

第十四章

"天空之眼"和人工智能的规则

　　20 世纪初窃听器出现后，在随后的几十年时间里，警察通常不需要得到法官的许可就能窃听私人电话。但现在情况不同了，因为美国的法律禁止未经授权的窃听行为。得益于最高法院限制了此类行为，如果警察局使用红外线摄像机拍摄我在自己家里的行为，我就可以到法庭上寻求法律援助，并起诉警察的相关行为。同样，美国中央情报局在得克萨斯州拉伯克市把医生的办公室当作监视系统的测试对象，而不是以城市中一个真正的犯罪分子关系网为目标也是有原因的：根据美国联邦法律，情报机构不得以开展行动为目的而监视本国公民。

　　如果有充分的政治意愿，美国的立法机构也可以对监视系统进行核查。2007 年，美国国土安全部设立了一个项目，计划利用情报系统的卫星对美国境土进行监视，但这一项目被美国国会否决了。

这种核查对于任何监视行为来说都是自然的、必需的。这是因为在追求正义的艰难过程中，一些执法机构和情报人员会努力寻找法律的漏洞。

在撰写本书时，美国法典及宪法都没有明确禁止人们使用广域监视技术在公众空间追踪个人——无论是空中还是地面、人工还是自动、融合还是非融合，而且绝大多数发达国家也都没有禁止。因此，执法机构自然会利用这一点。比如，巴尔的摩市警察局就为他们的监视项目找到了法律基础，因为美国现行法律并未明确禁止此类监视活动。

换句话说，我们应该更谨慎、更全面地对待这个从电影中汲取的灵感。在电影《国家公敌》里，国家安全局滥用"老大哥"卫星和其他武器的事情被曝光之后，国会议员山姆·阿尔伯特宣称："我们知道我们必须监视敌人。现在我们也开始意识到，我们还要监视那些执行监视任务的人。"

要实现这一点，人们应该把规则置于技术之上，但最佳行动时机已经渐去渐远了，因此我们必须马上行动起来，因为掌握一门新技术并修正它造成的负面影响是需要时间的。自 2009年起，美国警察就已经开始公开使用无人机了。9 年之后，在本书写作之际，全美大约有 600 家警察局拥有无人机，然而只有不到 12 个州出台了用于规范无人机的法律法规（颇具讽刺意味的是，这些约束无人机的法律却给广域监视技术的使用留下了可钻的漏洞，因为这种技术有时不需要以无人机为载体）。而美国联邦政府所做的只不过是给出了一套含混不清且未强制

落实的操作指南。^①

我们没有理由等到美国国内每个大城市都使用广域监视系统之后再去构建其使用规则，并限制它的使用。我们早就知道这项技术的工作原理，以及它将被如何使用，我们也了解它带来的益处和风险。提前制定好规则肯定要比发生问题后再禁止容易得多。就像 2005 年前后，为了推广这一技术而争分夺秒地进行研发一样，人们对广域监视技术的监管也必须以百米冲刺的速度推进，因为技术的发展很快就可以变现，甚至比我们想象的还要快，而且是悄悄的。

正确的原则

一些隐私维权团体认为我们应该全面禁止使用广域监视技术，但是这既不合理也不可行。如果这一技术能够帮助我们有效应对野外火灾，更快地抓住肇事逃逸的司机和找到灾难幸存者，那么将其全盘否定就过于极端了。

代顿市和迈阿密-戴德县的案例说明，因为公众的反对，广域监视技术的用途至少在短时间内会被限制在一些正义的任务之中。

但是这并不是说，一个允许当地执法机构使用广域监视技术的社区就一定要接受无节制的监视。执法机构减少犯罪的愿

---

① 这种滞后现象并不是无人机领域独有的。自 21 世纪初，美国的执法机构就一直在使用"刺鳐"手机追踪器。但直到 2018 年，美国国会还是未能通过任何一项国家层面的法律来监督和管理这项技术的使用。

景与公众保护隐私、追求透明和权责明确的愿望并不是完全冲突的，守护者与被守护者之间的拉锯并不一定非得是一场零和博弈。

以智利首都圣地亚哥市为例，2015 年，该市在两个抢劫和暴力袭击事件频多的地区上空使用了以色列生产的广域监视系统。这些系统被装在气球上，每个气球能覆盖大约 30 个街区，而且视频的分辨率很高。

当地的一些非政府组织由此起诉了当地政府，声称利用军事监视技术来监视平民违犯了该国的宪法。初审时，圣地亚哥法院禁止当地政府使用这类气球。但是第二年，该国最高上诉法院裁定，这些气球可以再次升空，并特别指出该国于 1980 年修订的宪法并未明确提出要保护公民在公共空间的隐私权。

同时法官也警告说，这项技术的运用确实引发了人们的担忧。"显然，生活在气球之下的人们感觉自己被监视、被控制，他们被迫在自己的私人空间里也要改掉某些习惯、放弃某些行为。"法官这样写道。

因此，智利最高上诉法院起草了一份广域监视技术的使用条件清单，并将其交给了市政府，规定任何监视行为都必须与具体的案件调查密切相关，与调查无关的视频必须在 30 天之后删除，而且该项目每个月都要接受审核，以确保摄像头并未抓拍任何与犯罪案件无关的私人活动。法院还命令市政府在公众有要求时公开这些监视视频。

　　圣地亚哥市政府对这些要求没有异议。市长甚至聘请了一个全女性分析团队来防止窥阴癖，尽管法院并没有提出这样的要求。

　　每一座计划启用广域监视项目的城市都可以复制这种折中的方法，确立了简单可行的行为准则。最重要的是，这些规则和制度需要建立在一个坚实的基础之上：受制约的对象必须有明晰的定义。

　　明晰的定义不仅可以促进相关部门制定具体可行的规则，还可以应对技术的持续更新——广域监视技术的研发者经常会通过技术的更新来利用各种各样的法律漏洞。20 世纪 30 年代，立法者刚刚强行禁止无授权的电话监听后不久，工程师就研发出了电磁线圈，让人们在不需要接触任何有形电话线的情况下窃听通话内容。制造商大肆强调这些产品是完全合法的，因此当时现行的法律仅限制了有物理接触的窃听。

　　我们最好不要随着技术的更新而反复修改规则和法律。比如说，我们最好不要因一座城市在建筑物的楼顶安装了 10 亿像素摄像机、启用了无人机机群，或者使用了立方体卫星群而废除为限制安装在飞机上的广域监视系统而制定的具体规则。

　　开放地理空间信息联盟（The Open Geospatial Consortium）是一家为地理空间技术制定标准的国际组织，其中就包括广域监视系统。该组织把广域监视系统定义为"利用安装在飞机或飞艇上的一个或多个摄像机每秒一次或多次拍摄地面上非常广大的区域"。

我觉得这个定义有些狭隘，最好修改为：

空中或地面上的一个或多个传感器的集群，对被监视区域生成高分辨率的广域运动图像，使人们可以追踪个人和车辆，同时又可以拍摄整个区域。

制定规则的第二个关键要素是透明。那些曾在美国境外使用广域监视技术的人和计划在美国国内推广这种技术的人都应该做到透明。在本书写作之际，大多数广域监视系统仍属于机密，并未被公之于众。和我交谈的人中，没有一个人愿意透露这种技术曾经为哪些保险公司提供过服务。而美国林务局虽然利用广域监视系统控制森林山火，甚至公开了相关合同，但他们还是不愿意透露该系统生产厂家的名字。

如此戒备使公众和立法机构没有机会就如何以及何时启用这一技术展开论证。直到 2017 年，美国国会才就"刺鳐"手机追踪器的管理进行了论证，然而这时这一技术已经被广泛应用。这种滞后性使联邦调查局直到 2015 年也未明确使用该设备的机构是否需要先取得授权。在"社区支持计划"项目这一案例中，巴尔的摩市议会一直都没有机会制定规则以规范广域监视系统的使用，因为议会成员根本就不知道这种技术已经在自己的头顶使用了很长时间了。

图 14-1 2011 年，一架装配了"蓝魔"系统的 U-21 双螺旋桨飞机即将从阿富汗坎大哈机场起飞。虽然看上去与其他民用飞机差别不大，但人们普遍认为"蓝魔"系统协助杀死或抓捕了 1 000 多人。（美国空军高级飞行员戴维·卡瓦哈尔提供）

此外，透明度不足还会加剧人们的恐惧。如果你知道警方正在头顶上监视着你，但是并不知道他们是如何监视的，他们到底在找什么，他们可以收集到哪些信息，以及他们会如何使用收集到的信息，那么你就会怀疑自己做过的每一件事都可能是被关注的目标，担心即便是最细小的活动细节都可能会导致你被瞄准镜锁定。

政府完全公开广域监视技术在境外战争中的使用情况是提高透明度的一个良好开端。在众说纷纭的各种信息中，"永恒之鹰""蓝魔""女妖之眼"等系统导致上万名敌对分子被捕或死亡的消息肯定会影响广域监视系统在美国国内的使用，因为人们害怕执法机构轻易地把战场上的方针和策略全盘复制到国内。2005 年前后，纽约市警察局启用富有侵略性，甚至很可能是非法的监视手段监视众多清真寺时，所采用的策略与情报机构在伊拉克和阿富汗用过的"攻击关系网"的方式非常相似。更令人不安的是，这种策略至今仍不为人知。纽约市民从未被告知过这种"攻击关系网"的监视方式在境外成功地抓到了叛乱分子头目，以及它是否曾导致不好的结果。

同理，如果广域监视系统已经证实了自己在追踪和定位大批量低层级敌对分子方面是最有效的，而不是针对真正有价值的高级头目，那么在投入到国内使用的时候，如果用它来对付的主管毒品交易且不停转移的大毒枭，它的效果应该就不太好。

在操作的层面上，让此前的使用结果更透明能够揭示这项技术的真正短板。比如，该技术在民用领域的使用历史相对较短，可能意味着它暂时配不上先前的显赫名声。例如，2016 年巴西政府斥资 750 万美元购买了 4 个巨大的飞艇，并装配了洛戈斯技术公司生产的广域监视系统，能够覆盖 40 平方公里的面积。然而就在我访问巴尔的摩市两周之后，灾难发生了。

由于巴西的反腐败法律禁止硬件供应商向政府提供操作服务，因此洛戈斯技术公司连最基本的图像分析技能都不能传授给负责操控这些监视设备的巴西警察。4 个飞艇中的两个靠发电机提供动力，经常会耗光电量。由于一些尚不清楚的原因，巴西当局将飞艇的飞行高度调整为 183 米，这就意味着他们只能监视本能覆盖的一小部分区域。

图 14-2 这是官方发布的 MQ-9 "收割者" 无人机的照片。2015 年,这架装配了 "女妖之眼" 系统的 MQ-9 无人机在阿富汗坎大哈机场接受了检查。这张有可能是有史以来官方公布的最清晰的一张照片。即便如此,照片透露的信息也极其有限。(美国空军技术中士 罗伯特·克洛伊提供)

更糟糕也更能说明这一技术的潜在危害的就是,根据洛戈斯技术公司总裁约翰·马里昂的说法,很多分析人员把更多的时间花在了用广域监视系统来观察街道上的美女上。可悲的是,这种偷窥癖并不是什么稀罕事。2004 年,纽约市警察局用监视直升机拍摄一场抗议游行时,负责监视的警员花了近 4 分钟的时间观看正在阳台上发生性关系的一对情侣。

人们诚恳地讨论广域监视系统能做什么、不能做什么,有助于避免其他地区发生类似的丑闻。

广域监视系统的资质一旦明确,美国国内的相关机构就会想要公开他们使用这一技术的真实意图。简单地说，当地机构应该在启用广域监视技术之前通知市民。

假如警方使用"汽水吸管"或监视技术，那么他们一次就只能监视一个人，但广域监视技术能同时监视目标区域内的所有人，因此这件事就关系到所有人，每个人的每个观点都应该得到重视。如果警察局没有向议会提交提案就直接启用广域监视系统或者其他类似的监视系统，就是亵渎了它应该保护和服务的人群的信任。

幸运的是，目前所有的政府部门都提供了倾听公众声音的平台。如果有足够多的利益相关者反对在其所在城市启用广域监视系统，政府就不可能充耳不闻。同样的道理，如果支持广域监视系统的市民足够多，他们的想法也不应该被忽略，政府的职能就是去寻找一个折中的办法。所有的讨论都要有实质内容，仅仅依靠网络投票是不可能衡量一个社区的居民是否真的愿意生活在广域监视系统之下的。

在一些地区，市民与执法机构之间的关系已经岌岌可危。透明和折中的精神有助于确保广域监视系统不会对二者之间的关系造成进一步的伤害。如果市民相信警察不会藏在他们的背后或者头顶之上，他们就会有更多的理由去相信警察，甚至会配合他们的某次调查。

最终，公众可以认真思考一下，能否邀请广域监视技术的研发者们加入谈话中来，因为没有人比他们更了解广域监视系统到底能做什么——它如何挽救生命以及如何被滥用。如果研发者真的想让这项技术给世界带来积极的影响，那么他们就应该行动起来——这既是他们的权利，也是他们的责任。

正确的规则

立法者与他们的选民、科技公司与其消费者、工程师与隐私捍卫者都是广域监视技术的利益相关者，因此任何针对广域监视系统的详细规则都应该由所有这些利益相关者讨论后通过。人们至少可以就一些最基本的规则展开讨论。

首先，重新审视现有的防止空中入侵的法律，并且重新划定"公众可获取技术"①与"专业技术"②之间的界限或许是一个比较明智的选择。最近 30 年来，美国最高法院没有审理过一起有关空中监视的案件。鉴于现有的技术，旧的标准对于当前的借鉴意义不大。

其实，依据美国宪法第四修正案，法院可以判定从空中持续监视一个人是否合理。根据较强硬的判例来看，在未取得授权的情况下长时间追踪他人属于违宪。2010 年和 2012 年出现过两起判例：在一次缉毒行动中，警方企图将 GPS 定位设备安装到被告人的吉普车上，以搜集他与贩毒网络联系的证据。但哥伦比亚特区巡回审判组和美国最高法院均判定：在未经授权的情况下，即使在公用道路上持续追踪某个人的公开行程（即"拼凑式"监视），也违犯了宪法第四修正案。

---

① 无须授权即可使用。

② 需要授权才可使用。

在卡彭特诉美国案中，美国最高法院对通过手机追踪器持续监视别人的行为做出了类似的判决。但是在这些判决中，并没有专门针对广域监视系统的案例，因此目前广域监视系统的使用不受任何约束。

如果广域监视系统的合法性无法通过司法程序来判定，那么国会可以介入。到目前为止，国会听证会还没有实质性地讨论过广域监视技术的使用问题，似乎只有一份国会研究服务中心的报告中提到了这项技术带来的法律启示。该研究始于 2015 年，主要是关于无人机的。至于广域监视技术，报告总结道，在美国国内使用这种系统会引发"个人控制、保密、和匿名"等方面的问题，但对使用广域监视技术的具体规则只字未提。

比如，如果执法部门希望利用广域监视技术长期持续追踪嫌疑人，并将监视区域内出现过的人全部联系在一起，或者对与已知嫌疑人并没有明显联系但与其家人有密切联系的人及目击事故的旁观者进行监视。这时，国会就可以要求执法部门先拿到一个授权。

即使警方在追踪嫌疑人时时间比较紧急，来不及获得授权，他们仍然需要在追踪他人之前提供合理的理由。这就像地面上警察如果想让你靠边停车并搜查你后备厢的话，会先找一个借口。

按要求，使用广域监视系统的机构要设定一个最低使用高度，这样就能限制该机构以高清分辨率监视地面的个体。①

要想真正做到无懈可击，人们还必须让这些规定覆盖融合技术。试想一下，每一个无须获得授权的单独监视行为所提供的数据一旦被整合起来，肯定会生成更加详细的个人信息，并且具有更大的危害性。

因为一辆车做了几次可疑的调头就追踪这辆汽车是可以接受的，但是如果将这次追踪与装配了人脸识别系统的闭路电视监控系统融合起来以识别司机和乘客，就可能是无法被人们接受的。因此，针对广域监视技术的规则必须将目前警方能够获得并用于融合的其他各渠道的信息都考虑在内，包括社交媒体、手机拦截器、车牌识别器、"汽水吸管"式摄像机、地面摄像头等。

最后，这些政策一定要完全公开。这样，公民才会感到心安。

为了切实落实相关规则，并实现对分析人员的问责，所有的监视和分析活动都需要被记录下来。这些记录可以显示某个部门是否在未获得授权的情况下持续监视某个目标。而且，它们还可以证明分析人员的行为与已知的罪案有关，比如说持续几个小时追踪一辆汽车。一次公众集会结束后，审查人员可以

---

① 飞机飞得越高，监视的范围就越广，地面上个体的分辨率就越低。而飞机飞得越低，监视范围就越小，地面上的细节会更详细。PSS 公司的创始人罗斯·麦克纳特曾说，相比于个体的细节，他更喜欢广阔的监视范围。但巴西警方显然持相反的观点。

查看这些监控记录，以确保警方并未跟踪这些抗议者到他们的家中。

按照美国政府部门的公平信息实践原则，被监视者有权查看与自己有关的数据，因此使用广域监视系统的警察部门应该开放一个通道，让公众可以申请查看由广域监视系统获取的与个人信息、财产等相关的图像和记录。对于公众关注的重大事件，比如警察枪击事件，相关部门应该公开所有与之相关的广域监视视频——就像许多部门在此类事件发生后会公开警察随身携带的执法记录仪视频一样。

为了进一步防止滥用，尤其是在相关监视数据需要公开的情况下，执法部门可对监视图像进行匿名化处理，这是广域监视行业自己提出来的想法。史蒂夫·萨达斯表示，正处于研发阶段的用于追踪敌方目标的追踪算法和行为识别算法也可以用于屏蔽与调查行动没有直接关系的个人和车辆。

例如，某种算法能够识别并屏蔽在车道或停车场进出的全部车辆，这样一来，凡是未获得授权的用户就无法获得别人的精准位置。谷歌公司用于计算主要道路车流状况的手机追踪系统已经做到了这一点。

当然，以上这些只是大概的规则。我们还需要制定更加详细的、类似美国联邦航空管理局制定的航空安全标准那样严格的技术规范。这些规范的内容应该包括监视飞机飞行的高度、摄像机分辨率的极限值、监视数据存储的时间、如何准确地追踪车辆、如何对数据的链接进行加密处理、如何保护数据不受黑客攻击、如何记录分析人员的行为,以及如何对公开的监视图像进行匿名化处理。

如果这些规则可以被汇编成一份文件或者一套法规,计划使用广域监视系统的城市就可以采用这些现成的条例,而无须从头开始建立自己的规则。如果联邦政府让公众自愿遵守这些规范,那么各城市可以援引本城市的法令,使其具有法律效力。

即便如此,完全相信当局能够靠自身的意志力遵守这些规则也是有风险的,因为有太多的诱惑会导致他们篡改或破坏相关规则。例如在 2015 年,加利福尼亚州通过一项法律,要求该州的警察局在购买"刺鳐"手机追踪器前必须在公众会议上获得许可,并在网上公布其使用政策。但 2017 年,《洛杉矶时报》的一项调查发现,加利福尼亚州 21 个最大的警察局中有17 个没有透露他们使用了"刺鳐"手机追踪器,而公布了记录的几个警察局也只是提供了很少的细节。

同样,截至 2017 年底,智利首都圣地亚哥市的隐私保护组织也无法确认最高法院对监视气球的规定是否得到了全面落实。虽然最高法院下令对这些项目强制进行定期审核,但对于如何确保审核机构的独立性和公正性,最高法院并没有给出一个明确的指导方针。

广域监视系统的使用者可以定期接受一个全国性组织的审查,并公开审查结果,以证明自己的行为符合相关规则和标准,这与美国部分州和联邦机构对监狱的审查方式大致相同。

例如，一项广域监视项目的审查内容应包括：监视飞机的飞行高度是否合适、分析人员的行为是否合理等。任何玩弄规则的机构都将面对一道简单的选择题：要么纠正自己的不当行为，要么被禁止使用"天空之眼"。

民营之眼

上述用于规范广域监视系统的规则都是针对公共机构提出的，但民营公司同样会钻法律的漏洞。所以我们应该像应对公共机构的广域监视系统一样，准备好应对民营公司的"全视之眼"。

从某些方面来说，广域监视技术私有化也是有一些好处的。如果一家公司把自己的广域监视系统作为一种类似谷歌实时地图的工具供警察、交通管理部门和投资公司使用，那么这对每个用户来说都是很划算的。而且，民营公司也可以通过系统设置有意识地保护人们的个人数据，就像谷歌公司的街景功能可以模糊人脸和车牌一样。

民营公司还可以充当政府和个人数据之间的防火墙，像苹果公司这样的民营公司只有在接到法院的命令后才会向政府提供用户的个人数据。运营广域监视项目的民营公司在披露空中监视信息时，也可以遵循类似的程序。而且，科技公司还是研发我们之前提到的隐私保护技术的理想对象。

当然，上述想法也存在一些隐患。毕竟民营企业与政府不同，他们感兴趣的不仅仅是逮捕罪犯。为了获利，民营公司的广域监视系统可能会监视人们的一举一动，并对其进行挖掘分析，以用于获取利益。

而且，民营公司越界的可能性很大。有实力接触到全城空中监视视频的大公司可能会用各种高明的手段将这些数据与其他来源的信息融合到一起，披露本应受到保护的活动及其细节，侵犯人们的隐私，就像一些大型社交媒体公司目前正在偷偷做的事情一样。

就像我们在第五章中讨论过的，这些数据一旦被公开，即使采取了匿名保护措施，我们也无法预测那些购买数据的人会如何使用这些数据。毕竟其他领域的民营公司所收集到的数据已经被使用，甚至滥用到了令人不安的程度。

2016 年，Q（我们暂且这样称呼他吧）在停车时发生了一个小事故，车被撞出了一个凹痕。当时 Q 忙于工作和家庭，所以几个月后才向保险公司提出索赔，而保险公司要求客户必须在事故发生时提出索赔。因此，保险公司拒绝赔付，理由是 Q 违反了公司的赔付条款和条件。保险公司似乎知道 Q 的车是在提出索赔申请的很久之前撞坏的。他们是怎么知道的呢？

原来，该保险公司早就通过谷歌实景地图查看了 Q 所在的街道和他停在家门口的汽车。这件事过后不久，我也在谷歌实景地图上查寻了 Q 的家庭地址，果然看到了他的车，车上的凹痕清晰可见。尽管车牌做了模糊处理，但保险公司知道 Q 的汽车型号、颜色以及他家的地址。换句话说，保险公司就像间谍一样做了一些简单但有效的调查。相关证据无可辩驳，而调查也没有违犯任何一项法律条款。①

　　因此，针对民营公司的广域监视系统的管理规则必须与管控政府的广域监视系统的规则一样严厉和全面。民营公司必须与政府一样，将其搜集数据的使用途径和存储方式透明化。与此同时，购买这些数据的公司必须做好数据分析记录，以准确显示他们所查看的内容。但愿 Q 已经吸取了教训，但是如果他新投保的保险公司在城市里到处追踪他那辆有凹痕的汽车，Q 是有权知道这件事的。

正确的规则

　　就目前来看，一切都还简单。然而，我们已经看到当自动化广域监视系统开始运行时，政策制定者要解决的问题就会变得更加棘手和陌生。这些问题概括起来就是，我们应该如何平衡对自动化系统的信任和怀疑？我们应该如何让算法消除偏见，而不是延续偏见？如果一个系统在帮助警察抓住更多罪犯的同时引起了警察和无辜市民之间的冲突，并且这些冲突往往以悲剧收场，我们应该如何判断这个系统值不值得保留？我们应该如何预测和解释这些系统在任何特定时刻出现的奇怪的错误呢？

　　要想回答这些问题并不容易，但一些指导原则可以保证我们走在正确的方向上。

---

① 有时，一旦怀疑索赔人在工伤问题上撒谎，一些保险公司还会使用无人机对索赔人进行监视。在美国，这样做并不违法。

首先最明智的做法是，操作自动化系统的人类必须遵循透明的原则。与其他类型的监视工具一样，广域监视系统需要做到公开透明的内容包括系统的型号、这些系统是如何运行的，以及它们在监视哪些行为。这样做有助于遏制自动化系统的滥用，缓解公众与当局之间的关系，并促使制定规章的过程更加合情合理。

而自动化系统的研发公司也很有必要保持透明。这样，该系统的使用者就可以知道哪些事情可能会发生，而被监视的人也能知道自己将会面临什么。特别需要公开的信息包括这一系统是如何运行的、它的局限性是什么，最重要的是它是如何计算信心值的。"永远不要相信任何可以自己思考的东西，如果你看不见它的大脑在哪里的话。"韦斯莱先生在《哈利·波特与密室》中这样说道。这句话无意中吻合了自动化技术的实质。美国空军首席科学家甚至在正式演讲中引用过这句话。

要想让自动化系统少些神秘色彩，多些可信度，我们还有很多需要做的事。其中一件事就是让自动化系统用人类的语言来叙述它用于得出结论的具体推理方法（国防部高级研究计划局的可阐释人工智能项目已经计划要这样做了）。有了这项技术，IBM 公司的人工智能机器人"沃森"可能会在《危险边缘》节目中解释说，他之所以给出"毕加索"这个答案，是因为巴黎真的有一家毕加索博物馆。人类操作员可能会认为"沃森"只是出现了一次小小的技术故障，而没有意识到自动化系统是在理解"人物"和"艺术"这两个分属不同范畴的简单概念时出现了混淆。从理论上来说，只有搞清楚这一点，分析人员才能对自动化系统的逻辑理解得更透彻，并对它给出的答案有更准确的判断。

这些自动化系统一开始最有可能犯的"毕加索"式错误会是什么呢？为了预测这些错误，分析人员可以将这些系统提交给国家司法研究所等机构，利用通用标准开展普查式测试。推而广之，在某个领域中，如果某个自动化系统虽然给出了信心值很高的结论，却被证明是错误的，那么分析人员应该将引起错误的数据传达给制造商和某个独立的监督机构。这样，自动化系统就可以被调整，以避免将来再发生类似的错误。

在这方面，另一个可行的措施就是将不同制造商的信心值评分系统标准化——一个结论在一个系统中的信心值是71%，到另一系统去评定，得出的信心值也应该是71%。等到自动化监视系统引发的案件出现的时候，这种方法也可以用于解决争端。

在一些案件中，无论自动化系统对自己的结论给出了多高的信心值，都必须要由司法系统来决定是否将这一结论作为量刑的依据。比如，如果我现在没有按交规开车，那么警察有权要求我靠边停车。但是如果交给自动化系统来判断，同样的标准还适用吗？

我就此事向前陆军和空军法律总顾问，现于哥伦比亚凯寿律师事务所任职的查尔斯·布兰查德征求意见。他建议，在做决策时，人应该基于自己的判断来决定对自动化系统的信任程度。他说，警察也并不总是理性的，而执法机关可以解释这些错误。他还建议，像呼气式体内酒精检测仪这类目前已经投入使用的技术，由于其本身也属于自动化数据处理系统，因此大家还是要慎重考虑如何使用它的数据。

例如，一个使用可疑驾驶行为识别系统的机构可以规定，在系统将某个司机认定有可疑驾驶行为的信心值达到 90% 及以上时，该机构才可以追踪该车辆。如果信心值低于 90%，那么就要在人类用肉眼识别后再决定要不要进行追踪。

或者更直白地说，执法人员不能仅依靠自动化系统的分析结果来做决定，无论它的可信度有多高。也就是说，自动化系统做出的每个决定都必须经过人类的审查。这就意味着，SIG 公司生产的系统及类似产品将被禁止使用。因为这种系统在破解犯罪分子关系网是否存在于某些建筑物之中的时候，依据的是访客类型——比如酒店的访客类型或足球场的访客类型，而不是依据犯罪"节点"。这条规则有助于人们管理自动化系统在战争中收集的情报。

要减轻自动化系统在执法中的潜在风险，还有一个方法就是仅仅将其用于调查工作。例如，警察可以在调查嫌疑人时使用车辆追踪系统，以绘制他行动的轨迹，但不能使用同样的软件去识别有可疑行为的车辆以预测犯罪行为。

将自动化系统的使用限制在司法取证范围内，有助于缓和警察和公民之间的矛盾，其中最重要的就是信任问题。如果信任方面出了问题，在执行监视任务时，自动化系统就会变得很危险。而司法调查取证任务的时间压力小，严谨重于速度，风险也就相应变小了，能够瞬间决定生死的抉择也会少很多。

就像广域监视图像一样，自动化广域监视系统也应该得到保护。因为黑客的攻击会让系统将一些无伤大雅的行为标注为高度可疑行为，而且黑客还会通过微妙地修改图像，使人眼看不出异常，但让自动化系统识别出截然不同的信息。执法机构若是过于依赖自动化系统而非工作人员，这种使自动化系统失效的黑客攻击就会大大削弱执法机构的能力。

至于偏见问题，好消息是目前大量的研究、调查和科普书籍已经让这个问题成为公众密切关注的焦点。现在，连微软这样的公司都在呼吁政府制定相关法规，以解决人脸识别系统和其他自动化工具存在的偏见问题。

人类警察也存在偏见问题，但执法机构会利用相关政策处理这种偏见问题。在理想的情况下，通过培训能纠正这一问题。如果某个机构普遍存在偏见问题，美国司法部就有权介入并评估这个问题。就像在圣路易斯市的迈克尔·布朗枪击案、巴尔的摩市的弗雷迪·格雷案发生之后，司法部都有介入一样。

同理，使用自动化系统和人工智能维护治安的城市，也可能会被要求由审核人员对这些系统进行审查。审核人员会特别关注这些系统产出的结果是否存在偏见，以及执法部门采取了什么样的措施来应对这些偏见问题。用于培训自动化系统的人造数据集应被重点关注，因为这些数据记录中可能会含有从以前沿袭下来的偏见。

2014 年，白宫的一个特别工作小组对这个问题进行了研究。他们提出，用于分析数据的算法也可以用来分析算法结果中出现的偏见问题。想象一下，监视着你的电脑，又被别的电脑监视着。我们生活在一个多么美好的时代啊！

最后一个像素

把以上所有的想法都付诸实施似乎是个艰巨的挑战。但事实上，很多证据又表明这是一个切实可行的方案。美国已有几十个镇和县通过了具有约束力的法规，要求执法部门公开广域监视设备的使用情况，并且严格遵守相关法规，以防止滥用。

部分地方政府也开始针对自动化系统的使用采取了措施。2017 年，纽约州通过了一项法案，成立了特别工作小组来鉴定有关部门使用的自动化系统是否存在偏见，并呼吁各城市设立一个平台，让公众可以访问相关数据。如果政府使用的自动化系统对市民产生了不公正的影响，市民都有权访问该平台并反映问题。

与此同时，迈阿密市的案例让人们相信，如果公众普遍反对广域监视系统的使用，警察局就会将相关计划取消，也让人们相信公众可以设定广域监视系统的使用界线，甚至可以禁止其使用，而立法部门和执法部门也会尊重公众的意见。

为所有的广域监视系统和自动化系统制定规则十分重要。今天，到任何一个安保产品交易会上，你都可以发现五花八门的工具：自动机器人保安、人脸识别软件、视网膜扫描仪、社交媒体检索工具、随身摄像头的计算机视觉系统，还有数量惊人的融合系统。所有这些技术都以相同的模式运作——防止犯罪，搜集尽可能多的信息，并进行自动分析。像广域监视系统一样，许多系统都在国外战场有着秘密的暴力历史。所有的这些系统都可能被滥用，而且它们并没有受到监管。因此，人们在广域监视领域提出一套可行的规则之后，其他技术也就可以学习借鉴了。

然而，我们也会发现这些规则就像一个盛有毒酒的金杯——看着诱人，实则有害。因为这些规则可能会让一项技术合法化，并因此加速它的扩散。在智利最高法院裁定政府可以继续在圣地亚哥市上空使用监视气球后不久，该市新当选的市长宣布了一项计划，要在该市"最危险"的三个社区上空使用更多的监视气球。法院的裁决看上去解决了监视气球对隐私的威胁，但事实上并没有。

许多问题依然存在，而且它们会一直存在。即使一些法规最初看来无懈可击，也迟早会出现问题。因为随着广域监视技术的迅速发展，"全视之眼"的新用途将会带来新的问题，新研发的功能也会引发新的问题。即使这些新一代技术背后的工程师和指挥官心怀良好的愿景，但在未来秘密购买这些技术的人就不一定了。

因此，我们的任务非常明确：就是要让监视着我们的人保持公开和透明，让监视着监视我们的人也要保持公开和透明。我们必须确保在监视工具被使用之前就制定好了规则。而且，在制定这些规则的过程中，如果我们与镜头另一端的人开展合作而不是对抗，我们就将获得最好的结果——无论他们是工程师、军队指挥官、执法者还是守护者。

监视者的探索之路十分漫长。因此，确保监视技术行进在正确的道路上的探索也必然是漫长的。所以，请大家继续关注这个话题，时刻留意"天空之眼"。

致　谢

　　首先，我要特别感谢我的同事、好朋友和软件爱好者丹·甘廷哲。为了帮助我完成这本书，他以惊人的研究能力帮我分析了一系列晦涩难懂的美国国防部预算文件。更重要的是，如果没有丹，巴德学院的无人机研究中心是不可能建成的。无论从哪个角度来说，我都非常非常感谢他。我也十分感谢巴德学院这个大家庭，尤其是汤姆·基南、吉姆·布鲁德维格和利昂·博茨坦，他们都对我伸出了无私的援手。

　　情报系统的人基本上不愿意与记者交谈。在本书写作期间，我的很多问题都涉及政府机密，所以这些问题都被拒绝回答。并且，不止一个部门从一开始就质疑我是否有权力提出这些问题。因此，我要特别感谢史蒂夫·萨达斯，感谢他邀请我乘坐他的侦察飞机一起飞到阿尔伯克基市的上空，第二天又用这架飞机在新墨西哥州的沙漠里向我展示从空中追踪汽车的方法。我还要感谢 K. 巴拉尼阿潘和他的团队，他们帮我处理了我在飞行的时候拍摄的图像。当然，还要感谢罗斯·麦克纳特带我走进他在巴尔的摩市的秘密监视基地。感谢约翰·马里昂、内森·克劳福德、布赖恩·莱宁格尔，感谢他们在我进行大量事实核查与采访中给予我的大力支持，以及为本书提供了许多珍贵的图片。

注　释

引言

I　"我们只能焦虑地看着"：William Alexander Glassford, *"The Balloon in the Civil War,"* Journal of the Military Service Institution of the United States 18, no. 80 (1896):259–60.

VI　正是这一理念导致了 2013 年的斯诺登泄露事件：Ellen Nakashima and Joby Warrick, *"For NSA Chief, Terrorist Threat Drives Passion to 'Collect It All,'"* Washington Post, July 14, 2013, https://www.washingtonpost.com/world/national-security/for-nsa-chief-terrorist-threat-drives-passion-to-collect-it-all/2013/07/14/3d26ef80-ea49-11e2-a301-ea5a8116d211_story.html?utm_term=.d9cbfe7c5853.

第一章　新型威胁

003　马修·布儒瓦被炸身亡："HMC (SEAL) Matthew Bourgeois," Pritzker Military Museum & Library, www.pritzkermilitary.org/explore/museum/past-exhibits/seal-unspoken-sacrifice/matthew-bourgeois/.

003　共有 4 名美军士兵在那次爆炸中身亡：*"Car Bomb Near Najaf Kills 4 US Soldiers,"* United Press International, March 29,2003,www.upi.com/Defense-News/2003/03/29/Car-bomb-near-Najaf-kills-4-US-soldiers/

74231048931690/.

003 一枚炸弹在他的车下爆炸："*Army Pfc. Jeremiah D. Smith,*" Honor the Fallen, Military Times, thefallen.militarytimes.com/army-pfc-jeremiah-d-smith/256671.

004 "之前未爆炸的弹药"：同上。

004 一份机密备忘录：Andrew Smith, *Improvised Explosive Devices in Iraq, 2003–09: A Case of Operational Surprise and Institutional Response* (Carlisle, PA: US Army War College, Strategic Studies Institute, April 2011), 13.

005 飞行员还是要靠成摞的黑白卫星图像来识别他们的目标：史蒂夫·埃德加接受作者采访，2016 年 5 月 26 日。

005 "夜鹰"战斗机飞行员仅凭几个月前拍摄的黑白照片就能实现高达 75% 的命中率：同上。

005 "空战史上前所未有的辉煌战绩"：Harold P. Myers, *Nighthawks over Iraq: A Chronology of the F-117A Stealth Fighter in Operations Desert Shield and Desert Storm*, Special Study 37FW/HO-91-1 (Langley, VA: Office of History Headquarters, 37th Fighter Wing Twelfth Air Force Tactical Air Command, January 9, 1992), 2–4.

006 要想从美国空军的监视下逃脱，只需要一把车钥匙就够了：詹姆斯·波斯接受作者采访，2016 年 7 月 7 日。

006 唐纳德·拉姆斯菲尔德呼吁美国国防部尽快对冷战时期的空中监视方式进行转型和升级：James McCarthy et al., *Transformation Study Report, Executive Summary: Transforming Military Operational Capabilities* (Washington, DC: Department of Defense, April 27, 2001), 10.

006 塞尔维亚的地面部队很快就证明它很容易被击落：James Risen and Ralph Vartabedian, "*Spy Plane Woes Create Bosnia Intelligence Gap,*" Los Angeles Times, December 2, 1995, http://articles.latimes.com/1995-12-02/news/mn-9494_1_military-intelligence.

007 "捕食者"的猎物可能不得不停下来休息，但"捕食者"并不需要：詹姆斯·波斯接受作者采访，2016 年 7 月 7 日。

008 "捕食者"无人机差一点就改写了历史进程：Arthur Holland Michel,

"How Rogue Techies Armed the Predator, Almost Stopped 9/11, and Accidentally Invented Remote War," Wired, December 17, 2015, www.wired.com/2015/12/ how-rogue-techies-armed-the-predator-almost-stopped-911-and-accidentally-invented-remote-war/.

008 2004 年，在一次代号为"闪电战"的行动中：Rick Atkinson, *"Left of Boom: 'There Was a Two-Year Learning Curve ... and a Lot of People Died in Those Two Years,'"* Washington Post, October 1, 2007.

009 "你的职责就是盯着画面，一直盯着画面"：布拉德·沃德接受作者采访，2016 年 6 月 16 日。

009 "我们到底漏掉了什么"：同上。

009 与其想着在爆炸发生前把地下的简易爆炸装置找出来：Zachary Lemnios, *"Priority Briefing— Zachary Lemnios, CTO, Lincoln Laboratory,"* Lincoln Laboratory Journal, May 2009, www.milsatmagazine.com/story.php?number=1920828481.

010 空中情报领域有了一种新的理论：*Commander's Handbook for Persistent Surveillance*, Version 1.0 (Suffolk, VA: Joint Warfighting Center, Joint Doctrine Support Division, June 20, 2011), 6.

010 但是对目标的监视不能中断：詹姆斯·波斯接受作者采访，2016 年 7 月 7 日。

010 美国空军曾连续 630 个小时监视扎卡维：Dan Murphy and Mark Sappenfield, *"A Long Trail to Finding Zarqawi,"* Christian Science Monitor, June 9, 2006.

010 如果你一直盯着某个目标，你就会对他了如指掌：詹姆斯·波斯接受作者采访，2016 年 7 月 7 日。

010 迈克尔·伍利将军罕见地接受了一次采访：*"Interview: Gen. Michael Wooley, Air Commandos' Unblinking Eye,"* IntelliBriefs, April 2, 2007, http://intellibriefs.blogspot.com/2007/04/interview-gen-michael-wooley-air.html.

010 "上帝的视角"：布拉德·沃德接受作者采访，2016 年 6 月 16 日。

011 沃德对并不喜欢这种做法：同上。

011 当时美军就像是"手持渔叉的渔民"：迈克尔·弗林接受查理·罗斯采

访，美国公共广播公司，2015 年 2 月 4 日，https://archive.org/details/
KQED_20150204_200000_Charlie_Rose/start/660/end/720.

011 没有意义的打地鼠游戏："*IEDS: The Home-Made Bombs That Changed
Modern War,*" Strategic Comments 18, no. 5 (2012):1–4.

011 "我们真正需要的是手持渔网的渔民"：迈克尔·弗林接受查理·罗斯
采访。

012 2011 年，科学咨询委员会的一份研究报告指出：美国空军科学咨询
委员会，*Operating Next-Generation Remotely Piloted Aircraft for Irreg-
ular Warfare*, SAB-TR-10-03 (Washington, DC: US Airforce Scientific
Advisory Board, April 2011), 6.

012 "何时拉近、拉远镜头，是技术也是运气"：斯科特·斯旺森接受作者
采访，2016 年 6 月 29 日。

013 "捕食者"无人机的飞行员会通过拉近镜头来紧盯自己的目标：马
克·库特接受作者采访，2017 年 5 月 31 日。

013 监视"基地组织"头目扎卡维：Murphy and Sappenfield, "*A Long
Trail to Finding Zarqawi.*"

014 卡巴耶关上办公室的门，拿出了一份机密文件：史蒂夫·萨达斯接受
作者采访，2016 年 9 月 20 日。

014 简易爆炸装置的复杂性和紧急性与核威胁不相上下：Smith, *Impro-
vised Explosive Devices in Iraq*, 2003–09, 13.

014 美军的高级指挥官愿意尝试任何可能拯救生命的方法：Atkinson,
"*Left of Boom: 'There Was a Two-Year Learning Curve.'*"

015 一些美军士兵把鼓风机绑在悍马汽车的保险杠上：同上。

015 卡巴耶认为能像曼哈顿计划那样为战争做出贡献的组织，就只有曼
哈顿计划所催生的国家实验室了：史蒂夫·萨达斯接受作者采访，
2016 年 9 月 20 日。

015 在这个项目中，出现过一个臭名昭著的产品：Noah Shacht man, "*Mil-
itary Security Threat: Bogus Bomb-Zapper's Bogus Countermeasure,*"
Wired, July 16, 2007, https://www.wired.com/2007/07/nobody-wants-re/.

015 共计花费了 750 亿美元来研究破解简易爆炸装置的技术：Gregg Zoroya,
"*How the IED Changed the US Military,*" USA Today, December 18, 2013,

https://www.usat-oday.com/story/news/nation/2013/12/18/ied-10-years-blast-wounds-amputations/ 3803017/.

015 激光诱导击穿光谱系统：Daniel Díaz, David W. Hahn, and Alejandro Molina, *"Laser-Induced Breakdown Spectroscopy (LIBS) for Detection of Ammonium Nitrate in Soils,"* SPIE Proceedings 7303, Detection and Sensing of Mines, Explosive Objects, and Obscured Objects 14 (2009), doi: 10.1117/12.818391.

015 特制的无人机、地面穿透雷达、电磁探测系统：Clay Wilson, *Improvised Explosive Devices (IEDs) in Iraq: Effects and Countermeasures* (Washington, DC: Congressional Research Service, February 10, 2006), 4.

015 萨达斯拒绝谈论这一项目的任何细节：史蒂夫·萨达斯接受作者采访，2016 年 9 月 20 日。

第二章　国家公敌

017 1998 年冬天，一个星期五的晚上：这一说法是由劳伦斯·利弗莫尔实验室的媒体关系办公室提供的，该办公室是本书作者与实验室研究人员之间的中间人。

018 将这颗卫星称为国家安全局的"老大哥"：Tony Scott in *The Making of "Enemy of the State."* DVD, Buena Vista Home Entertainment, 2006.

018 劳伦斯·利弗莫尔国家实验室……在热核弹头进入美国的领空之前就将其击落的卫星：Bart Hacker, *"A Short History of the Laboratory at Livermore,"* Science & Technology Review, September 1998.

020 泰勒曾经提出一个名为"智能眼"的项目：Edward Teller, *"Brilliant Eyes,"* in *International Seminar on Nuclear War,* 10th Session: Planetary Emergencies, Science and Culture Series: Nuclear Strategy and Technology (Singapore: World Scientific, 1992), 20.

021 脑子里的第一反应就是核不扩散条约：约翰·马里昂接受作者采访，2017 年 6 月 7 日。

021 时任伊拉克共和国总统的萨达姆·侯赛因拒绝合作："*Iraq: A Chronology of UN Inspections,"* Arms Control Association, https://www.armscontrol.org/act/2002_10/iraqspecialoct02.

021 劳伦斯·利弗莫尔实验室另一个部门的工作人员正在起草一份机密报告：Walter Pincus, *"N. Korea's Nuclear Plans Were No Secret,"* Washington Post, February 1, 2003, https://www.washingtonpost.com/archive/politics/2003/02/01/n-koreas-nuclear-plans-were-no-secret/cdc1f774-a857-4732-a1cb-86fc78637d82/?noredirect=on&utm_term=.9e945c0038b2.

021 但美国中情局之前收集到的情报表明：Director of National Intelligence, *Unclassified Report to Congress on the Acquisition of Technology Relating to Weapons of Mass Destruction and Advanced Conventional Munitions*, 1 January Through 30 June 2002 (Washington, DC: Central Intelligence Agency, October 9, 2002).

021 "如果你知道在某个地方会有糟糕的事情发生"：约翰·马里昂接受作者采访，2017 年 6 月 7 日。

022 约翰·马里昂把这个想法推销给了一位他在美国国家侦察局工作的前同事：约翰·马里昂给作者的电子邮件，2018 年 4 月 30 日。

022 虽然这样做能够覆盖更为宽广的地区：同上。

023 一家名为 Vexcel 的德国公司……劳伦斯·利弗莫尔实验室研发的这个歌摄影机，成本仅为 8 万美金：D. M. Pennington, *Sonoma Persistent Surveillance System, UCRL-TR-220175* (Livermore, CA: Lawrence Livermore National Laboratory, March 28, 2006).

024 为了制造出像《国家公敌》里能够拍摄稳定清晰的影像的监视卫星：约翰·马里昂接受作者采访，2017 年 6 月 7 日。

024 克劳福德还练就了一个非常罕见的技能——全程追踪拍摄在空中高速飞行的高尔夫球：同上。

024 最新改进的摄像机在圣费尔南多谷的上空进行了一系列测试：内森·克劳福德接受作者采访，2017 年 1 月 26 日。

025 至少有 11 位历届诺贝尔奖获得者：Ann Finkbeiner, *The Jasons: The Secret History of Science's Postwar Elite* (New York: Viking, 2006), 4.

025 使用小型核武器去摧毁越南北部的基础设施：F. J. Dyson et al., *Tactical Nuclear Weapons in Southeast Asia,* Study S-266 (Alexandria, VA: Institute for Defense Analyses, Jason Division, March 1967).

025 旨在利用先进的远程遥控技术：John Horgan, *"Rent-a-Genius,"* New York Times, April 16, 2006, www.nytimes.com/2006/04/16/books/review/rentagenius.html.

025 最近，该小组又开始探讨等离子枪械技术：Federation of American Scientists, *"JASON Defense Advisory Panel Reports,"* updated February 1, 2018, https://fas.org/irp/agency/dod/jason/.

025 2003年秋天，美国中央情报局和国防部的研发指导委员会向杰森国防咨询小组求助：丹·克雷斯给作者的电子邮件，2018年4月30日。

026 克雷斯是地震学、声学和电磁监视领域的专家：Office of the Director of National Intelligence, Public Affairs Office, *"Director of National Intelligence Fellows Award Winners Announced,"* ODNI News Release No. 24-06, December 15, 2006, https://www.dni.gov/files/documents/Newsroom/Press%20Releases/2006%20Press%20Releases/20061215_release.pdf.

026 杰森国防咨询小组在加利福尼亚州的拉荷亚举办了第一次简易爆炸装置专题会议：丹·克雷斯给作者的电子邮件，2018年5月16日。

026 作为一名情报官员，他认为美国中央情报局的目标：丹·克雷斯接受作者采访，2016年10月26日。

027 在一年的时间里：约翰·马里昂接受作者采访，2017年2月10日。

027 马里昂刚刚在自己的幻灯片里增加了几页新内容：约翰·马里昂接受作者采访，2017年6月7日。

027 当场邀请马里昂：丹·克雷斯给作者的电子邮件，2018年5月16日。

028 都有多个不同的简易爆炸装置组装小组：Blake Morrison and Peter Eisler, *"Commanders Pushed to Make Bomb Disposal Choices,"* USA Today, November 14, 2007, usatoday30.usatoday.com/news/military/2007-11-06-eod_N.htm.

028 而在他后面被邀请发言的，正是约翰·马里昂：约翰·马里昂接受作者采访，2017年2月10日。

029 "捕食者"无人机的飞行员已经采用过这种方法：布拉德·沃德接受作者采访，2016年6月16日。

029 简易爆炸装置组装小组一般隐匿在普通人中间，平均由8个人组成：

Wilson, *Improvised Explosive Devices (IEDs) in Iraq*, 2.

029 监控视频中的每辆车都可以被追踪它的出发地和下一站：美国联合部队司令部, *Commander's Handbook for Attack the Network,* Version 1.0 (Suffolk, VA: Joint Warfighting Center, Joint Doctrine Support Division, May 20, 2011), III-3.

029 为了证明这种方法真的可以追踪车辆：约翰·马里昂接受作者采访，2017 年 6 月 7 日。

030 如果你想对付现实中的关系网：基思·马斯巴克接受作者采访，2016 年 6 月 30 日。

030 有了组织的结构图：美国联合部队司令部,《指挥官手册：攻击关系网》，1.0 版，IV-3。

030 他永远都不会忘记约翰·马里昂当时的发言：罗伊·施维特斯给作者的电子邮件，2018 年 5 月 16 日。

030 杰森国防咨询小组队决定立即起草一份两页的机密文件：丹·克雷斯接受作者采访，2016 年 10 月 26 日。

031 克雷斯就安排约翰·菲利普斯和本·莱利见了一面：丹·克雷斯给作者的电子邮件，2018 年 5 月 16 日。

031 "教父"：约翰·马里昂接受作者采访，2017 年 6 月 7 日。

031 内森·克劳福德在圣迭戈市进行了第二次模拟拍摄：约翰·马里昂接受作者采访，2017 年 6 月 7 日。

031 两个团队的工程师共同研发出了一款软件：比尔·罗斯接受作者采访，2016 年 12 月 14 日。

032 他从未见过令人如此兴奋的一幕：史蒂夫·萨达斯接受作者采访，2016 年 9 月 20 日。

034 萨达斯认为，劳伦斯·利弗莫尔实验室的研发成果有一个很严重的缺陷：史蒂夫·萨达斯接受作者采访，2016 年 9 月 20 日。

034 丹·克雷斯对萨达斯的分析深以为然：丹·克雷斯接受作者采访，2016 年 10 月 26 日；并克雷斯发给作者的电子邮件，2018 年 5 月 16 日。

034 洛斯·阿拉莫斯实验室的研究人员没有等着劳伦斯·利弗莫尔实验室

送货上门，而是选择开发属于自己的广域监视系统：史蒂夫·萨达斯接受作者采访，2016 年 9 月 20 日。

035　在国会山举行的一次秘密会议：史蒂夫·萨达斯接受作者采访，2017 年 6 月 9 日。

036　萨达斯还带来了一位空军上校：史蒂夫·萨达斯接受作者采访，2017 年 6 月 9 日；并罗斯·麦克纳特接受作者采访，2016 年 6 月 13 日。

037　每隔一段时间才能拿到 2 万美元的资助：比尔·霍夫曼接受作者采访，2017 年 1 月 17 日。

037　他为工程师们准备了装备齐全的工作室：内森·克劳福德接受作者采访，2017 年 1 月 26 日。

037　因此一段时间下来，他们大多出现了缺氧症状：约翰·马里昂接受作者采访，2017 年 6 月 7 日。

038　巴格达发生了一次爆炸，造成 112 人死亡：Rory Carroll, *"Iraq Bombings and Shootings Leave 150 Dead,"* Guardian, September 15, 2005, https://www.theguardian.com/world/2005/sep/15/iraq.rorycarroll.

038　"这个项目从一开始就被寄予厚望"：内森·克劳福德接受作者采访，2017 年 1 月 26 日。

038　曾把监视飞机派到毗邻墨西哥的奥泰梅沙上空：约翰·马里昂接受作者采访，2017 年 6 月 7 日；并约翰·马里昂给作者的电子邮件，2018 年 8 月 8 日。

039　尽管克劳福德非常看好这个项目的前景：内森·克劳福德接受作者采访，2017 年 1 月 26 日。

039　我第一次和内森·克劳福德通电话时，他说：同上。

039　6 600 万像素：James A. Ratches, Richard Chait, and John W. Lyons, *Some Recent Sensor-Related Army Critical Technology Events* (Washington, DC: National Defense University, Center for Technology and National Security Policy, February 2013), 10；并约翰·马里昂接受作者采访，2017 年 6 月 7 日。

039　能够同时监视上千辆汽车：*Pennington, Sonoma Persistent Surveillance System*, 19.

039　为了把视频转换成稳定的图像：Henry Canaday, *"Unmanned Eyes,"*

Intelligence Geospatial Forum, May 8, 2014, http://www.kmimediagroup. com/gif/articles/434-articles-cgf/unmanned-eyes.

039 足以跻身当年的全球最强超级计算机年度前 500 名：比尔·罗斯接受作者采访，2016 年 12 月 14 日。

039 在最初计划的部署日期的前一天：基于 2017 年和 2018 年约翰·马里昂和内森·克劳福德提供的各种数据。

040 当地的报纸和后续的事故调查报告：*"Coroner Says Plano Man Among Three Killed in Plane Crash,"* My Plainview, February 5, 2006, https:// www.myplainview.com/news/article/Coroner-says-Plano-man-among-three-killed-in-8689835.php.

040 5 架配备了"永恒之鹰"的飞机被派往巴格达：Ratches, Chait, and Lyons, *Some Recent Sensor-Related Army Critical Technology Events*, 4.

040 驻扎在伊拉克的美军每天会遭到 80 多次爆炸袭击：Robert Bryce, *"Surge of Danger for US Troops,"* Salon, January 22, 2007, https://www. salon.com/2007/01/22/ieds/.

041 与此同时，美国陆军开始着手研发：Ratches, Chait, and Lyons, *Some Recent Sensor-Related Army Critical Technology Events,* 9.

041 2007 年，驻扎在阿富汗的美军地面部队：Spencer Ackerman, *"High-Tech Army Team Turns from Killers to Airborne Spies,"* Wired, August 16, 2010, www.wired.com/2010/08/high-tech-army-task-force-turns-from-killers-to-airborne-spies/; and *"Night Eyes for the Constant Hawk — Opening the Night for Counter-IED Surveillance,"* Defense Update, September 17, 2009, defense-update.com/20090917_ awapss.html.

041 一架"捕食者"无人机在 104 平方千米的区域内：Isherwood, *Layering ISR Forces*, 15.

043 其中，有两架飞机还额外装配了拥有 1 600 万像素的摄像机：Ratches, Chait, and Lyons, *Some Recent Sensor-Related Army Critical Technology Events,* 10.

043 每隔几天，情报员就会亲自把数据送到：约翰·马里昂给作者的电子邮件，2018 年 4 月 30 日。

043 美国国家地理空间情报局设在弗吉尼亚州的一处机构：Khoi Nguyen,

"Aerial ISR Processing, Exploitation, Dissemination (PED)," PowerPoint presentation, US Army, PM Sensors–Aerial Intelligence, March 12, 2014.

043 克雷斯后来说：丹·克雷斯接受作者采访，2016 年 10 月 26 日。

043 一个在陆军文件中被称为"59 区"的地方：Nguyen, *"Aerial ISR Processing, Exploitation, Dissemination (PED)."*

043 一位国防部高官：Edwin C. Tse, *"IMSC Spring Retreat Activity Based Intelligence Challenges,"* PowerPoint presentation, Integrated Media Systems Center Spring Retreat, University of Southern California, Davidson Conference Center, March 7, 2013.

044 美国国防部在华盛顿特区成立了多个情报小组：约翰·马里昂发给作者的电子邮件，2018 年 4 月 30 日。

044 "永恒之鹰"很快就完成了它的任务：内森·克劳福德接受作者采访，2017 年 1 月 26 日。

044 大约 600 名美军士兵：内森·克劳福德接受作者采访，2017 年 2 月 7 日。

044 奥丁特遣队在成立的第一年就消灭了 3 000 多名可疑的叛乱分子：Kris Osborn, *"Army Sends ODIN to Afghanistan,"* Army Times, December 15, 2008, posted on Tapatalk. com, https://www.tapatalk.com/groups/warships1 discussionboards/us-army-odin-unit-heads-to-afghanistan-t8092.html.

第三章 "女妖之眼"

045 在演习结束以后，海军陆战队的领导层决定把"天使之火"部署到伊拉克战场上：Tom Vanden Brook, *"Spy Technology Caught in Military Turf Battle,"* USA Today, October 17, 2007, usatoday30.usatoday.com/news/military/2007-10-02-angel-fire_N.htm.

045 "天使之火"在伊拉克城市的上空共执行过 1 000 多次监视飞行任务：Daniel Alan Uppen kamp, *"Two Fundamental Building Blocks to Provide Quick Reaction Capabilities for the Department of Defense"* (MS dissertation, Department of Computer Science, Wright State University, 2013), 38, 55.

046 情报分析人员一旦发现一个与恐怖袭击有关的地点：罗斯·麦克纳特接受作者采访，2016 年 6 月 13 日。

046 萨达斯认为麦克纳特没有做出什么技术上的贡献：史蒂夫·萨达斯接受作者采访，2016 年 9 月 20 日及 2017 年 6 月 10 日。

046 麦克纳特则认为自己不受重视：罗斯·麦克纳特接受作者采访，2016 年 7 月 13 日。

047 为表彰他的功绩，鲜为人知的情报、监视和侦察荣誉大厅将他收录在册：Freedom Through Vigilance Association, Air Force Intelligence, *Surveillance and Reconnaissance Agency Hall of Honor Induction & Anniversary Banquet*, pamphlet, September 27, 2014.

048 早在 1996 年，迈克·梅尔曼斯就说服了他的上司：Richard Whittle, *Predator: The Secret Origins of the Drone Revolution* (New York: Holt, 2014).

048 很快拥有 9 亿像素的摄像机就能被研发出来了：迈克·梅尔曼斯接受作者采访，2016 年 8 月 2 日。

048 这款被简单地命名为"广域空中监视系统"的新型系统：US Senate, *110th Cong., 2nd Sess., Report 110-225, Report Authorizing Appropriation for Fiscal Year 2009 for Military Activities of the Department of Defense, for Military Construction, and for Defense Activities of the Department of Energy, to Prescribe Personnel, Strengths for Such Fiscal Year, and for Other Purposes,* May 12, 2008, https://www.congress.gov/congressional-report/110th-congress/senate-report/335/1.

049 与"永恒之鹰"和"天使之火"不同的是：迈克·梅尔曼斯接受作者采访，2016 年 8 月 2 日及 2016 年 8 月 5 日。

049 向 TiVo 进军吧：詹姆斯·波斯接受作者采访，2016 年 7 月 7 日。

051 一个技术公司独自承担了设计越洋控制系统的任务：Arthur Holland Michel, *"How Rogue Techies Armed the Predator, Almost Stopped 9/11, and Accidentally Invented Remote War,"* Wired, December 17, 2015, https://www.wired.com/2015/12/how-rogue-techies-armed-the-predator-almost-stopped-911-and-accidentally-invented-remote-war/.

052 那些说某件事不可能做成的人不要挡住那些埋头苦干的人：迈克·梅

尔曼斯接受作者采访，2016 年 8 月 5 日。

052 到公司的第一天，梅尔曼斯就了解到：迈克·梅尔曼斯接受作者采访，2016 年 8 月 2 日。

053 "僵硬、一眨不眨、极具穿透性"的凝视: Stephen R. Wilk, *Medusa: Solving the Mystery of the Gorgon* (New York: Oxford University Press, 2000), 124.

053 对戈尔贡的描述是拥有"会喷火的眼睛": Homer, *The Iliad*, trans. Robert Fagles (London: Penguin, 1990), bk. 11, line 40.

053 "可怕的冥后珀尔塞福涅可能会将戈尔贡的头从冥界送出来": Homer, *The Odyssey*, trans. Emily Wilson (New York: Norton, 2017), bk. 11, lines 634–35.

053 "这个名字很有意义"：迈克·梅尔曼斯接受作者采访，2016 年 8 月 2 日。

054 超音速巡航导弹: Mark Gustafson, *"Hypersonic Air-breathing Weapon Concept (HAWC),"* US Defense Advanced Research Projects Agency, www.darpa.mil/program/hypersonic-air-breathing-weapon-concept.

054 可编程的微生物：US Defense Advanced Research Projects Agency, *"Biological Technologies Office (BTO),"* www.darpa.mil/about-us/of fices/bto.

054 布赖恩·莱宁格尔正着手准备申请该项目的项目经理职位：布赖恩·莱宁格尔接受作者采访，2017 年 2 月 6 日。

056 这种广域监视系统将会是一个技术上的噩梦：约翰·马里昂接受作者采访，2017 年 2 月 10 日。

056 更快的拍摄帧率反过来要求更快的计算能力: Dwayne Jackson, David Lamartin, and Jacqueline Yahn, *WAMI Final Report* (Washington, DC: Secretary of the Air Force for Acquisition, December 11, 2012), 20.

056 2006 年 11 月，国防部高级研究计划局审批通过了全部提案：理查德·尼古拉斯接受作者采访，2017 年 2 月 24 日。

057 阿格斯是一个可怕的巨人：*"Argus,"* Encyclopaedia Britannica Online, https:// www.britannica.com/topic/Argus-Greek-mythology.

057 牧人阿格斯: Elizabeth Barrett Browning, *"Prometheus Bound,"* in *Prometheus Bound and Other Poems* (New York: C. S. Francis, 1851), 36.

057 其他人则摇摇头：布赖恩·莱宁格尔接受作者采访，2017 年 2 月 6 日。

058 简单地把更多单独的摄像机捆绑在一起：比尔·罗斯接受作者采访，2016 年 12 月 14 日。

058 研究团队利用 5 毫米宽的手机相机芯片：同上。

058 比尔·罗斯和他的团队意识到：比尔·罗斯接受作者采访，2018 年 2 月 2 日。

059 在快速反应技术办公室的资助下：比尔·罗斯接受作者采访，2016 年 12 月 14 日。

059 国防部高级研究计划局与国防巨头英国宇航系统公司签署了价值 1 850 万美元的协议：扬尼斯·安东尼亚德斯接受作者采访，2017 年 2 月 16 日。

060 诺顿·施瓦茨和安东尼·特瑟签署了一份协议备忘录：理查德·尼古拉斯给作者的电子邮件，2017 年 3 月 11 日。

060 英国宇航系统公司选择了美光公司生产的手机芯片：扬尼斯·安东尼亚德斯接受作者采访，2017 年 2 月 16 日。

061 英国宇航系统公司提议将芯片黏合成 4 个平板：Brian Leininger et al., *"Autonomous Real-Time Ground Ubiquitous Surveillance-Imaging System (ARGUS-IS),"* SPIE Proceedings 6981, Defense Transformation and Net-Centric Systems (2008), doi: 10.1117/12.784724, p. 5.

061 将该公司图像处理器的处理能力提升一倍：Wired Staff, *"NVIDIA,"* Wired, July 1, 2002, https://www.wired.com/2002/07/nvidia/.

061 一位名叫希拉·维迪雅的研究人员：Ann Parker, *"Built for Speed: Graphics Processors for General-Purpose Computing,"* Science & Technology Review, November 2005.

061 这些图像处理器比"永恒之鹰"和"天使之火"的图像处理器更强大：Arnie Heller, *"From Video to Knowledge,"* Science & Technology Review, April/May 2011.

062 一个有 33 000 个处理元件的图像处理器：Brian Leininger, *"Autonomous Real-Time Ubiquitous Surveillance-Imaging System (ARGUS-IS),"* Power Point presentation, The Villages Science and Technology Club Meeting, The Villages, Florida, February 8, 2016.

062 工程师选中了临近一幢建筑的停车场：理查德·尼古拉斯接受作者采访，2017 年 2 月 24 日。

062 最终版本的"阿格斯"摄像机共有 18 亿像素：Leininger et al., *"Autonomous Real-Time Ground Ubiquitous Surveillance-Imaging System (ARGUS-IS),"* 1.

063 "黑鹰"直升机在距离地面 3 260 米的高度悬停时……也能看见汽车挡风玻璃上的雨刮器：Leininger, *"Autonomous Real-Time Ubiquitous Surveillance-Imaging System (ARGUS- IS)."*

063 "我想，我们干得不错"：扬尼斯·安东尼亚德斯接受作者采访，2017 年 2 月 16 日。

065 那天天气状况十分糟糕，没办法进行现场实时拍摄：理查德·尼古拉斯接受作者采访，2017 年 2 月 24 日。

065 发生了 7 000 多次简易爆炸装置袭击：Rob Evans, *"Afghanistan War Logs: How the IED Became Taliban's Weapon of Choice,"* Guardian, July 25, 2010, https://www.theguardian.com/world/2010/jul/25/ieds-improvised-explosive-device-deaths.

065 "大狩猎者"团队决定不再等待国防部高级研究计划局的全套"阿格斯"摄像机：艾德·托普斯接受作者采访，2017 年 6 月 30 日。

066 海军陆战队和空军……甚至取消了后续 5 套"天使之火"的订单：US Senate, 111th Cong., 1st Sess., Report 111-35, *National Defense Authorization Act for Fiscal Year 2010: Report Authorizing Appropriations for Fiscal Year 2010 for Military Activities of the Department of Defense* (Washington, DC: US Government Printing Office, 2009), https://www.gpo.gov/fdsys/pkg/CRPT-111srpt35/html/CRPT-111srpt35.htm.

066 国际电话电报公司为"女妖之眼"研发的白昼红外线摄像机：US House of Representatives, 110th Cong., 1st Sess., Report 110-477, *National Defense Authorization Act for Fiscal Year 2008: Conference Report to Accompany H.R. 1585* (Washington, DC: US Government Printing Office), 769, https://www.gpo.gov/fdsys/pkg/CRPT-110hrpt477/html/CRPT-110hrpt477.htm.

066 参议院军事委员会甚至建议终止该项目：US Senate, 111th Cong., 1st Sess., Report 111-35, *National Defense Authorization Act for Fiscal Year 2010: Report Authorizing Appropriations for Fiscal Year 2010 for Military Activities of the Department of Defense* (Washington, DC: US Government Printing Office, 2009), https://www.gpo.gov/fdsys/pkg/CRPT-111srpt35/html/CRPT-111srpt35.htm.

066 "女妖之眼"只能将摄像机拍到的很少的一部分图像传输到地面：Memorandum, *"MQ-9 Gorgon Stare (GS) Fielding Recommendation,"* US Air Force, Air Combat Command, 53rd Wing, December 30, 2010.

067 "你得赶快"：艾德·托普斯接受作者采访，2017 年 6 月 30 日。

067 "不要将它部署到战场上"：Memorandum, *"MQ-9 Gorgon Stare (GS) Fielding Recommendation."*

067 一位空军发言人做出了回应：Lt. Col. Richard Johnson, *"Statement on Gorgon Stare,"* January 25, 2011, available via website of Air Force Magazine, http://www.airforcemag.com/SiteCollectionDocuments/Reports/2011/January%202011/Day25/GorgonStare_012511.pdf.

067 空军作战指挥部还是威胁要将这个新生事物彻底扼杀：艾德·托普斯接受作者采访，2017 年 6 月 30 日；并詹姆斯·波斯接受作者采访，2016 年 7 月 7 日。

067 超过 5 亿美元的研发费用：Yochi J. Dreazen, *"Internal Air Force Report: New Drone 'Not Operationally Effective',"* Next Gov, January 25, 2011, www.nextgov.com/defense/2011/01/internal-air-force-report-new-drone-not-opera-tionally-effective/48362/.

067 在接受《华盛顿邮报》的采访时：Ellen Nakashima and Craig Whit-lock, *"With Air Force's Gorgon Drone 'We Can See Everything,'"* Wash-ington Post, January 2, 2011, www.washingtonpost.com/wp-dyn/content/article/2011/01/01/AR2011010102690.html.

067 2016 年，我向波斯问起这篇文章：詹姆斯·波斯接受作者采访，2016 年 7 月 7 日。

067 艾德·托普斯上校向卡特赖特将军演示了正在空中飞行的"收割者"无人机利用装配的"女妖之眼"拍下的实时监视视频：艾德·托普斯

接受作者采访，2017 年 6 月 30 日。

068 第一批装配了"女妖之眼"的 4 架"收割者"无人机：US House of Representatives, 113th Cong., 1st Sess., House Armed Services Committee, *Subcommittee on Tactical Air and Land Forces Hearing on Post Iraq and Afghanistan: Current and Future Roles for UAS and the Fiscal Year 2014 Budget Request,* April 23, 2013 (testimony of Dyke D. Weatherington, Director, Unmanned Warfare and Intelligence, Surveillance, and Reconnaissance, Department of Defense), https://www.gpo.gov/fdsys/pkg/CHRG-113hhrg80763/html/CHRG-113hhrg80763.htm.

068 被部署到了阿富汗战场上：John W. Lent, 480th Intelligence, *Surveillance, and Reconnaissance Wing: Heritage Pamphlet* (Langley AFB, VA: 480th Intelligence, Surveillance, and Reconnaissance Wing, 2012), 121.

068 能够监视超过 4 平方千米的区域：Jackson, Lamartin, and Yahn, *WAMI Final Report*, 7.

068 切割成 10 个"碎片"：Sierra Nevada Corporation, *Gorgon Stare Persistent Wide Area Airborne Surveillance (WAAS) System*, pamphlet, n.d.

068 一共在阿富汗上空进行了 1 万多小时的监视飞行：Sierra Nevada Corporation, *"Sierra Nevada Corporation Achieves Milestone for USAF's Advanced Wide-Area Airborne Persistent Surveillance System— Gorgon Stare Increment 2,"* press release, July 1, 2014, https://www.sncorp.com/press-releases/snc-gorgon-stare/.

068 驻扎在美国内华达州的空军机组人员：NATO Standardization Agency, *Standards Related Document ATP-3.3.7.1: UAS Tactical Pocket Guide*(Brussels, Belgium: NATO Standardization Agency, April 22,2014), B-1.

069 有一组分析人员来下载视频：Sierra Nevada Corporation, *Gorgon Stare Persistent Wide Area Airborne Surveillance (WAAS)System.*

069 艾德·托普斯上校在"女妖之眼"被部署到阿富汗之后不久就访问了空军在阿富汗的作战基地：艾德·托普斯接受作者采访，2017 年 6 月 30 日。

069 "大狩猎者"团队从国防部高级研究计划局处得到了 10 套完整的"阿

格斯"摄像机：艾德·托普斯接受作者采访，2017 年 6 月 30 日。

069 第二代"女妖之眼"系统：House Armed Services Committee, *Subcommittee on Tactical Air and Land Forces Hearing on Post Iraq and Afghanistan* (Weatherington testimony).

069 承包商 Exelis 公司提供的一个较小的广域红外线摄像机：Harris Corporation, *"2014 Gorgon Stare Sensor Award,"* press release, May 14, 2014, https://www.harris.com/press-releases/2014/05/2014-gorgon-stare-sensor-award.

069 据 2014 年一份未经公开的空军报告透露：*"Air Force Quest for Blue Devil Replacement Centers on Gorgon Stare, ACC,"* Inside Defense, April 17, 2014, https://insidedefense.com/daily-news/air-force-quest-blue-devil-replacement-centers-gorgon-stare-acc.

070 2014 年，"女妖之眼-Ⅱ"被部署到了阿富汗战场上：Sierra Nevada Corporation , *"Sierra Nevada Corporation Achieves Milestone."*

070 将其称为"天眼"：拉里·詹姆斯接受作者采访，2016 年 7 月 12 日。

070 经常追踪一定数量的嫌疑人：马克·库特接受作者采访，2017 年 6 月 1 日。

071 内华达山脉公司拒绝使用国防部高级研究计划局提供的超级计算机：詹姆斯·波斯接受作者采访，2016 年 7 月 7 日；并扬尼斯·安东尼亚德斯接受作者采访，2017 年 2 月 16 日。

071 称他的想法"好到令人震惊"：约翰·马里昂接受作者采访，2017 年 2 月 10 日。

071 除了搜索叛乱分子和简易爆炸装置之外：North Atlantic Treaty Organization, *Standards Related Document ATP-3.3.7.1: UAS Tactical Pocket Guide* (Brussels, Belgium: NATO Standardization Agency, April 2014), B-1.

072 可能从未料到它会被用来干这些活儿：马克·库特接受作者采访，2017 年 6 月 1 日。

072 使用该系统的情报工作小组要求增加无人机的数量：艾德·托普斯接受作者采访，2017 年 6 月 30 日。

072 该系统的目标从追求"快速反应力"被调整为追求"持久力"：Department of the Air Force, *"PRDTB3 / MQ-9 UAS Payloads," Fiscal Year (FY) 2019 Budget Estimates,* Air Force Justification Book, Volume 2 of 2 Aircraft Procurement (Washington, DC:US Department of Defense, 2018), 1, www.saffm.hq.af.mil/Portals/84/documents/FY19/Proc/ Air%20Force%20Aircraft%20Procurement%20Vol%20II%20 Mods%20 FY19.pdf?ver=2018-02-13-093538-670.

072 空军又将"女妖之眼"部署到了叙利亚: Department of the Air Force, *Presentation to the House Armed Services Committee, Subcommittee on Tactical Air and Land Forces, testimony of Lt. Gen.* Arnold W. Bunch Jr. and Lt. Gen. Jerry "JD" Harris Jr., June 7, 2017, docs.house.gov/ meetings/AS/AS25/20170607/106065/HHRG-115-AS25-Wstate-Bun-chA-20170607.pdf.

072 应对"紧急操作需要": Department of the Air Force, *Fiscal Year (FY) 2017 President's Budget Submission*, Air Force Justification Book Volume 3b of 3, Research, Development, Test & Evaluation (Washington, DC: US Department of Defense, February 2016), www. saffm.hq.af.mil/Portals/84/documents/FY17/AFD-160208-053.pd-f?ver=2016-08-24-102138-420.

072 截至2018年,这个项目仍在研发中:Rachel Cohen, *"Gorgon Stare to Receive BLOS Upgrades While Air Force Explores Replacement,"* Inside Defense, April 6, 2018, https://insidedefense.com/daily-news/gorgon-stare-receive-blos-upgrades-while-air-force-explores-replacement.

072 多年以来,美国空军一直在尝试: Department of Defense, *Fiscal Year (FY) 2017 President's Budget Submission.*

072 对监视区域内的大量通信设施进行定位: US Senate, 113th Cong., 1st Sess., Report 113-44, *National Defense Authorization Act for Fiscal Year 2014, Report (to Accompany S.1197) to Authorize Appropriations for Fiscal Year 2014 for Military Activities of the Department of Defense and for Military Construction, to Prescribe Military Personnel Strengths for Such Fiscal Year, and for Other Purposes,* June 20, 2013, https://www. gpo.gov/fdsys/pkg/CRPT-113srpt44/html/CRPT-113srpt44.htm.

073 将"女妖之眼"称为"无价之宝"：US House of Representatives, 115th Cong., 1st Sess., HR Report 115-200, *Report of the Committee on Armed Services, National Defense Authorization Act for Fiscal Year 2018,* July 6, 2017, p. 35, https://www.congress.gov/115/crpt/hrpt200/CRPT-115hrpt200.pdf.

073 人们对"女妖之眼"这样的系统的需要量只会越来越大：迈克尔·J. 卡南给作者的电子邮件，2017 年 3 月 11 日。

073 "说出你去过哪里，吃了什么"：约翰·马里昂接受作者采访，2017 年 6 月 7 日。

073 可以直接将全视监视视频传送给美国境内的分析人员：Cheryl Gerber, *"Video Program Expands Imagery,"* Geospatial Intelligence Forum 10, no. 7 (October 2012), https://issuu.com/kmi_media_group/docs/gif_10-7_final.

074 获得过奥斯卡金像奖：*"Rahul Thakkar,"* Internet Movie Database. https://www.imdb.com/name/nm1179303/.

074 广域监视飞机的表现令人印象深刻：约翰·马里昂接受作者采访，2017 年 6 月 7 日。

074 "蓝魔"于 2010 年 12 月被部署到阿富汗：*"Blue Devil,"* GlobalSe curity. org, June 29, 2012, https://www.globalsecurity.org/intell/systems/blue-devil. htm.

074 仅仅过去了 280 天：*Hearing on National Defense Authorization Act for Fiscal Year 2014,Before the Committee on Armed Services, Subcommittee on Intelligence, Emerging Threats and Capabilities,* H.A.S.C No.113-30，April 16,2013(statement of Alan R. Shaffer, Acting Assistant Secretary of Defense for Research and Engineering), 3.

075 累计飞行超过 20 万个小时：Logos Technologies, *"Kestrel Wide-Area Motion Imagery for Aerostats,"* https://www.logostech.net/products-services/kestrel-wide-area-motion-imagery/.

076 美国陆军尝试将"阿格斯"摄像机安装到"A-160 蜂鸟"无人驾驶直升机上：DOD, *Fiscal Year (FY) 2014 President's Budget Submission,* Defense Advanced Research Projects Agency, Justification Book Volume 1 of 1, Research, Development, Test & Evaluation, Defense-Wide (Washington，DC: Department of Defense, April 2013), 14.

076 美国陆军又取消了一个更加荒谬的项目：W. J. Hennigan, *"Army Lets Air out of Battlefield Spyship Project,"* Los Angeles Times, October 23, 2013, https://www.latimes.com/business/la-fi-blimp-fire-sale-20131023-story. html#axzz2ieTSRmPk.

076 美国空军只时承认第427特种作战中队专攻渗透工作：David Axe, *"The U.S. Air Force's Most Secretive Squadron,"* War Is Boring (blog), Medium, March 16, 2014, https://medium.com/war-is-boring/the-u-s-air-forces-most-secretive-squadron-c6bacc520562.

077 "高级广域运动成像系统"：Office of the Secretary of Defense, *"PE 0603699D8Z / Emerging Capabilities Technology Development,"* Fiscal Year (FY) 2019 Budget Estimates, Defense-Wide Justification Book Volume 3A of 5, Research, Development, Test & Evaluation (Washington, DC:US Department of Defense, February 2018), 6 of 20.

077 美国空军甚至已经开始探索"女妖之眼"的替代品了：Rachel Cohen, *"Gorgon Stare to Receive BLOS Upgrades While Air Force Explores Replacement,"* Inside Defense, April 6, 2018, https://insidedefense.com/daily-news/gorgon-stare-receive-blos-upgrades-while-air-force-explores-replacement.

078 随后一篇网络文章指出：*"DoD Scientist of the Quarter: Mr. Daniel Uppenkamp, Air Force Research Laboratory (AFRL),"* US Department of Defense, Research and Engineering Enterprise, March 28, 2014, https://www.acq.osd.mil/chieftechnologist/scientist/2014-4thQtr.html.

078 "蓝魔"飞机编队只有4架飞机：Gabe Starosta, *"USAF Winds Down Blue Devil Program While Preparing Response to Hill,"* Inside the Air Force 25, no. 4 (January 24, 2014):8.

078 在"蓝魔"的指引下完成的：Amy Butler, *"Air Force Mulls Continued Blue Devil 1 Ops,"* Aviation Week & Space Technology, March 18, 2013, aviation-week.com/awin/air-force-mulls-continued-blue-devil-1-ops.

078 但在行动中伤亡的平民数量更加令人惊心：Combined Joint Task Force,

Operation Inherent Resolve, *"CJTF–OIR Monthly Civilian Casualty Report,"* press release, June 2, 2017, www.inherentresolve.mil/News/News-Releases/Ar ticle/1200895/combined-joint-task-force-operation-inherent-resolve-monthly -civilian-casualty/.

079　工程师相互之间常开的一个玩笑：扬尼斯·安东尼亚德斯接受作者采访，2017 年 2 月 16 日。

第四章　巴尔的摩谋杀案

084　成为纽约市每年数千起悬而未决的暴力犯罪案件之一：Sarah Ryley et al., *"Tale of Two Cities: Even as Murders Hit Record Low in NYC, a Mountain of Cases Languishes in Outer Boroughs as Cops Focus More Manpower on Manhattan Cases,"* New York Daily News, January 5, 2014, www.ny-dailynews.com/new-york/nyc-crime/forgotten-record-murder-rate-cases-unsolved-article-1.1566572.

084　一套设备大概需要 1 000 万美元：*"First Look: New High-Tech NYPD Helicopter Takes the Fight to the Terrorists,"* CBS New York, June 28, 2012, newyork.cbslocal.com/2012/06/28/first-look-new-high-tech-nypd-helicopter-takes-the-fight-to-the-terrorists/.

085　通常至少需要 10 分钟才能到达案发地点：*"In the City That Never Sleeps,"* Vertical Magazine, April 2, 2013, https://www.verticalmag.com/features/in-the-city-that-never-sleeps/.

085　袭击发生之后：迈克·梅尔曼斯接受作者采访，2017 年 1 月 18 日。

085　劳伦斯·利弗莫尔实验室的研究团队尝试将该系统装配到飞艇上：内森·克劳福德接受作者采访，2017 年 2 月 7 日。

086　这些努力日渐加速：John Keller, *"US Demand for ISR Technology Shifting from Military to Counter-Terrorism, Analysts Say,"* Military & Aerospace Electronics, January 21, 2014, www.militaryaerospace.com/articles/2014/01/frost-isr-market.html.

086　英国宇航系统公司向美国海关与边境保护局展示了"阿格斯"：扬尼斯·安东尼亚德斯接受作者采访，2017 年 3 月 14 日。

086 对港口、大型体育赛事以及所有公共场所实施监视：BAE Systems, Products & Services, *"Airborne Wide-Area Persistent Surveillance System (AWAPSS),"* https://www.baesystems.com/en/product/airborne-widear-ea-persistent-surveillance-system-awaPSS.

087 储备了一架装配了 3 亿像素的广域监视系统的飞机 : Commuter Air Technology, *Wide Area Motion Imagery PSI Vision 3000 with MX-15,* pamphlet, n.d.

087 MAG 航空航天公司是一家提供航空拍摄和监视服务的公司：Court-ney Howard, *"MAG and Logos Technologies Test Wide-Area Sensor for On-Demand Airborne ISR,"* Intelligent Aerospace, June 16, 2016, www.intelligent-aerospace.com/articles/2016/06/mag-and-logos-technologies-test-wide-area-sensor-for-on-demand-airborne-isr.html?platform=hoot-suite.

087 你的目标无法摆脱 "SPYDR"：SPYDR, *"Your Target Cannot Escape SPYDR,"* https://www2.l3t.com/spydr/test/index.html

088 "乌鸦之眼" 的宣传视频中：Exelis, *"Exelis CorvusEye 1500 WideArea Motion Imagery,"* YouTube video, 5:03, October 10, 2014, https://www.youtube.com/watch?v=Bdln0xBxo2w&t=90s.

088 "什么是广域运动成像技术"：Logos Technologies, *"What is WAMI?"* You-Tube video, 3:12, September 10, 2015, https://www.youtube.com/watch?v=M-KX_Kzp8hfk.

088 诺斯罗普·格鲁曼公司的宣传视频：Metro Productions, *"Northrop Gru-mman TS-WAMI (3064),"* Vimeo video, 2016, https://vimeo.com/152427820.

090 他已经为 "天使之火" 的开发周期制订了一个大胆且创新的计划：罗斯·麦克纳特接受作者采访，2016 年 6 月 13 日。

092 当年，华雷斯市共有 2 643 人死亡：*"Drug Killings Make 2010 Deadliest Year for Mexico Border City,"* Associated Press, January 1, 2011, www.foxnews.com/world/2011/01/01/mexico-border-city-record-drug-killings.html.

093 阿诺德一直在资助能打击犯罪的新技术：Laura and John Arnold Foundation,

"Public Safety Assessment: Risk Factors and Formula," 2013, www.ar noldfoundation.org/wp-content/uploads/PSA-Risk-Factors-and-Formula. pdf.

093 阿诺德通过播客了解到了 PSS 公司：Tom Dart, *"Eye in the Sky: The Billionaires Funding a Surveillance Project Above Baltimore,"* Guardian, October 15, 2016, https://www.theguardian.com/world/2016/oct/15/balti more-surveillance-john-laura-arnold-billionaires.

094 请麦克纳特推荐一座适合大规模部署广域监视系统的美国城市：Kevin Rector, *"Baltimore Police Declined Using Aerial Surveillance Until Big Donors Stepped Up, Emails Show,"* Baltimore Sun, October 22, 2016, www.baltimoresun.com/news/maryland/sun-investigates/bs-md-sun-investi gates-surveillance-genesis-20161022-story.html.

094 2014 年已经成为该市有记录以来的最血腥的一年：Tim Prudente and Wyatt Massey, *"Rapper Lor Scoota's Manager Killed Near Baltimore's Druid Hill Park,"* Baltimore Sun, July 7, 2016, www.baltimoresun.com/ news/maryland/crime/bs-md-ci-fatal-shooting-20160706-story.html.

094 而 2015 年似乎变得更加糟糕了：Kevin Rector, *"Deadliest Year in Bal timore History Ends with 344 Homicides,"* Baltimore Sun, January 1, 2016, www.baltimoresun.com/news/maryland/baltimore-city/bs-md-ci-deadliest-year-20160101-story.html.

094 这座城市里60% 的谋杀案都尚未破案：Kevin Rector, *"In 2016, Baltimore's Second-Deadliest Year on Record, Bullets Claimed Targets and Bystanders Alike,"* Baltimore Sun, January 2, 2017, www.baltimoresun. com/news/ maryland/crime/bs-md-ci-homicides-2016-20170102-story.html.

094 使用了"刺鳐"手机追踪器：Justin Fenton, *"Baltimore Police Used Secret Technology to Track Cellphones in Thousands of Cases,"* Balti more Sun, April 9, 2015, www.baltimoresun.com/news/maryland/balti more-city/bs-md-ci- stingray-case-20150408-story.html.

094 巴尔的摩市警方还曾使用过一款名为 Geofeedia 的软件：Valentina Zarya, *"These Hot Tech Companies Are in the CIA's Secret Investment Portfolio,"* Fortune, April 15, 2016, fortune.com/2016/04/15/cia-investment-portfolio/.

095 美国主要的社交平台纷纷取消了 Geofeedia 软件访问平台数据的权限：Amina Elahi, *"Geofeedia Cuts Half of Staff After Losing Access to Twitter, Facebook,"* Chicago Tribune, November 21, 2016, www.chicagotribune. com/bluesky/originals/ct-geofeedia-cuts-jobs-surveillance-bsi-20161121-story.html.

095 巴尔的摩市警方使用了 ZeroFox 公司新开发的软件：Sarah Gantz, *"Baltimore's Zero Fox Faces Backlash over Riot Threat Report; CEO James Foster Responds,"* Baltimore Business Journal, August 4, 2015, https://www.bizjournals.com/baltimore/blog/cyberbizblog/2015/08/baltimores-zerofox-faces-backlash-over-riot-threat.html?ana%3Dtwt.

095 麦克纳特与主管保持着友好的联系：Bradon Soderberg, *"Persistent Transparency:Baltimore Surveillance Plane Documents Reveal Ignored Pleas to Go Public, Who Knew About the Program, and Differing Opinions on Privacy,"* City Paper, November 1, 2016, http://www.citypaper.com/news/mob townbeat/bcp-110216-mobs-aerial-surveillance-20161101-story.html.

096 约翰·阿诺德向巴尔的摩市捐赠了 36 万美元：Rector, *"Baltimore Police Declined Using Aerial Surveillance Until Big Donors Stepped Up."*

096 根据与警方签订的协议条款：罗斯·麦克纳特接受作者采访，2016 年 8 月 23 日。

097 "我正准备处理一起谋杀案"：罗斯·麦克纳特接受作者采访，2016 年 6 月 27 日。

098 一位参与调查某个案件的警员说：Police Foundation, *A Review of the Baltimore Police Department's Use of Persistent Surveillance,* 16.

098 在另一个案件中：罗斯·麦克纳特接受作者采访，2016 年 7 月 13 日。

099 "银行抢劫犯在动手之前会花很多时间来规划案发后的逃跑路线和藏身之处"：史蒂夫·萨达斯的未出版手稿，*"Suddarth WAMI Book outline."*

099 分析人员根据这些信息就能找到这个人极其同伙：罗斯·麦克纳特接受作者采访，2016 年 7 月 13 日。

100 巴尔的摩市警察局的闭路电视监控数据管理政策规定：Jay Stanley, *"Baltimore Aerial Surveillance Program Retained Data Despite 45-Day Privacy Policy Limit,"* Free Future (blog), ACLU, October 25, 2016, https://www.aclu.org/blog/free-future/baltimore-aerial-surveillance-program-retained-data-despite-45-day-privacy-policy.

100 因为摄像机总是能捕捉到相关证据：罗斯·麦克纳特接受作者采访，2016年7月14日。

103 加拿大的 PV Labs公司在美国和加拿大很多城市上空测试：约翰·巴塞多接受作者采访，2017年6月14日；并 Christian Stork and Peter Aldhous, *"This Shadowy Company Is Flying Spy Planes over US Cities,"* BuzzFeed News, August 4, 2017, https://www.buzzfeed.com/christianstork/spy-planes-over-american-cities.

103 澳大利亚国防部也曾在阿德莱德市和渥太华上空测试过：Nigel Pittaway, *"Five Eyes Test New Tech in Exercise for Reducing Urban Combat Risks,"* C4ISRNET, November 30, 2017, https://www.c4isrnet.com/intel-geoint/sensors/2017/11/30/five-eyes-test-new-tech-in-exercise-for-reducing-urban-combat-risks/; David Pugliese, *"Defence Scientists in Montreal to Test Technologies for Fighting in Urban Areas,"* Ottawa Citizen, September 2, 2018, https://ottawacitizen.com/news/national/defence-watch/defence-scientists-in-montreal-to-test-technologies-for-fighting-in-urban-areas.

103 林肯实验室曾在波士顿市区上空测试过广域监视系统：William Ross and Mike Kelly, *"Wide-Area Motion Imaging (WAMI) Technology and Systems,"* PowerPoint presentation, MIT Lincoln Laboratory, December 2015.

104 萨达斯在玫瑰碗体育场上空进行拍摄试验：史蒂夫·萨达斯给作者的电子邮件，2018年8月8日。

104 美国中央情报局和国家安全局举行了一次耗资400万美元的"蓝草"演练：US Department of Defense, OSD RDT&E Budget Item Justification (R2a Exhibit), *"0603826D8Z— Quick Reactions Special Projects (QRSP),"* February 2008, www.dtic.mil/descriptivesum/Y2009/OSD/0603826D8Z.pdf; and Glenn Fogg, *"How to Better Support the Need for Quick Reaction*

Capabilities in an Irregular Warfare Environment," PowerPoint presentation, US Department of Defense, Rapid Reaction Technology Office, Washington, DC, April 21, 2009.

104 美国中央情报局提议在某座城市开展"蓝草"后续演练: Office of the Secretary of Defense, *Quick Reactions Special Projects (QRSP)*, PE 0603826D8Z (Washington, DC: US Department of Defense, February 2014), 15.

104 2017年夏天: Tyler Rogoway and Joseph Trevithick, *"This Mysterious Military Spy Plane Has Been Flying Circles over Seattle for Days,"* War Zone (blog), The Drive, August 3, 2017, www.thedrive.com/the-war-zone/13154/this-mysterious-military-spy-plane-has-been-flying-circles-over-seattle-for-days.

105 20世纪80年代的两个判例: California v. Ciraolo, 476 U.S. 207 (1986), and Florida v. Riley, 488 U.S. 445 (1989).

107 2014年7月23日, Reddit的一位用户写道: *"Plane Circling over McLean/Langley Area Last Few Days,"* Reddit, https://www.reddit.com/r/nova/comments/2bgj1p/plane_circling_over_mcleanlangley_area_last_few/.

107 另一架尾翼编号为N859JA的飞机: Lawrence Harmon, *"FBI Too Quiet on Quincy Planes,"* Boston Globe, May 17, 2013, http://www.bostonglobe.com/opinion/2013/05/16/fbi-too-quiet-quincy-planes/0h9EObhcoQvh41WxdpAHZM/story.html.

107 "有人知道是谁在城市上空开飞机绕圈吗": @scanbaltimore on Twitter, May 2, 2015, https://twitter.com/scanbaltimore/status/594671214028836864.

107 他很快就发现了第二架飞机: Craig Timberg, *"Surveillance Planes Spotted in the Sky for Days After West Baltimore Rioting,"* Washington Post, May 5, 2015, https://www.washingtonpost.com/business/technology/surveillance-planes-spotted-in-the-sky-for-days-after-west-baltimore-rioting/2015/05/05/c57c53b6-f352-11e4-84a6-6d7c67c50db0_story.html?utm_term=.389d2 dec6c2a.

108 根据美国《信息自由法》填写了一份信息公开申请书: Jay Stanley,

"Mysterious Planes over Baltimore Spark Surveillance Suspicions," MSNBC.com, May 6, 2015, www.msnbc.com/msnbc/mysterious-planes-over-baltimore-spark-surveillance-suspicions.

108 根据《信息自由法》的要求而公开的信息：Memorandum, "(*U*) *Baltimore Police Department, Civil Unrest— Riots, Domestic Police Cooperation April 27, 2015,"* Federal Bureau of Investigation, May 1, 2015, https://archive.org/stream/FBI-Baltimore-Freddie-Gray/fbi_memo_and_evidence_logs_djvu.txt.

108 NG Research 公司是美国联邦调查局设立的幌子公司：Nathan Freed Wessler, *"FBI Documents Reveal New Information on Baltimore Surveillance Flights,"* ACLU, October 30, 2015, https://www.aclu.org/blog/privacy-technology/surveillance-techno-logies/fbi-documents-reveal-new-information-baltimore.

108 詹姆斯·科米在众议院司法委员会作证时解释说：*Oversight of the Federal Bureau of Investigation*: *Hearing Before the Committee of the Judiciary, House of Representatives, 114th Cong., October 22, 2015* (testimony of James Comey, Director, Federal Bureau of Investigation), https://www.justice.gov/ sites/default/files/testimonies/witnesses/attachments/2016/01/29/10-22-15_ fbi_comey_testimony_re_oversight_of_the_federal_bureau_of_investigation _web_ready.pdf.

108 BuzzFeed 网站报道称，美国联邦调查局动用了 100 多架飞机：Peter Aldhous and Charles Seife, *"Spies in the Skies,"* BuzzFeed News, April 6, 2016, https://www.buzzfeed.com/peteraldhous/spies-in-the-skies.

109 绝大多数的飞行活动都是由 NG Research 等幌子公司来执行的：Jack Gillum, Eileen Sullivan, and Eric Tucker, *"FBI Behind Mysterious Sur-veillance Aircraft over US Cities,"* Associated Press, June 2, 2015, https://www.msn.com/en-us/news/us/fbi-behindmysterious-surveillance-air-craft-over-us-cities.

109 国土安全局拥有一支庞大的侦察机队：US Department of Homeland Security, *"Written Testimony of CBP Office of Air and Marine Assistant Commissioner Randolph Alles, CBP Office of Technology Innovation and*

Acquisition Assistant Commissioner Borkowski, and CBP Office of Border Patrol Deputy Chief Ron Vitiello for a Senate Committee on Homeland Security and Governmental Affairs for a Hearing Titled 'Securing the Border: Fencing, Infrastructure, and Technology Force Multipliers,'" release date May 13, 2015, https://www.dhs.gov/news/2015/05/13/written-testimony-cbp-senate-committee-homeland-security-and-governmental-affairs.

110 美国司法部执法官局也拥有一支秘密特遣队：US Marshals Service, *"Technical Operations Group,"* https://www.usmarshals.gov/investigations/tog/tog.htm.

111 2017 年，BuzzFeed 网站的记者通过一种算法追踪了美国的空中交通数据：Peter Aldhous, *"We Trained a Computer to Search for Hidden Spy Planes. This Is What It Found,"* BuzzFeed News, August 7, 2017, https://www.buzzfeed.com/peteraldhous/hidden-spy-planes.

111 《得克萨斯州观察家》发布了一份调查报告：G. W. Schulz and Melissa del Bosque, *"The Eyes Above Texas,"* Texas Observer, May 23, 2018, https://www.texasobserver.org/planes/.

111 美国已有 600 多个州级和地方执法机构使用广域监视无人机：Dan Gettinger, *"Public Safety Drones: An Update,"* Center for the Study of the Drone, May 28, 2018, https://dronecenter.bard.edu/public-safety-drones-update/.

112 2011 年夏天，国土安全局利用一架"收割者"无人机：*"Predator Drone Helps Convict North Dakota Farmer in First Case of Its kind,"* Fox News, January 28, 2014, www.foxnews.com/us/2014/01/28/first-american-gets-prison-with-assistance-predator-rone.html.

112 该公司的管理层称：Patrick Tucker, *"Look for Military Drones to Begin Replac-ing Police Helicopters by 2025,"* Defense One, August 28, 2017, www.defenseone.com/technology/2017/08/look-military-drones-replace-police-helicopters-2025/140588/.

112 2018 年，"收割者"无人机的改良版：David Szondy, *"Sky Guardian Drone Completes Historic Transatlantic Flight,"* New Atlas, July 11, 2018,

https://newatlas.com/skyguardian-transatlantic-landing/55420/.

115 后来，巴尔的摩市警察局的其他调查人员拒绝采纳麦克纳特团队提供的证据：Police Foundation, *A Review of the Baltimore Police Department's Use of Persistent Surveillance*, 14.

117 即便是市长也被蒙在鼓里：Kevin Rector and Luke Broadwater, *"Report of Secret Aerial Surveillance by Baltimore Police Prompts Questions, Outrage,"* Baltimore Sun, August 24, 2016, www.baltimoresun.com/news/maryland/baltimore-city/bs-md-ci-secret-surveillance-20160824-story.html.

117 "平行结构"：Human Rights Watch, *Dark Side: Secret Origins of Evidence in US Criminal Cases* (New York: Human Rights Watch, 2017), 5.

117 警方宁愿选择放弃对嫌疑人的指控：Cyrus Farivar, *"FBI Would Rather Prosecutors Drop Cases Than Disclose Stingray Details,"* Ars Technica, April 7, 2015, https://arstechnica.com/tech-policy/2015/04/fbi-would-rather-prosecutors-drop-cases-than-disclose-stingray-details/.

117 事情曝光后，负责这个项目的警官：G. W. Schulz and Amanda Pike, *"Hollywood-Style Surveillance Technology Inches Closer to Reality,"* Center for Investigative Reporting, April 11, 2014, available via Internet Archive, https://web.archive.org/web/20140416141623/cironline.org/reports/hollywood-style-surveillance-technology-inches-closer-reality-6228.

117 2018 年，CRI 公司被曝光：内森·克劳福德接受作者采访，2018 年 3 月 1 日。

117 罗斯·麦克纳特告诉我：罗斯·麦克纳特接受作者采访，2016 年 7 月 14 日。

第五章　广域监视技术的其他作用

119 "必须用于积极的目的"：内森·克劳福德接受作者采访，2017 年 1 月 26 日。

120 2018 年夏天：Ross McNutt, *"Wide Area Surveillance and Counter Narco-Terrorism Operations,"* PowerPoint presentation, March 6, 2012, downloaded from https://www.slideshare.net/Shadowairs/waass-PSS-counter-narco-terrorism-briefing.

120 2010 年, 在 "深水地平线" 石油泄漏事情发生后: Frank Colucci, *"Persistence on Patrol,"* Avionics, May 1, 2013.

120 在应对飓风卡特里娜的过程中: United States Coast Guard, *"The U.S. Coast Guard & Hurricane Katrina,"* https://www.uscg.mil/history/katrina/katrinaindex.asp.

120 2016 年, 苏格兰在海岸附近开展了一次演习: Insitu, *"Insitu ScanEagle Completes Successful Maritime Surface Search at Royal Navy's Unmanned Warrior,"* press release, November 15, 2016, https://www.insitu.com/press-releases/Insitu-ScanEagle-Completes-Successful-Maritime-Surface-Search-at-Royal-Navys-Unmanned-Warrior.

121 PSS 公司也开展过类似的拍摄行动: McNutt, *"Wide Area Surveillance in Support of Law Enforcement,"* PowerPoint presentation, January 2014, https://info.publicintelligence.net/PSS-WideAreaSurveillance.pdf.

121 2018 年, 印第安纳州国民警卫队: Lonnie Wiram, *"Mission Impassable,"* Indiana Air National Guard, 181st Intelligence Wing Public Affairs, September 19, 2018, https://www.dvidshub.net/news/295390/mission-impassible.

121 澳大利亚国防部对其第一架广域监视飞机进行了优化升级: Australian Government, Department of Defence, *"WASABI— Angel Fire,"* https://www.dst.defence.gov.au/projects/wasabi-angel-fire.

122 在他的世界里, 投放灭火剂的飞机就像攻击机一样: 扎卡里·霍尔德接受作者采访, 2017 年 4 月 6 日。

122 美国林业局与 CRI 公司签订了一份价值 400 万美元的合同: *"Fed Biz Opps Issue of December 14, 2017, FBO #5865 Award,"* FBO Daily, December 12, 2017, www.fbodaily.com/archive/2017/12-December/14-Dec-2017/FBO-04764027.htm.

122 新型红外线摄像机: 内森·克劳福德接受作者采访, 2018 年 3 月 1 日。

122 2008 年, 在可口可乐 600 纳斯卡赛车比赛中: Ross McNutt, *"Wide Area Surveillance in Support of Law Enforcement,"* PowerPoint presentation, January 2014; 并罗斯·麦克纳特接受作者采访, 2016 年 6 月 13 日。

124 弗吉尼亚理工大学的两位研究人员：Kathleen L. Hancock and Md Rauful Islam, *Final Report: Use of Wide-Area Motion Imagery (WAMI) for Transportation Planning and Operations, VT 2013-03* (Blacksburg, VA: Virginia Tech Transportation Institute, February 2016), 4–5.

124 在巴尔的摩市运营广域监视项目期间：Police Foundation, *A Review of the Baltimore Police Department's Use of Persistent Surveillance*, 15.

125 但无论是哪一种版本，摄像机的成本都是一个大问题：迈克·梅尔曼斯接受作者采访，2017 年 1 月 18 日。

125 一套"女妖之眼"系统的售价约为 2 000 万美元：*US Air Force, Exhibit P-40, Budget Line Item Justification: PB 2019, "PRDTB3 / MQ-9 UAS Payloads,"* February 2018, p. 1, www.dtic.mil/procurement/Y2019/AirForce/stamped/U_P40_PRDTB3_BSA-5_BA-5_APP-3010F_PB_2019.pdf.

126 可以由州和联邦机构来运营：布赖恩·莱宁格尔接受作者采访，2017 年 4 月 7 日。

126 2016 年，飓风马修过境之后：Stork and Aldhous, *"This Shadowy Company Is Flying Spy Planes over US Cities."*

127 保险行业还与 CRI 公司合作：内森·克劳福德接受作者采访，2017 年 1 月 26 日。

第六章　广域监视技术的未来

129 "不。当涉及现实世界中的信息搜集和知识创造时，你就永远不可能到达终点"：迈克·梅尔曼斯接受作者采访，2016 年 8 月 5 日。

131 也就是 iPhone 8 手机相机里的像素大小：Daniel Yang, Stacy Wegner, and Ray Fontaine, *"Apple iPhone 8 Plus Teardown,"* Tech Insights, September 10, 2017, www.techinsights.com/about-techinsights/overview/blog/apple-iphone-8-teardown/.

131 那么从理论上来说，人们就可以制造出一个尺寸与先前大致相同：扬尼斯·安东尼亚德斯接受作者采访，2017 年 3 月 14 日。

131 2012 年，劳伦斯·利弗莫尔实验室在处理"女妖之眼"的数据时：希拉·维迪雅接受作者采访，2017 年 2 月 7 日。

131 仅以第一批广域监视摄像机为例：Dwayne Jackson, David Lamartin, and Jacqueline Yahn, *WAMI Final Report* (Washington, DC: Department of Defense, Secretary of the Air Force for Acquisition, December 11, 2012), 21.

132 洛戈斯技术公司的"红风筝"：Richard Tomkins, *"Wide-Area Sensor Flight-Tested on Small Drone,"* UPI, February 15, 2017, www.upi.com/Defense-News/2017/02/15/Wide-area-sensor-flight-tested-on-small-drone/1541487169770/.

132 但是，一味地缩小像素体积的尝试终将碰壁：扬尼斯·安东尼亚德斯接受作者采访，2017年3月14日。

133 麻省理工学林肯实验室研发出了一款红外线摄像机：丹·克雷斯接受作者采访，2016年10月26日。

133 监视整个匹兹堡大小的区域：Ross and Kelly, *"Wide-Area Motion Imaging (WAMI) Technology and Systems,"* and *"Wide-Area Infrared Sensor for Persistent Surveillance (WISP),"* MIT Lincoln Laboratory, https://www.ll.mit.edu/mission/electronics/ait/digital-pixel-fpa/wide-area-infrared-sensor.html.

134 "红风筝"被《航空与空间技术周刊》评为"最佳新产品"：Logos Technologies, *"Logos Tech nologies Wins Coveted Aviation Week Award for Redkite Wide-Area Sensor,"* press release, December 5, 2017, https://www.logostech.net/logos-wins-aviation-week-award-redkite-sensor/.

136 截至2018年春季，洛戈斯技术公司一直在争取：约翰·马里昂接受作者采访，2018年5月2日。

136 但它仍有可能被多达47个外国政府购买和使用：Gordon Arthur, *"EO/IR Special Report: CorvusEye Scans the Region,"* Shephard Media, February 12, 2018, https://www.shephardmedia.com/news/digital-battlespace/eoir-special-report-corvuseye-scans-region/.

136 一款拥有3亿像素的摄像机：PV Labs, *"PV Labs Intelligent Imaging,"* www.pv-labs.com.

136 一家欧洲的无人机监视公司：Vigilance, *"Wide Area Persistent Surveillance,"* www.vigilance.nl/wide-area-persistent-surveillance.html.

136 以色列防务公司埃尔比特系统公司：Barbara Opall-Rome, *"Elbit Unveils Time-Traveling Airborne Surveillance System,"* Defense News,

June 12, 2017, www.defensenews.com/articles/elbit-unveils-time-traveling- airborne-surveillance-system.

137 英国国防部已经开始悄悄地投资广域监视技术的研发：Mike Davies, Yvan Petillot, and Janet Forbes, *Mid Term Review—Signal Processing for a Networked Battlespace* (Edinburgh, Scotland:Edinburgh Consortium, Joint Research Institute of Signal Image Processing, University Defence Research Collaboration, September 30, 2015), 21.

137 德国航空航天中心正在研发：DLR Center for Satellite Based Crisis Information, *"ARGOS — Airborne Wide Area High Altitude Monitoring System,"* https://www.zki.dlr.de/project/106.

137 德国政府：Mickael Cormier, Lars Wilko Sommer, and Michael Teutsch, *"Low Resolution Vehicle Re-identification Based on Appearance Features for Wide Area Motion Imagery,"* 2016 IEEE Winter Applications of Computer Vision Workshops (WACVW), 1–7, doi:10.1109/WACVW.2016.7470114.

137 荷兰政府：Jasper van Huis et al., *"Vehicle-Tracking in Wide-Area Motion Imagery from an Airborne Platform,"* SPIE Newsroom, December 8, 2015, spie.org/newsroom/6212-vehicle-tracking-in-wide-area-motion-imagery-from-an-airborne-platform, doi:10.1117/2.1201511.006212.

137 新加坡正在将：IPI Singapore, *"The Future of City Monitoring: Auto-mated Surveillance from the Sky,"* https://www.ipi-singapore.org/technol ogy-offers/future-city-monitoring-automated-surveillance-sky.

137 澳大利亚国防部：Australian Government, Department of Defence, *"Defence Experimentation Airborne Platform (DEAP),"* https://www.dst.defence.gov.au/ research-facility/defence-experimentation-airborne-platform-deap.

137 美国无人机制造商通用原子航空系统公司：General Atomics Aeronau-tical Systems, Inc., Canberra, Australia, *"GA-ASI Ex pands Team Reaper Australia,"* press release, September 3, 2018, https://www.businesswire. com/news/home/20180903005033/en/GA-ASI-Expands-Team-Reaper-Aus-tralia.

138 2015 年，俄罗斯黑客组织 Fancy Bear：Jeff Donn, Desmond Butler, and Ra-phael Satter, *"Drones to Cloud Computing: AP Ex poses Russian*

Wish List," Associated Press, February 7, 2018, www.bdtonline.com/news/drones-to-cloud-computing-ap-exposes-russian-wish-list/article_235754e4-bff5-5c57-b144-f7ebcc5549c8-.html, and Kaveh Waddell, *"AI Company Working on DOD Project Reportedly Breached,"* Axios, June 13, 2018, https://www.axios.com/ai-company-working-on-project-maven-reportedly-breached-1528930694-5ac58e86-e198-4e9a-84fd-971c467a05b4.html.

138 中国的监视技术行业：*"Global and China Sensor Industry Report, 2015–2018,"* Report Buyer, September 29, 2015, www.prnewswire.com/news-releases/global-and-china-sensor-industry-report-2015-2018-300151132.html.

138 杭州海康威视数码科技有限公司：Xiao Yu, *"Is the World's Biggest Surveillance Camera Maker Sending Footage to China?"* Voice of America, November 21, 2016, www.voanews.com/a/hikvision-surveillance-cameras-us-embassy-kabuk/3605715.html.

138 中国科学院自动化研究所：Xinchu Shi et al., *"Using Maximum Consistency Context for Multiple Target Association in Wide Area Traffic Scenes,"* 2013 IEEE International Conference on Acoustics, Speech and Signal Processing, doi:10.1109/ICASSP.2013.6638042.

138 超过2亿个闭路电视监控摄像头：Paul Mozur in *"Playing Cat and Mouse with a Surveillance State,"* New York Times, February 28, 2019.

139 中国已经迅速成为世界上最大的军用无人机出口国：Adam Rawnsley, *"Meet China's Killer Drones,"* Foreign Policy, January 14, 2016, foreignpolicy.com/2016/01/14/meet-chinas-killer-drones/.

139 这种未来趋势的发展方向就是"蜻蜓"摄像机：Ross and Kelly, *"Wide-Area Motion Imaging (WAMI) Technology and Systems."*

139 "蜻蜓"与澳大利亚的WASABI飞机一起参加了测试：Pittaway, *"Five Eyes Test New Tech in Exercise for Reducing Urban Combat Risks."*

140 他制造了一款拥有3 000万像素的广域监视系统：史蒂夫·萨达斯接受作者采访，2017年6月9日。

140 在一个代号为"山鹑"的项目中：Gideon Grudo, *"Perdix Program Could Be DOD's Pathfinder to Progressive Projects,"* Air Force Magazine, June 23, 2017, www.airforcemag.com/Features/Pages/2017/June%20 2017/Perdix-Program-Could-be-DODs-Pathfinder-to-Progressive-Projects.aspx.

140 他们坚定而礼貌地告诉我：迈克尔·J.卡南给作者的电子邮件，2017 年3月16日。

第七章　需要100万双眼睛

141 一个"汽水吸管"式视频需要8位视频分析人员：US Air Force, *"Air Force Distributed Common Ground System,"* October 13, 2015, www. af.mil/About-Us/Fact-Sheets/Display/Article/104525/air-force-distributed-common-ground-system/.

142 空军高级科学家史蒂文·K.罗杰斯说：Steven K. Rogers, speaking at GEOINT Symposium 2015, quoted in Patrick Tucker, *"Robots Won't Be Taking These Military Jobs Anytime Soon,"* Defense One, June 22, 2015, https://www.defenseone.com/technology/2015/06/robots-wont-be-taking-these-military-jobs-anytime-soon/116017/.

142 装满了数量众多的大容量日立"桌面之星"外接硬盘：内森·克劳福德接受作者采访，2017年1月26日。

142 "永恒之鹰"的数据存储问题是美国国家地理空间情报局到目前为止所面临的最艰巨任务之一：James A. Ratches, Richard Chait, and John W. Lyons, *Some Recent Sensor-Related Army Critical Technology Events* (Washington, DC: Center for Technology and National Security Policy, National Defense University, February 2013), 12.

143 "要想监视一百万人，你就需要一百万个操作人员"：内森·克劳福德接受作者采访，2017年1月26日。

143 如果你想在iPad上看清楚"女妖之眼"发回来的每一个像素：Brian Leininger, *"Autonomous Real-Time Ubiquitous Surveillance—Imaging System (ARGUS-IS),"* PowerPoint presentation, The Villages Science and Technology Club Meeting, The Villages, Florida, February 8, 2016.

143 喝饱了咖啡的20名分析人员：Matthew Beinart, *"Drones to Get New AI*

Algorithms Under Project Maven," Avionics, November 2, 2017, www.aviationtoday.com/2017/11/02/drones-get-new-ai-algorithms-project-maven/.

144 杰森国防咨询小组考虑到了这一点：Jason, *Data Analysis Challenges* (Mc-Clean, VA: JASON, MITRE Corporation, December 2008), 86.

144 大约需要 11.7 万名分析人员：Lance Menthe et al., *The Future of Air Force Motion Imagery Exploitation: Lessons from the Commercial World* (Santa Monica, CA: RAND Corporation, 2012), 8.

144 "全世界有史以来最无聊的电子游戏"：Alex Pasternack, *"Can 'Good Kill' Make the Public Care About Drone Warfare?,"* Motherboard, May 19, 2015, https://motherboard.vice.com/en_us/article/gvyeg4/can-good-kill-make-the-public-care-about-the-drone-war.

145 联合特种作战司令部向洛克希德·马丁公司：Paul Richfield, *"Intell Video Moves to a Netflix Model,"* GCN, April 6, 2011, https://gcn.com/articles/2011/ 03/29/c4isr-1-battlefield-full-motion-video.aspx.

145 兰德公司的研究人员开始研究电视真人秀：Menthe et al., *The Future of Air Force Motion Imagery Exploitation*, 15.

146 谷歌街景的算法：*"How Google Cracked House Number Identification in Street View,"* MIT Technology Review, January 6, 2014, https://www.technologyreview.com/s/523326/how-google-cracked-house-number- identification-in-street-view/.

146 无人驾驶汽车能够：Danny Shapiro, *"Here's How Deep Learning Will Accelerate Self-Driving Cars,"* NVIDIA blog, February 24, 2015, https:// blogs.nvidia.com/blog/2015/02/24/deep-earning-drive/.

146 2015 年，这两位研究人员总结出一个结论：Raechel A. Bianchetti and Alan M. MacEachren, *"Cognitive Themes Emerging from Air Photo Interpretation Texts Published to 1960,"* International Journal of Geo-Information 4, no. 2 (2015):565.

147 大多数利用"女妖之眼"系统对叛乱分子实行蛮力追踪的分析人员：马克·库特接受作者采访，2017 年 6 月 1 日。

149 方块糖大小的计算机：Suraphol Udomkesmalee and Steven C. Suddarth, Vigilante: *Ultrafast Smart Sensor for Target Recognition and Precision*

Tracking in a Simulated CMD Scenario (Washington, DC: Ballistic Missile Defense Organization, 1997), 1.

149 参与研发"天使之火"的工程师古纳·西塔拉曼：古纳·西塔拉曼接受作者采访，2017 年 6 月 23 日。

150 维迪雅的团队设计的软件能够：Arnie Heller, *"From Video to Knowledge,"* Science & Technology Review, April/May 2011, https://str.llnl.gov/AprMay11/vaidya.html；并詹姆斯·波斯接受作者采访，2016 年 7 月 7 日。

150 从而制作出了特定环境的固定图象：约翰·马里昂接受作者采访，2017 年 6 月 7 日。

151 这套软件还能提高视频的分辨率：希拉·维迪雅接受作者采访，2017 年 1 月 12 日。

152 "这些孩子可是刚刚从大学毕业的"：希拉·维迪雅接受作者采访，2017 年 1 月 12 日。

153 有些军队指挥官没有耐心等待"持续集成电路"这样复杂的自动分析工具面世：马克·库特接受作者采访，2017 年 6 月 1 日。

153 至少有 14 个"最先进"的自动化识别与追踪系统活跃在市场上：Rodney LaLonde, Dong Zhang, and Mubarak Shah, *"Cluster Net: Detecting Small Objects in Large Scenes by Exploiting Spatio-Temporal Information,"* Center for Research in Computer Vision, University of Central Florida, December 4, 2017, available through ArXiv at https://arxiv.org/abs/1704.02694, p. 7.

153 空军方面投入了几百万美元研发了一套新的处理系统：Department of the Air Force, *Fiscal Year (FY) 2019 Budget Estimates, Air Force Justification Book Volume 3b of 3, Research, Development, Test & Evaluation, Air Force Vol-III Part 2: "675291 / Gorgon Stare,"* February 2018, 20 of 34.

154 美国空军研究实验室研发的一款类似的系统：Jianjun Gao et al., *"Context-Aware Tracking with Wide-Area Motion Imagery,"* SPIE Newsroom, June 7, 2013, doi:10.1117/2.1201305.004888.

154 在探讨此类概念的研究论文中，有一篇特别具有启发性：Reid Porter,

Andrew M. Fraser, and Don Hush, *"Narrowing the Semantic Gap in Wide Area Motion Imagery,"* IEEE Signal Processing Magazine 27, no. 5 (September 2010), doi: 10.1109/ MSP.2010.937396, 56–65.

155　澳大利亚 Sentient Vision 公司研发的精密移动追踪软件：Sentient Vision, *"ViDAR,"* www.sentientvision.com/products/vidar/.

155　美国海岸警备队产生了兴趣：Sentient Vision, *"Sentient Demonstrates ViDAR Optical Radar to the US Coast Guard,"* press release, September 29, 2016, www.sentientvision.com/2016/09/29/sentient-demonstrates-vidar-optical-radar-us-coast-guard/.

155　以展开更深入的分析：马克·库特接受作者，2017 年 6 月 1 日。

155　图像分析进入了第二阶段：Bianchetti and MacEachren, *"Cognitive Themes Emerging from Air Photo Interpretation Texts Published to 1960,"* 565.

155　在冷战期间，苏联核潜艇基地：戴维·多伊尔接受作者采访，2016 年 5 月 26 日。

157　一位曾在北德文斯克事案中有过贡献的高级分析人员：*Ingard Clausen and Edward A. Miller, Intelligence Revolution 1960: Retrieving the Corona Imagery That Helped Win the Cold War* (Chantilly, VA: Center for the Study of National Reconnaissance, April 2012), 68.

157　一个优秀的图像分析人员在看到一排坦克的时候：帕特里克·埃丁顿接受作者采访，2016 年 6 月 28 日。

第八章　魔鬼盯着看

159　2008 年春季的一天：约翰·蒙哥马利接受作者采访，2016 年 12 月 19 日。

160　甚至记得当地妇女在阳台上晾晒衣服的具体位置：Marc Schanz, *"The Indispensable Weapon,"* Air Force Magazine, February 2010, 33–34.

162　公司创始人查尔斯·劳和比尔·霍夫曼认为：查尔斯·劳和比尔·霍夫曼接受作者采访，2017 年 1 月 31 日。

162　"我们不想等到爆炸装置爆炸以后再去追查嫌疑人。"约翰·马里昂接受作者采访，2016 年 11 月 30 日。

162 新曼哈顿计划的核心要点：Rick Atkinson, *"Left of Boom: The Fight Against Improvised Explosive Devices,"* Washington Post, September 30, 2007, available through Internet Archive at https://web.archive.org/web/20171231194909/http://www.washingtonpost.com/wp-dyn/content/article/2007/09/28/AR2007092801888.html.

163 行为情报学：Cathy Johnston, *"(U) Modernizing Defense Intelligence: Object Based Production and Activity Based Intelligence,"* PowerPoint presentation, Defense Intelligence Agency Innovation Day, June 27, 2013, Washington, DC.

164 他们会不露痕迹地潜伏在人群之中：Karen E. Thuermer, *"Counter-IED Technologies Critical Worldwide,"* Tactical ISR Technology 4, no. 1 (February 2014):10.

164 唐纳德·拉姆斯菲尔德广受抨击的那句 "未知的未知"：David A. Graham, *"Rumsfeld's Knowns and Unknowns: The Intellectual History of a Quip,"* Atlantic, March 27, 2014, https://www.theatlantic.com/politics/archive/2014/03/rumsfelds-knowns-and-unknowns-the-intellectual-history-of-a-quip/359719/.

164 "在全球范围内的海洋里去抓一条或许是鱼或许不是鱼的东西"：Letitia Long, *"Activity Based Intelligence: Understanding the Unknown,"* Intelligencer: Journal of U.S. Intelligence Studies 20, no. 2 (Fall/Winter 2013): 7.

164 美国国防部的一位高级情报官员在一份尚未公开发布的报告中称：Bob Arbetter, Deputy Director, Development and Enabling (DE), Office of the Undersecretary of Defense (Intelligence), *"Activity Based Intelligence and Human Dimension An alytics,"* cited in Edwin C. Tse, *"IMSC Spring Retreat Activity Based Intelligence Challenges,"* PowerPoint presentation to the Integrated Media Systems Center Spring Retreat, University of Southern California, Davidson Conference Center, March 7, 2013.

165 "干坏事的就是坏人"：US Defense Advanced Research Projects Agency, *"DARPA Advances Video Analysis Tools,"* posted on Phys.org, June 24, 2011, https://phys.org/news/2011-06-darpa-advances-video-analysis-tools.html#jCp.

166 Kitware 公司获得了一份价值 1 100 万美元的合同：Michael Peck, *"U.S. Military Technology Projects Target Automated Imagery Analysis,"* Space News, November 29, 2010, http://spacenews.com/us-military-technology-projects-target-automated-imagery-analysis/.

167 一份该项目的规划文件透露：Information Processing Techniques Office, Defense Advanced Research Projects Agency, *DARPA-BAA-09-55 Persistent Stare Exploitation and Analysis System (PerSEAS) Broad Agency Announcement (BAA)* (Arlington, VA:DARPA, 2009), 6, 8–10.

167 即便计算机不能捕捉所有信息也没关系：安东尼·霍格斯接受作者采访，2017 年 1 月 31 日。

167 2010 年，国防部高级研究计划局又与 Kitware 公司签署了一份价值 1 380 万美元的合同：Kitware, *"DARPA Awards Kitware a $13.8 Million Contract for Online Threat Detection and Forensic Analysis in Wide-Area Motion Imagery,"* press release, July 19, 2010, https://blog.kitware.com/darpa-awards-kitware-a-13-8-million-contract-for-online-threat-detection-and-forensic-analysis-in-wide-area-motion-imagery/.

171 在通用电气全球研发中心，安东尼·霍格斯曾给为国防部高级研究计划局研发过另一个系统：*"U.S. Navy's PANDA Technology to Detect 'Deviant' Ships,"* Homeland Security News Wire, November 13, 2009, www.homelandsecuritynewswire.com/us-navys- panda-technology-detect-deviant-ships；并安东尼·霍格斯接受作者采访，2017 年 1 月 31 日。

171 信用卡公司也采用了类似的策略：David Pendall, *"The Promise of Persistent Surveillance: What Are the Implications for the Common Operating Picture?"* Monograph AY 04-05, United States Army Command and General Staff College, School of Advanced Military Studies, Leavenworth, KS, May 26, 2005, 30.

171 利用相似的技术手段，国防承包商哈里斯公司：Bernard V. Brower, Jason Baker, and Brian Wenink, *"Wide-Area Motion Imagery for Multi-INT Situational Awareness,"* Harris report presented at NATO SET-241, May 26, 2017, Quebec, doi: 10.14339/STO-MP-SET-241, p. 3.

172 霍格斯说，我刚才的驾驶行为：安东尼·霍格斯接受作者采访，2017

年 1 月 31 日。

173 2014 年，空军研究实验室将 KWIVER 描述为该领域"最先进"的系统：Air Force Research Laboratory, *"Promoting Probabilistic Programming Systems (PPS) Development in Probabilistic Programming for Advancing Machine Learning (PPAML),"* AFRL-RI-RS-TR-2018-073 (Rome, NY:Air Force Materiel Command, March 2018), p. 6, http://www.dtic.mil/dtic/tr/fulltext/u2/1050323.pdf.

173 因为这个项目，Kitware 公司从政府部门获得了价值 4 000 万美元的合同：Michael Peck, *"U.S. Military Technology Projects Target Automated Imagery Analysis,"* Space News, November 29, 2010, http://spacenews.com/us-military-technology-projects-target-automated-imagery-analysis/.

173 一套经过精准调整的常态识别系统：Reid Porter, Andrew M. Fraser, and Don Hush, *"Narrowing the Semantic Gap in Wide Area Motion Imagery,"* IEEE Signal Processing Magazine, 2010, 12.

174 SIG 公司将精准复杂的数据分析方法应用于众多空中监视技术之中：*"Signal Innovations Group: Innovative Technology to Help Interpret Complex Data,"* CTOvision.com, March 7, 2012, https://ctovision.com/signal-innovations-group-innovative-technology-to-help-interpret-complex-data/. 截至 2018 年 8 月，该网站已将此网页移除。

174 SIG 公司制作了一份产品推介书：Signal Innovations Group, *"WAMI for Multi-Source MOVINT,"* PowerPoint presentation, 2013, https://pdfs.semanticscholar.org/presentation/f90e/4a8ad93d22-48a631b86a6d78d-1a2485ad53a.pdf.

176 2014 年，国防承包商英国宇航系统公司收购了 SIG 公司：BAE Systems, *"BAE Systems Completes Acquisition of Signal Innovations Group,"* September 30, 2014, https://www.baesystems.com/en-us/article/bae-systems-completes-acquisition-of-signal-innovations-group.

176 英国宇航系统公司现在出售的软件的前身：Katherine Owens, *"New BAE Systems Software Now Both Tracks and Interprets ISR Data,"* Defense Systems, June 22, 2017, https://defensesystems.com/articles/2017/06/22/bae-software.aspx.

176 SIG 公司将城市中的医疗机构当作犯罪分子网点的替代品：Signal Innovations Group, *"WAMI for Multi-Source MOVINT."*

176 截至 2007 年初，政府投资的各实验室试验开展自动化试验已有十多年的时间了：Cheryl Pellerin, *"Project Maven to Deploy Computer Algorithms to War Zone by Year's End,"* US Department of Defense, DOD News, Defense Media Activity, July 21, 2017, https://www.de fense.gov/News/Article/Article/1254719/project-maven-to-deploy-computer-algorithms-to-war-zone-by-years-end/.

177 "麦文计划"的目标很简单：Tajha Chappellet-Lanier, *"Pentagon's Project Maven Responds to Criticism: 'There Will Be Those Who Will Partner with Us,'"* FedScoop, May 1, 2018, https://www.fedscoop.com/project-maven-artificial-intelligence-google/.

177 这套自动分析系统的功能之一：Jack Shanahan, *"Disruption in UAS: The Algorithmic Warfare Cross-Functional Team (Project Maven),"* PowerPoint presentation, Office of the Secretary of Defense, Under Secretary of Defense for Intelligence, Washington, DC, October 26, 2017.

178 作为该项目的承包商之一：Matthew Zeiler, *"Why We're Part of Project Maven,"* Clarifai, June 13, 2018, https://www.clarifai.com/blog/why-were-a-part-of-project-maven.

178 截至 2018 年底，该项目将会完成部署：Shanahan, *"Algorithmic Warfare Cross-Functional Team (AWCFT) aka Project Maven."*

178 但是美国国防部在 2018 年初发布的一份预算报告表明：US Department of Defense, *"Reprogramming Action—Internal: Intelligence Surveillance and Reconnaissance Request,"* July 10, 2018, p. 3.

178 该项目的负责人曾向澳大利亚皇家空军的部分成员做过项目介绍：Shanahan, *"Disruption in UAS."*

178 在 2019 年的预算申请中：Dan Gettinger, *"Summary of Drone Spending in the FY 2019 Defense Budget Request,"* Center for the Study of the Drone, April 2018, p. 9, https://dronecenter.bard.edu/files/2018/04/CSD-Drone-Spending-FY19-Web-1.pdf.

178 这一项目的合作伙伴：Shanahan, *"Algorithmic Warfare Cross-Function-*

al Team (AWCFT) aka Project Maven."

179 国防部高级研究计划局的"心灵之眼"项目：Bruce A. Draper, *"Mind's Eye,"* Colorado State University, www.cs.colostate.edu/~draper/MindsEye. php.

180 YouTube 的相关视频推荐系统是以 1 000 亿个用户的行为样本为基础进行训练的：Paul Covington, Jay Adams, and Emre Sargin, *"Deep Neural Networks for YouTube Recommendations,"* RecSys 2016, Boston, September 15–19, 2016.

180 正是基于类似的原因，脸书的人脸识别系统：Naomi LaChance, *"Facebook's Facial Recognition Software Is Different from the FBI's. Here's Why,"* NPR, May 18, 2016, https://www.npr.org/sections/alltechconsidered/2016/05/18/477819617/facebooks-facial-recognition-software-is-different-from-the-fbis-heres-why.

180 "深度学习的影响是革命性的"：*"Perspectives on Research in Artificial Intelligence and Artificial General Intelligence Relevant to DoD,"* JSR-16-Task-003 (McLean, VA: MITRE Corporation, JASON Program Office, January 2017),

181 利用 ImageNet 对深度学习系统进行了强化：比尔·罗斯接受作者采访，2016 年 12 月 20 日。

181 "麦文计划"最初的成功：Shanahan, *"Algorithmic Warfare Cross-Functional Team (AWCFT) aka Project Maven."*

182 "在费城受训的飞行员"：维贾扬·亚沙里接受作者采访，2017 年 3 月 14 日。

182 例如，一项任务的地点从城市战场转到了农村战场：Zhicong Qiu et al., *"Actively Learning to Distinguish Suspicious from Innocuous Anomalies in a Batch of Vehicle Tracks,"* SPIE Proceedings 9079, Ground/Air Multisensor Interoperability, Integration, and Networking for Persistent ISR V, 90790G (2014), doi:10.117/12.2052778.

182 蒙哥马利上校在 YouTube 上看了一段视频：约翰·蒙哥马利接受作者采访，2016 年 12 月 19 日。

183 2017 年秋天，国防部办公室选择了谷歌公司作为"麦文计划"的合作伙伴：Scott Shane, Cade Metz, and Daisuke Wakabayashi, *"How a Pentagon Contract Became an Identity Crisis for Google,"* New York Times, May 30, 2018, https://www.nytimes.com/2018/05/30/technology/google-project-maven-pentagon.html.

184 大概在 2013 年，谷歌公司就和美国空军研究实验室签署了一份合作协议：Department of Defense, Research and Engineering Enterprise, *"DoD Scientist of the Quarter: Mr. Daniel Uppenkamp, Air Force Research Laboratory (AFRL),"* March 28, 2014, https://www.acq.osd.mil/chieftechnologist/scientist/2014-4thQtr.html.

184 合作研究与开发协议：Shane Harris, @War: *The Rise of the Military-Internet Complex* (Boston: Houghton Mifflin Harcourt, 2014), 175.

184 "空军研究实验室——谷歌"项目的最终成果：Department of Defense, Research and Engineering Enterprise, *"DoD Scientist of the Quarter: Mr. Daniel Uppenkamp."*

185 空军发言人对此既不否认也不承认：肯尼思·舒尔茨给作者的电子邮件，2018 年 5 月 16 日。

185 "不能保证该项目与公司的人工智能原则保持一致"：*"Google Drops Out of Bidding for Massive Pentagon Cloud Contract,"* Agence France-Presse, October 9, 2018, https://www.voanews.com/a/google-drops-out-bidding-massive-pentagon-cloud-contract/4605813.html.

185 "如果大型科技公司都拒绝与美国国防部合作，那么这个国家就危险了"：Dave Lee, *"Amazon's Bezos: US Needs to Be Defended,"* BBC News, October 15, 2018, https://www.bbc.com/news/technology-45871248.

185 17 个情报机构：Frank Konkel, *"The Details About the CIA's Deal with Amazon,"* Atlantic, July 17, 2014, https://www.theatlantic.com/technology/archive/2014/07/the-details-about-the-cias-deal-with-amazon/374632/.

186 "我们不会退出未来"：Brad Smith, *"Technology and the US Military,"* Microsoft on the Issues, October 26, 2018, https://blogs.microsoft.com/on-the-issues/2018/10/26/technology-and-the-us-military/.

186 "谷歌通过人工智能找到了与你极其相似的人"：Stephanie Mlot, *"Google Uses AI to Find Your Fine-Art Doppelgänger,"* Geek.com, January 16, 2018, https://www.geek.com/tech/google-uses-ai-to-find-your-fine-art-doppelganger-1727948/.

第九章　新维度

187　世界上第一套真正意义上的全视闭路电视监控系统：比尔·罗斯接受作者采访，2016 年 12 月 20 日。

188　"浸入式监视系统"在洛根机场进行测试之后：Ross and Kelly, *"Wide-Area Motion Imaging (WAMI) Technology and Systems."*

188　2016 年，麻省理工学院将这项技术转让给了 CRI 公司：内森·克劳福德接受作者采访，2017 年 2 月 7 日。

189　2017 年初，海关与边境保护局计划在南部边境线上新建 200 个监视塔：Spencer Woodman, *"U.S. Seeks to Double Surveillance Towers Along the Mexican Border,"* Intercept, January 2017, https://theintercept.com/2017/01/27/u-s-seeks-to-double-video-surveillance-towers-along-mexican-border/.

189　以色列防务公司埃尔比特系统公司：Elbit Systems of America, *"Elbit Systems of America Showcases Border Solutions Expertise at Border Security Expo,"* press release, April 6, 2017, https://www.marketwatch.com/press-release/elbit-systems-of-america-showcases-border-solutions-expertise-at-border-security-expo-2017-04-06.

189　"人口密集地区"的监视项目：Elbit Systems, *"Company Profile: Next Is Now,"* http://elbitsystems.com/media/NIN_2017.pdf, p. 61.

189　在巴西圣保罗的科林蒂安竞技场：Hikvision, *"Hikvision Announces Partnership with Sao-Paolo Based Corinthians,"* press release, March 23, 2018, markets.businessinsider.com/news/stocks/hikvision-announces-partnership-with-sao-paolo-based-corinthians-1019136412.

190　匈牙利的 Logipix 公司：Logipix, *"LOGIPIX Panorama Cameras,"* www.logipix.com/index.php/components/logipix-hardware-components/panoramic-cameras.

190　尚处于初创阶段的 Aqueti 公司：戴维·J.布雷迪给作者的电子邮件，

2018 年 1 月 30 日。

190 安讯士网络通信公司：Axis Communications, *"Axis Camera Reads Distant License Plate,"* YouTube video, 1:19, February 12, 2014, https://www.youtube.com/watch?v=2mPuUIBIagQ.

190 科林蒂安竞技场安装的摄像头：Hikvision, *"Hikvision Announces Partnership with Sao-Paolo Based Corinthians."*

191 2017 年爱莉安娜·格兰德音乐会爆炸事件：Hershman, keynote speech, and Sean Morrison, *"Manchester Arena Attack: Police Plan to Put Suicide Bomber Salman Abedi's Brother on Trial,"* Evening Standard, May 16, 2018, https://www.standard.co.uk/news/crime/manchester-arena-attack-police-plan-to-bring-suicide-bomber-salman-abedis-brother-to-trial-a3840181.html.

191 自 2016 年起，亚马逊公司就开始向美国的执法机构兜售人脸识别和物体识别软件：Amazon Web Services, *"Amazon Rekognition,"* https://aws.amazon.com/rekognition/.

191 奥兰多警察局和华盛顿治安官办公室：Nick Wingfield, *"Amazon Pushes Facial Recognition to Police. Critics See Surveillance Risk,"* New York Times, May 22, 2018, https://www.nytimes.com/2018/05/22/technology/amazon-facial-recognition.html.

191 南非的约翰内斯堡：Muhammad Hussain, *"Will Plugging into 'Advanced Monitoring' Allow SA to Reclaim the Streets?,"* City Press, May 26, 2018, https://city-press.news24.com/News/will-plugging-into-advanced-monitoring-allow-sa-to-reclaim-the-streets-20180525.

191 新加坡：Aradhana Aravindan and John Geddie, *"Singapore to Test Facial Recognition on Lampposts, Stoking Privacy Fears,"* Reuters, April 13, 2018, https://www.reuters.com/article/us-singapore-surveillance/singapore-to-test-facial-recognition-on-lampposts-stoking-privacy-fears-idUSKBN1H K0RV.

191 在莫斯科，政府官员已经建议：Devin Coldewey, *"Moscow Officially Turns on Facial Recognition for Its City-Wide Camera Network,"* TechCrunch, September 28, 2017, https://techcrunch.com/2017/09/28/

moscow-officially-turns-on-facial-recognition-for-its-city-wide-camera-network/.

192 伦敦已经跟新兴的 SeeQuestor 公司进行合作：James Temperton, *"One Nation Under CCTV: The Future of Automated Surveillance,"* Wired, August 17, 2015, www.wired.co.uk/article/one-nation-under-cctv.

192 美国情报机构的高级研究实验室：Terry Adams, *"Deep Intermodal Video Analytics: Proposers' Day Brief,"* PowerPoint presentation, Intelligence Advanced Research Projects Activity, July 12, 2016.

193 杜克大学的团队：Matt Hartigan, *"Connected Gloves and 'Bullet Time': NBC Thinks Technology Can Make Boxing Cool,"* Fast Company, March 6, 2015, https://www.fastcompany.com/3042958/nbc-primetime-boxing-connected-gloves-high-tech-cameras.

194 2013 年, "天空 1 号" 卫星：Mario Dubois, *"Skysat: A New Generation of HD Imaging Satellites,"* Substance ÉTS, February 4, 2014, substance-en.etsmtl.ca/skysat-a-new-generation-of-hd-imaging-satellites; and Terra Bella, *"Skybox Imaging Captures World's First High-Resolution, HD Video of Earth from Space (1080p HD),"* YouTube video, 1:19, December 23, 2013, https://www.youtube.com/watch?v=fCrB1t8MncY.

195 美国政府大多数卫星的成本都超过了 10 亿美元：Marshall Curtis Erwin, *Intelligence, Surveillance, and Reconnaissance (ISR) Acquisition: Issues for Congress* (Washington, DC: Congressional Research Service, April 16, 2013), 6.

195 8 万美元：Charles L. Gustafson and Siegfried W. Janson, *"Think Big, Fly Small,"* Crosslink, Summer 2014, p. 1, www.aerospace.org/crosslinkmag/fall-2014/think-big-fly-small/.

195 通用原子公司曾经提议：Caleb Henry, *"General Atomics Ramping Cubesat Production, Muses Railgun Smallsat Launcher,"* SpaceNews, October 12, 2017, spacenews.com/general-atomics-ramping-cubesat-production-muses-railgun-smallsat-launcher/.

196 美国空军：Debra Werner, *"Air Force to Bolster Weather Capabilities with Small Satellites and Sensors,"* SpaceNews, January 11, 2018, spacenews.

com/air-force-to-bolster-weather-capabilities-with-small-satellites-and-sen-sors/.

196　海军：Kyra Wiens, *"With SpinSat Mission, NRL Will Spin Small Satellite in Space with New Thruster Technology,"* US Naval Research Laboratory, September 18, 2014, https://www.nrl.navy.mil/media/news-releases/2014/with-spinsat-mission-nrl-will-spin-small-satellite-in-space-with-new-thruster-technology.

196　陆军：Sandra Erwin, *"Army Space Project a Now-or-Never Moment for Low-Cost Military Satellites,"* SpaceNews, October 25, 2017, spacenews.com/army-space-project-a-now-or-never-moment-for-low-cost-military-satellites/.

196　国家侦察局：*"Colony-1 CubeSats of NRO,"* Earth Observation Portal, Directory, https://directory.eoportal.org/web/eoportal/satellite-missions/c-missions/colony-1.

196　联合特种作战司令部：Noah Shachtman, *"With New Mini-Satellites, Special Ops Takes Its Manhunts into Space,"* Wired, May 21, 2013, https://www.wired.com/2013/05/special-ops-mini-sats-manhunts/.

196　根据 2017 年披露的一个名为 "杀伤链" 的应急计划：David E. Sanger and William J. Broad, *"Tiny Satellites from Silicon Valley May Help Track North Korea Missiles,"* New York Times, July 6, 2017, https://www.nytimes.com/2017/07/06/world/asia/pentagon-spy-satellites-north-korea-missiles.html?emc=edit_nn_20170707&nl=morning-briefing&nlid=73250843&te=1.

196　国防部高级研究计划局也在组建一个由几十颗小卫星组建成的卫星群：Todd Master, *"Space Enabled Effects for Military Engagements (SeeMe),"* Defense Advanced Research Projects Agency, www.darpa.mil/program/space-enabled-effects-for-military-engagements.

196　2017 年，俄罗斯发射的一枚火箭：*"Russia Launches 73 Satellites into Orbit,"* Phys.org, July 14, 2017, https://phys.org/news/2017-07-russia-satel-lites-orbit.html.

196　印度航天局：D. S. Madhumathi, *"ISRO Developing a Compact Launcher for Small Satellites,"* Hindu, December 11, 2017, www.thehindu.com/scitech/science/isro-developing-a-compact-launcher-for-small-satellites/article21420644.ece.

196 由 200 颗小型卫星组成的卫星群: Ashlee Vance, *"The Tiny Satellites Ushering in the New Space Revolution,"* Bloomberg Businessweek, June 29, 2017, https://www.bloomberg.com/news/features/2017-06-29/the-tiny-satellites-ushering-in-the-new-space-revolution.

197 2016年, 美国国家地理空间情报局向Planet公司支付了2 000万美元: National Geospatial-Intelligence Agency, *"NGA Introductory Contract with Planet to Utilize Small Satellite Imagery,"* October 24, 2016, https://www.nga.mil/MediaRoom/PressReleases/Pages/NGA-introductory-contract-with- Planet-to-utilize-small-satellite-imagery.aspx.

197 该项目启动后一个月内: Kristin Quinn, *"USGIF Hosts Second Small Satellite Workshopat NGA,"* Trajectory Magazine, November 15, 2016, trajectorymagazine.com/usgif-hosts-second-small-satellite-workshop-nga/.

198 另一家小型初创企业BlackSky: John K. Hornsby, BlackSky Global, *"A Revolutionary Change in Earth Observation,"* PowerPoint presentation, GEOSmart Asia, October 1, 2015, Kuala Lumpur, Malaysia.

198 工程师查尔斯·诺顿带领一支队伍: 查尔斯·诺顿接受作者采访, 2017年3月22日。

199 在2013年, 已经在小型卫星领域钻研了20多年的航空航天公司: Richard P. Welle and David Hinkley, *"The Aerospace Nano/PicoSatellite Program,"* presentation at In-Space Non-Destructive Inspection Technology Workshop, July 15–16, 2014, Johnson Space Center, Houston, TX.

199 一款名为"蜘蛛"的摄像机: Lockheed Martin, *"How We're Shrinking the Telescope: An Up-Close Look at SPIDER,"* January 19, 2016, https://www.lockheedmartin.com/us/innovations/011916-webt-spider.html.

200 高空伪卫星"和风-S": Angus Batey, *"Record Flight Showcases Zephyr Pseudosatellite Capabilities,"* Aviation Week & Space Technology, August 14, 2018, aviationweek.com/technology/record-flight-showcases-zephyr-pseudosatellite-capabilities.

201 Orbital Insight是一家位于旧金山的初创公司: 内森·克劳福德接受作

者采访，2018 年 3 月 1 日。

201 中央情报局和国家地理空间情报局：Kevin McCaney, "*NGA Joins SpaceNet Satellite Imagery Initiative,*" GCN, September 20, 2016, https://gcn.com/articles/2016/09/20/nga-spacenet.aspx.

201 与此同时，美国国防部位于硅谷的一处孵化基地：Tom Simonite, "*The Pentagon Wants Your Help Analyzing Satellite Images,*" Wired, February 21, 2018, https://www.wired.com/story/the-pentagon-wants-your-help-analyzing-satellite-images/.

201 针对卫星视频的自动分析工作也早已在暗地里开始了：安东尼·霍格斯接受作者采访，2017 年 1 月 31 日。

202 全球绝大部分地区的持续实时视频：EarthNow, "*EarthNow to Deliver Real-Time Video via Large Satellite Constellation,*" press release, April 18, 2018, http://10z325bj2404dqj6e3lhft8y-wpengine.netdna-ssl.com/wp-content/uploads/2018/04/Press_Release_18April2018.pdf.

第十章　全感监视

203 雷达系统可以探测斯洛伐克国土面积那么大的区域内任何移动的物体：John A. Tirpak, "*The JSTARS Recap,*" Air Force Magazine, February 2015, www.airforcemag.com/MagazineArchive/Pages/2015/February%202015/The-JSTARS-Recap.aspx.

203 国家地理空间情报局拥有自己的激光成像传感器：David Walsh, "*Laser-Based Mapping Tech a Boost for Troops in Afghanistan,*" GCN, July 27, 2011, https://gcn.com/articles/2011/07/18/tech-watch-geoint-lidar.aspx.

204 2007 年，在一次罕见直率的会议上：Doug Richardson, "*Continuous Clandestine Tagging, Tracking, and Locating (CTTL),*" PowerPoint presentation, US Special Operations Command, Washington, DC, September 5, 2007.

204 "全球情报监视和侦察"：Defense Advanced Research Projects Agency, "*Exhibit R-2A, RDT&E Budget Item Justification: PB 2013,PE0603767E:*

Sensor Technology," February 2012, p. 23, www.dtic.mil/descriptivesum/ Y2013/DARPA/stamped/0603767E_3_PB_2013.pdf.

205 "分层感应"：Erik Blasch et al., *"Summary of Methods in Wide-Area Motion Imagery (WAMI),"* SPIE Proceedings 9089 (2012), Geospatial InfoFusion and Video Analytics 4, and Motion Imagery for ISR and Situational Awareness 2, doi: 10.1117/12.2052894.

205 手机拦截器可能只能锁定目标设备大致的位置：Brower, Baker, and Wenink, *"Wide-Area Motion Imagery for Multi-INT Situational Awareness,"* 3.

205 将不同设备收集到的信息融汇到一起：詹姆斯·波斯接受作者采访，2016 年 8 月 24 日。

207 美国国防部 21 世纪情报策略的核心原则：US Air Force, *"Air Force ISR 2023: Delivering Decision Advantage,"* 2013, 13.

208 如果信号情报传感器检测到了可疑电话：Brower, Baker, and Wenink, *"Wide-Area Motion Imagery for Multi-INT Situational Awareness,"* 3.

208 在美国空军方面的资助下：*Fiscal Year (FY) 2018 Budget Estimates, Air Force Justification Book: Research, Development, Test & Evaluation, Vol— II,* US Department of Defense, May 2017, 7.

209 英国国防部也在建造多传感器无人机：UK Ministry of Defence, *"Project OMNISCIENT,"* Contract Notice, August 27, 2018, available at https://www.defenceonline.co.uk/2018/08/27/project-omniscient/.

209 一款名为"触角"的系统: Randy Milbert et al., *TENTACLE: Multi-Camera Immersive Surveillance System,* Small Business Innovation Research Phase II Report, AFRL-RH-WP-TR-2015-0011 (Wright-Patterson AFB, Ohio: Air Force Research Laboratory, April 2015), 6.

210 "洞察力"项目：*"Unified Military Intelligence Picture Helping to Dispel the Fog of War,"* Defense Advanced Research Projects Agency, September 5, 2013, http://www.darpa.mil/news-events/2013-09-05.

211 一座城市的"动态稳定性"：Allison Astorino-Courtois, *"NSI:StaM & Framework Analysis,"* Megacities— Reconnaissance,Surveillance,Intelligence(M-RSI) "Proof-of-Concept" Effort, PowerPoint presentation, February 6, 2013.

211 按照美国空军方面的构想："*BAA-AFRL-RIK- 2015-0014: Deep Learning for Actionable Intelligence Discovery and Exploitation*," Department of the Air Force, Air Force Materiel Command, August 11, 2015, https://www.fbo.gov/?s=opportunity&mode=form&id=fd107a8fbda12f4 fc4ec55a713232436&tab=core&_cview=0.

213 一些先进的喷气式战斗机：Lara Seligman, "*Super Hornet Demonstrates 'Eye-Watering' Sensor Fusion*," Aerospace Daily & Defense Report, May 24, 2018, aviationweek.com/defense/super-hornet-demonstrates-eye-watering-sensor-fusion.

213 2017年，经过5年左右的研发：US Department of Defense, "*Contracts*," September 20, 2017, Release No: CR-183-17, https://www. defense.gov/News/Contracts/Contract-View/Article/1318702/. BAE's role is confirmed in Department of Defense *Fiscal Year (FY) 2018 Budget Estimates*, Air Force Justification Book: Research, Development, Test & Evaluation, Air Force Vol—II, May 2017, page 7.

213 国家地理空间情报局的"世界地图"系统：Greg Slabodkin, "*NGA's Map to Put a World of Geospatial Intell in One Place*," Defense Systems, August 25, 2014, https://defensesystems.com/articles/2014/08/25/nga-map-of-the-world-geoint.aspx.

214 一款名为"智能化运动"的软件：Geoff Fein, "*BAE Systems Adds Movement Trac-king Capability to GXP Software*," Jane's International Defence Review, June 8, 2017, www.janes.com/article/71241/bae-systems-adds-movement-tracking-capability-to-gxp-software.

214 价值4亿美元的合同：Slabodkin, "*NGA's Map to Put a World of Geospatial Intell in One Place*," Defense Systems, August 25, 2014, https://defensesystems.com/articles/2014/08/25/nga-map-of-the-world-geoint.aspx; and John Keller, "*BAE Systems Names Industry Team to Help DARPA Unify Imaging and Military Intelligence Sensors*," Military & Aerospace, January 16, 2014, www.militaryaerospace.com/articles/2014/01/bae-insight-team.html.

214 SRC是一家总部位于纽约的研发公司：Mark Pomerleau, "*As DoD

Seeks to Unburden Analysts, Industry Ramps Up Investments," C4ISRNET, March 13, 2018, https://www.c4isrnet.com/c2-comms/2018/03/13/as-dod-seeks-to-unburden-analysts-industry-ramps-up-investments/.

214 位于弗吉尼亚州的国防公司 Leidos：Leidos, *Advanced Analytics Suite,* pamphlet, available through the Internet Archive at https://web.archive. org/ web/20170205093703/https://www.leidos.com/products/software/ advancedanalytics.

214 国防巨头洛克希德·马丁公司：Lockheed Martin, *Hydra Fusion Tools,*™ https://www.lockheedmartin.com/us/products/cdl-systems/hydra-fusion-tools. html.

214 英国宇航系统公司"九头蛇"系统：BAE Systems, *Authorized Federal Acquisition Service, Information Technology Schedule Price List, General Purpose Commercial Technology, Equipment, Software and Services* (San Diego, CA: BAE Systems Information & Electronic Systems Integration, June 2016), 20.

214 洛克希德·马丁公司的系统售价为 9 000 美元：Lockheed Martin, "*Lockheed Martin CDL Systems Software Products Price List,*" https:// www.lockheed martin.com/content/dam/lockheed/data/ms2/documents/ cdl-systems/LM-CDL-Systems-Software-Products-Price-List.pdf.

215 在这次假想的反雷达任务中：DARPAtv, "*Collaborative Operations in Denied Environment (CODE) Human-System Interface Test,*" YouTube video, 2:15, May 13, 2016, https://www.youtube.com/watch?v=o8AFuiO6 ZSs&feature=youtu.be.

216 加快战场决策的速度：US Department of Defense, *Persistent Intelligence, Surveillance, and Reconnaissance: Joint Integrating Concept Version 1.0* (Washington, DC: Department of Defense, March 29, 2007), 11.

216 无人机编队不需要一直与后方基地保持持续的联系：Department of Defense, Defense Science Board, *The Role of Autonomy in DoD Systems* (Washington, DC: Office of the Under Secretary of Defense for Acquisition, Technology and Logistics, 2012), 45.

216 "进攻性蜂群战术"：Timothy H. Chung, "*OFFensive Swa-*

rm-Enabled Tactics (OFFSET)," PowerPoint presentation, Defense Advanced Research Projects Agency, n.d.

216 一款名为"疯子"的系统就是一个典型例子: Randy Milbert, "*Bedlam: One Raven UAV Tracking an Evasive Ground Vehicle,*" YouTube video, 5:49, January 6, 2012, https://www.youtube.com/watch?v=1OK-NC4pg9BU; and Primordial, Inc., "*Bedlam,*" www.primordial.com/index.php/projects/bedlam.

217 2017年，美国康奈尔大学的研究人员宣布: Cornell Media Relations Office, "*Did You Catch That? Robot's Speed of Light Communication Could Protect You from Danger,*" press release, April 10, 2017, mediarelations.cornell.edu/2017/04/10/did-you-catch-that-robots-speed-of-light-communication-could-protect-you-from-danger/.

218 大约80家地方执法机构: Mark Harris, "*How Peter Thiel's Secretive Data Company Pushed into Policing,*" Wired, August 9, 2017, https://www.wired.com/story/how-peter-thiels-secretive-data-company-pushed-into-policing/.

218 该中心是以军方的作战指挥所为模板建造的: Department of Homeland Security, "*Fusion Center Locations and Contact Information,*" https://www.dhs.gov/fusion-center-locations-and-contact-information.

218 根据国土安全局最近起草的一份指南: US Department of Homeland Security, *The Role of Fusion Centers in Countering Violent Extremism: Overview,* October 2012, https://it.ojp.gov/documents/roleoffusioncentersincounteringviolentextremism_compliant.pdf.

218 与此同时，美国的许多执法部门: Ali Winston, "*Palantir Has Secretly Been Using New Orleans to Test Its Predictive Policing Technology,*" Verge, February 27, 2018, https://www.theverge.com/2018/2/27/17054740/palantir-predictive-policing-tool-new-orleans-nopd.

220 在中国，大华技术公司: "*In Your Face: China's All-Seeing State,*" BBC News, December 10, 2017, www.bbc.com/news/av/world-asia-china-42248056/in-your-face-china-s-all-seeing-state.

221 到2025年，全球将会有800亿个正在被使用的智能设备: Michael

Kanellos, "*152,000 Smart Devices Every Minute in 2025:IDC Outlines the Future of Smart Things,*" Forbes, March 3, 2016, https://www.forbes.com/sites/michaelkanellos/2016/03/03/152000-smart-devices-every-minute-in-2025-idc-outlines-the-future-of-smart-things/#160423114b63.

221 "*在这些互联的设备之间，存在着巨大且无人涉足的空间*": Office of the Under Secretary of Defense for Acquisition, Technology and Logistics, *Report of the Defense Science Board Summer Study on Autonomy* (Washington, DC: Department of Defense, June 2016), 88.

221 到 2015 年，物联网将会成为全球最强大的大规模监视基础设施: Julia Powles, "*Internet of Things: The Greatest Mass Surveillance Infrastructure Ever?*" Guardian, July 15, 2015, https://www.theguardian.com/technology/2015/jul/15/internet-of-things-mass-surveillance.

第十一章　一场恶战

225 系列纪录片《新星》: "*Rise of the Drones,*" NOVA, PBS, January 23, 2013, www.pbs.org/video/nova-rise-drones-pro/.

226 18 个月之前，加拿大温哥华的一组摄影师: "*Before the Riot Version 1,*" Gigapixel.com, June 15, 2011, www.gigapixel.com/image/giga-pan-canucks-g7.html.

226 "*即使是从最悲观的角度出发*": Jay Stanley, "*Drone 'Nightmare Scenario' Now Has a Name: ARGUS,*" Free Future (blog), ACLU, February 21, 2013, https://www.aclu.org/blog/drone-nightmare-scenario-now-has-name-argus.

226 "*我们现在的技术就是在制造噩梦*": 杰伊·斯坦利接受作者采访，2017 年 5 月 30 日。

226 PSS 公司进行了一周的监视飞行测试: Persistent Surveillance Systems, "*2013 Aerial Surveillance Project,*" PowerPoint presentation, Dayton City Commission, January 29, 2013, http://www.acluohio.org/wp-content/uploads/2013/04/2013_0206AerialAirborneSurveillanceProgramPresentationToDaytonCityCommission.pdf.

227 当这份建议书被公之于众时: ACLU Ohio, "*Warrantless Aerial Surveil-*

lance in Dayton," April 5, 2013, www.acluohio.org/archives/issue-infor-
mation/warrantless-aerial-surveillance-in-dayton.

227　杰伊·斯坦利在博客中写道：Jay Stanley, "*Ohio Aerial Surveillance
System Moving Forward Without Having to Wait for FAA Drone Rules*,"
Free Future (blog), ACLU, April 4, 2013, https://www.aclu.org/blog/
national-security/ohio-aerial-surveillance-system-moving-forward-
without-having-wait-faa-drone.

227　"尽管我们相信，有效利用这种技术确实会给我们带来一些潜在的益
处"：Jeremy P. Kelley, "*City Rejects Use of Surveillance Planes*," Day-
ton Daily News, April 17, 2013, www.daytondailynews.com/news/city-
rejects-use-surveillance-planes/FiNRlRW0gYI4hmYnZTMSiL/.

227　麦克纳特当时就非常气愤：罗斯·麦克纳特接受作者采访，2016 年 7
月 14 日。

228　据知情人透露：Kevin Rector and Luke Broadwater, "*Report of Secret Aerial
Surveillance by Baltimore Police Prompts Questions, Outrage*," Baltimore
Sun, August 24, 2016, www.baltimoresun.com/news/maryland/baltimore-city/
bs-md-ci-secret-surveillance-20160824-story. html.

228　这些限制条件可能会消失：Jay Stanley, "*Persistent Aerial Surveillance:
Do We Want to Go There, America?*" Free Future (blog), ACLU, Febru-
ary 7, 2014, https://www.aclu.org/blog/persistent-aerial-surveillance-do-
we-want-go-there-america.

228　"您是在问，我们为什么要关心个人隐私吗"：杰伊·斯坦利接受作者
采访，2017 年 5 月 30 日。

229　如果警方动用了"阿格斯"：Jake Laperruque, "*Preventing an Aerial
Panopticon over American Cities*," Richmond Law Review 51
(Spring 2017):705–26, 731, 721.

231　PSS 公司的一份文件称：Ross McNutt, "*Wide Area Surveillance and
Counter Narco-Terrorism Operations*," PowerPoint presentation,
March 6, 2012, downloaded from https://www.slideshare. net/Shadowairs/
waass-pss-counter-narco-terrorism-briefing.

232　"大家就会想，接下来会发生什么呢"：比尔·罗斯接受作者采访，

2016 年 12 月 20 日。

232 "我会第一个站出来反对它"：内森·克劳福德接受作者采访，2017年 2 月 7 日。

232 "现在和将来都会存在隐私权的问题"：迈克·梅尔曼斯接受作者接采访，2017 年 1 月 18 日。

233 "我们都热爱自由，所以我们才选择来到这个国家"：扬尼斯·安东尼亚德斯接受作者采访，2017 年 3 月 14 日。

233 内森·克劳福德向潜在客户或赞助商做演示的时候：内森·克劳福德接受作者采访，2017 年 2 月 7 日。

233 2016 年，业余音乐人、视频博主威廉·雷·沃尔特斯：Joshua Barrie, *"Man Catches 'Cheating' Wife by Filming Her Using Secret Drone,"* Mirror, November 15, 2016, www.mirror.co.uk/news/weird-news/man-catches-cheating-wife-filming-9261827.

234 "我绝对、百分之百会亲手杀了那个家伙"：*"Husband Who Used Drone to Catch Wife Cheating Confesses Homicidal Thoughts,"* Inside Edition, YouTube video, 1:52, November 16, 2016, https://www.youtube.com/watch?v=RAf0vX0fD2A.

234 沃尔特斯宣布他和妻子已经重归于好：YAOG, *"Reconciliation,"* YouTube video, 1:52, December 6, 2017, https://www.youtube.com/watch?v=zCNbrTI3Sx 4&t=1s.

234 "跟踪者梦寐以求的利器"：史蒂夫·萨达斯接受作者采访，2017 年 6 月 9 日。

235 "我没什么好隐瞒的"：理查德·尼古拉斯接受作者采访，2017 年 2 月 24 日。

235 "如果你给奶奶打个电话"：希拉·维迪雅接受作者采访，2018 年 5 月 9 日。

236 Kitware 公司的创始人比尔·霍夫曼说：比尔·霍夫曼接受作者采访，2017 年 1 月 31 日。

236 保罗·博克瑟打赌说：保罗·博克瑟接受作者采访，2016 年 9 月 8 日。

237 "必须进行一次大讨论"：比尔·罗斯接受作者采访，2016 年 12 月 20 日。

第十二章　复盘巴尔的摩谋杀案

241　麦克纳特一直在给萨姆·胡德中尉发电子邮件：Brandon Soderberg, *"Persistent Transparency:Baltimore Surveillance Plane Documents Reveal Ignored Pleas to Go Public, Who Knew About the Program, and Differing Opinions on Privacy,"* City Paper, November 1, 2016, http://www.citypaper.com/news/mobtownbeat/bcp-110216-mobs-aerial-surveillance-20161101-story.html.

242　绝大多数市议员和州议员都是从《彭博商业周刊》上的报道中知道这个监视项目的：Kevin Rector, *"Cummings: Commissioner Davis 'Apologized Profusely' for Not Disclosing Surveillance Program,"* Baltimore Sun, September 2, 2016, www.baltimoresun.com/news/maryland/crime/bs-md-ci-cummings-davis-meeting-20160902-story.html.

242　巴尔的摩市市长斯蒂芬妮·罗琳-布莱克：Kevin Rector and Luke Broadwater, *"Report of Secret Aerial Surveillance by Baltimore Police Prompts Questions, Outrage,"* Baltimore Sun, August 24, 2016, www.baltimoresun.com/news/maryland/baltimore-city/bs-md-ci-secret-surveillance-20160824-story. html

242　"我非常气愤"：Rector and Broadwater, *"Report of Secret Aerial Surveillance by Baltimore Police Prompts Questions, Outrage."*

243　卡尔·库珀是枪杀一对老夫妇的嫌疑人：Kevin Rector, *"Court Documents in Two Cases That Relied on Secret Aerial Surveillance Never Mention It,"* Baltimore Sun, August 29, 2016, www.baltimoresun.com/news/maryland/investigations/bs-md-sun-investigates-surveillance-cases-20160829-story.html.

243　杰伊·斯坦利指出：Jay Stanley, *"Baltimore Aerial Surveillance Program Retained Data Despite 45-Day Privacy Policy Limit,"* Free Future (blog), ACLU, October 25, 2016, https://www.aclu.org/blog/free-future/baltimore-aerial-surveillance-program-retained-data-despite-45-day-privacy-policy.

243　马里兰州美国公民自由联合会发表声明：WMAR Baltimore, *"Baltimore*

Police Defend Aerial Surveillance Program," August 24, 2016, available through Internet Archive at www.abc2news.com/news/region/baltimore-city/secret-aerial-surveillance-program-by-baltimore-police-sparks-criticism.

243 国会议员伊莱贾·卡明斯: Rector, *"Cummings: Commissioner Davis 'Apologized Profusely.'"* www.baltimoresun.com/news/maryland/crime/bs-md-ci-cummings-davis-meeting-20160902-story.html.

244 "过去，尤其是在其他国家，我们已经见证了这种监视行为带来的后果": Barbara Haddock Taylor, *"Baltimore Residents React to News of a Secret Baltimore Police Surveillance Project,"* Baltimore Sun, video, August 25, 2016, http://www.baltimoresun.com/news/88717085-132.html.

244 布兰登·斯科特议员指出: Rector and Broadwater, *"Report of Secret Aerial Surveillance by Baltimore Police Prompts Questions, Outrage."*

245 罗伯特·麦金托什谋杀案: Jeff Hager, *"Baltimore Aerial Surveillance Program Leads to Murder Arrest,"* ABC 2 Baltimore, August 25, 2016, https://www.abc2news.com/news/crime-checker/baltimore-city-crime/baltimore-aerial-surveillance-leads-to-murder-arrest.

246 在"社区支持计划"项目运行的最后两个月: Maryland General Assembly, Judiciary Committee, *"Briefing: Cell Site Simulator Technology."*

246 罗卡接受纽约《城市报》采访: Brandon Soderberg, *"Persistent Transparency: Baltimore Surveillance Plane Documents Reveal Ignored Pleas to Go Public, Who Knew About the Program, and Differing Opinions on Privacy,"* City Paper, November 1, 2016, http://www.citypaper.com/news/mobtownbeat/bcp-110216-mobs-aerial-surveillance-20161101-story.html.

246 史密斯向审查委员会保证: Maryland General Assembly, Judiciary Committee, *"Briefing: Cell Site Simulator Technology."*

248 警察基金会强烈建议: Police Foundation, *A Review of the Baltimore Police Department's Use of Persistent Surveillance* (Baltimore Community Support Program), 4.

249 但是，在众议院司法委员会发布了一份措辞严厉的报告后: General Assembly of Maryland, 2018 Regular Session, *"Task Force to Study Law Enforcement Surveillance Technologies,"* HB0578, February 21, 2018, mgaleg.maryland.gov/webmga/frmMain.aspx?pid=bill-page&stab=01&id=hb0578&tab=subject3&ys=2018rs.

249 "就是几个记者在那里大呼小叫":罗斯·麦克纳特接受作者采访,2016 年 12 月 5 日。

249 《巴尔的摩商务日报》发起了一个网上投票:*"Business Pulse Poll: Are You Comfortable with City Police's Surveillance Program?"* Baltimore Business Journal, 2016, https://www.bizjournals.com/baltimore/pulse/poll/are-you-comfortable-with-city-polices-surveillance-program/20446022.

249 《巴尔的摩太阳报》也发起了一个类似的投票活动:Baltimore Sun: *"BPD's Secret Surveillance [Poll],"* Baltimore Sun, August 25, 2016, www.baltimoresun.com/news/opinion/bal-bpds-secret-surveillance-poll-20160825-htmlstory.html.

250 迈阿密-戴德县政府:Carlos A. Giménez, memorandum to Honorable Chairman Esteban Bovo Jr. and Members, Board of County Commissioners, *"Resolution Ratifying the Application of the County Mayor for Grant Funds from the U.S.Department of Justice Technology Innovation for Public Safety Grant 2017,"* July 6, 2017.

251 迈阿密市市长托马斯·莱加拉多对本市的一位博客博主说:Ladra, *"Some Mayors Say 'Ay!' to County Eye in the Sky Spy Plane,"* Political Cortadito, June 5, 2017, www.politicalcortadito.com/2017/06/05/mayors-ay-spy-plane/.

251 佛罗里达州美国公民自由联合会发布了一份声明:American Civil Liberties Union, *"ACLU of Florida Statement on the Miami-Dade Police Department's Proposal for Aerial Surveillance Tools,"* June 2, 2017, https://aclufl.org/2017/06/02/aclu-of-florida-statement-on-the-miami-dade-police-departments-proposal-for-aerial-surveillance-tools/.

251 "我们非常期望自己的活动不被当地警察追踪和拍摄":Jerry Iannelli, *"Activist Groups, Local Mayors Blast MDPD's Plan to Spy on Dade with Planes,"* Miami New Times, June 6, 2017, www.miaminewtimes.com/news/activists-condemn-mdpd-wide-area-surveillance-airplane-program-over-miami-9397981.

252 "任何能够帮助降低犯罪率的事情，我都会支持": Douglas Hanks, *"Police Surveillance Would Target Northside from the Sky,"* Miami Herald, June 9, 2017, www.miamiherald.com/news/local/community/miami-dade/article155212459.html.

252 "我考虑到了反对的声音。": Douglas Hanks, *"Miami-Dade Police Dropping Plan for Blanket Surveillance from the Air,"* Miami Herald, June 13, 2017, www.miamiherald.com/news/local/community/miami-dade/article155867419.html.

252 2017 年春天，在巴尔的摩市重启"社区支持计划"的斗争中，麦克纳特再遭失败：罗斯·麦克纳特接受作者采访，2018 年 5 月 29 日。

253 麦克纳特在西蒙斯浸信会纪念教堂举办的一场宣介会：Luke Broadwater, *"A Group Is Trying to Get the Grounded Baltimore Police Surveillance Airplane Flying Again.It Can Catch Corrupt Cops,"* Baltimore Sun, February 22, 2018,www.baltimoresun.com/news/maryland/baltimore-city/bs-md-ci-police-plane-20180220-story.html.

253 威廉姆斯的想法改变了：阿亚奇·威廉姆斯接受作者采访，2018 年 5 月 24 日。

254 威廉姆斯告诉我，他个人已经开了 100 多次会议：阿亚奇·威廉姆斯接受作者采访，2018 年 5 月 24 日。

256 从俄亥俄州网络研究中心获得了一笔巨额资金：*"Dayton Tech Firm Wins Funding for 'Air Uber' System,"* Dayton Business Journal, July 16, 2018, https://www.bizjournals.com/dayton/news/2018/07/16/dayton-tech-firm-wins-funding-for-air-uber-system.html.

256 "从商业的角度看，我应该主动关掉 PSS 公司"：罗斯·麦克纳特接受作者采访，2018 年 5 月 29 日。

第十三章　当权力遇到怒火

259 "永恒的、详情的、无处不在的、能够洞察一切的监视仪器"：Michel Foucault, *Discipline & Punish: The Birth of the Prison* (New York: Vintage Books, 1995), 214.

260 窃听器问世没多久之后：Meyer Berger, *"Tapping the Wires,"* New Yorker, June 18, 1938, https://www.newyorker.com/magazine/1938/06/18/tapping-the-wires.

261 "如果你没有安全感"：史蒂夫·萨达斯接受作者采访，2017 年 6 月 9 日。

264 2016 年，在"社区支持计划"运营期间：罗斯·麦克纳特接受作者采访，2016 年 7 月 14 日。

265 其中一些车辆是否与后来发生的袭击事件存在联系：Kristin Quinn, *"A Better Toolbox,"* Trajectory magazine, November 21, 2012, trajectorymagazine.com/a-better-toolbox-2/.

265 "情报拼凑理论"：Richards I. Heuer, *"Psychology of Intelligence Analysis,"* Center for the Study of Intelligence, Central Intelligence Agency, 1999, 62.

266 "我们能够看到每一个对手的每一个意图"：US Department of Defense, Office of the Chairman of the Joint Chiefs of Staff, *Major Combat Operations-Joint Operating Concept [MCO-JOC]* (Washington, DC:US Department of Defense, September 2004), 17.

267 代顿大学的视觉实验室：维贾扬·亚沙里接受作者采访，2017 年 3 月 14 日。

267 在南非野生动物园进行的一次测试：Elizabeth Bondi, Fei Fang, Mark Hamilton, Debarun Kar, Donnabell Dmello, Jongmoo Choi, Robert Hannaford, Arvind Iyer, Lucas Joppa, Milind Tambe, and Ram Nevatia, *"SPOT Poachers in Action: Augmenting Conservation Drones with Automatic Detection in Near Real Time,"* Association for the Advancement of Artificial Intelligence, 2018, 1.

267 计算机视觉公司 Kitware：查尔斯·劳接受作者采访，2017 年 1 月 31 日。

268 美国已有几十个城市的政府：National Institute of Justice, *"Predictive Policing,"* June 9, 2014, https://www.nij.gov/topics/law-enforcement/strategies /predictive-policing/Pages/welcome.aspx.

268 许多州和行政辖区：Sam Corbett-Davies et al., *"A Computer Program Used for Bail and Sentencing Decisions Was Labeled Biased Against Blacks. It's Actually Not That Clear,"* Washington Post, October 17, 2016, https://www.washingtonpost.com/news/monkey-cage/wp/2016/10/17/can-an-algorithm-be-racist-our-analysis-is-more-cautious-than-propublicas/.

270　"麦文计划"的算法：Jack Shanahan, *"Disruption in UAS: The Algorithmic Warfare Cross Functional Team (Project Maven),"* PowerPoint presentation, Office of the Secretary of Defense, Under Secretary of Defense for Intelligence, March 20, 2018.

270　这些信心值的评判基础：Marina Altynova et al., *Analyst Performance Measures Volume II: Information Quality Tools for Persistent Surveillance Data Sets* (Air Force Materiel Command, Air Force Research Laboratory, 711th Human Performance Wing, Wright-Patterson AFB OH 45433, October 7, 2011), 49.

270　谷歌公司的在线计算机视觉服务：Google Cloud Platform, *"Cloud Vision API,"* https://cloud.google.com/vision/.

270　自动化公司 SeeQuestor 的闭路电视监控分析系统：James Temperton, *"One Nation Under CCTV: The Future of Automated Surveillance,"* Wired, August 17, 2015, www.wired.co.uk/article/one-nation-under-cctv.

271　在一篇名为《天空之眼》的文章里：Amarjot Singh, Devendra Patil, and SN Omkar, *"Eye in the Sky:Real-time Drone Surveillance System (DSS) for Violent Individuals Identification Using ScatterNet Hybrid Deep Learning Network,"* June 3, 2018, available on ArXiv at https://arxiv.org/pdf/1806.00746.pdf.

271　美军的巡洋舰：Jeremy R. Hammond, *"The 'Forgotten' US Shootdown of Iranian Airliner Flight 655,"* Foreign Policy Journal, July 3, 2017, https://www.foreignpolicyjournal.com/2017/07/03/the-forgotten-us-shoot-down-of-iranian-airliner-flight-655/.

272　又犯了类似的错误：Staff and agencies, *"Glaring Failures' Caused US to Kill RAF Crew,"* Guardian, October 31, 2006, https://www.theguardian.com/uk/2006/oct/31/military.iraq.

272　信任一旦失去，就再难建立起来：Paul D. Scharre, *"The Opportunity and Challenge of Autonomous Systems,"* in Autonomous Systems: Issues for Defence Policymakers, ed. Andrew P. Williams and Paul D. Scharre (Norfolk, VA:

NATO, Capability Engineering and Innovation Division, October 2015), 4.

274 2011年，IBM公司的人工智能机器人"沃森"参加了《危险边缘》: Henry Lieberman, *"Watson on Jeopardy,* Part 3," MIT Technology Review, February 16, 2011, https://www.technologyreview.com/s/422763/watson-on-jeopardy-part-3/.

275 黑人和拉丁裔司机被迫接受警察搜查和逮捕的概率更大: Richard Winton, *"Black and Latino Drivers Are Searched Based on Less Evidence and Are More Likely to Be Arrested, Stanford Researchers Find,"* Los Angeles Times, June 19, 2017, www.latimes.com/local/lanow/la-me-ln-stanford-minority-drive-disparties-20170619-story.html.

275 有人称赞它"设计合理": Joshua Goldman, *"Nikon CoolPix S630 Review: Nikon CoolPix S630,"* CNET, March 19, 2009, https://www.cnet.com/products/nikon-coolpix-s630/review/.

275 "有人眨眼了": Joz Wong, *"Racist Camera! No, I Did Not Blink ... I'm Just Asian!,"* Flickr, May 10, 2009, https://www.flickr.com/photos/jozjoz joz/3529106844.

276 一款"智能"网络摄像头: wzamen01, "HP Computers Are Racist," YouTube video, 2:15, December 10, 2009, https://www.youtube.com/watch?v=t4DT3tQqgRM.

276 2017年，一家名为 FaceApp的公司: *"FaceApp Sorry for 'Racist' Filter That Lightens Skin to Make Users 'Hot,'"* BBC Newsbeat, April 25, 2017, www.bbc.co.uk/newsbeat/article/39702143/faceapp-sorry-for-racist-filter-that-lightens-skin-to-make-users-hot.

276 美国联邦调查局自 2012年起开始的一项研究: Brendan F. Klare et al., *"Face Recognition Performance: Role of Demographic Information,"* IEEE Transaction on Information Forensics and Security 7, no. 6 (December 2012): 1789, cited in Clare Garvie, Alvaro M. Bedoya, and Jonathan Frankle, *"The Perpetual Line-Up: Unregulated Police Face Recognition in America,"* Georgetown Law Center on Privacy & Technology, October 18, 2016, https://www.perpetuallineup.org/.

276 几千万美国人的人脸数据中，有80%的人从未有过犯罪记录: Olivia

Solon, *"Facial Recognition Database Used by FBI Is Out of Control, House Committee Hears,"* Guardian, March 27, 2017, https://www.theguardian.com/ technology/2017/mar/27/us-facial-recognition-database-fbi-drivers-licenses-passports.

276 由 Pro Publica 主导的一项深度研究发现：Julia Angwin et al., *"Machine Bias,"* ProPublica, May 23, 2016, https://www.propublica.org/article/ machine-bias-risk-assessments-in-criminal-sentencing.

276 这种带有偏见的评估方式：Executive Office of the President, *Big Data: Seizing Opportunities, Preserving Values* (Washington, DC:White House, May 2014), 58–59, https://obamawhitehouse.archives.gov/sites/default/ files/docs/big_data_privacy_report_may_1_2014.pdf.

277 兰德公司的一组研究员进行了一次模拟测试：Osonde A. Osoba and William Welser IV, *An Intelligence in Our Image: The Risks of Bias and Errors in Artificial Intelligence* (Santa Monica, CA: RAND Corpora-tion, 2017), 3.

第十四章 "天空之眼"和人工智能的规则

279 2007 年，美国国土安全局设立了一个项目：Jay Stanley, *"A Company Announces Its Intent to Create World's Newest Privacy Nightmare,"* ACLU Blog, April 23, 2018, https://www.aclu.org/blog/privacy-technology/sur-veillance-technologies/company-announces-its-intent-create-worlds-new-est.

280 巴尔的摩市警察局找到了法律基础：Baltimore Police Department, *"Memorandum of Law in Support of Constitutionality of Wide Airborne Surveillance."*

280 全美大约有 600 家警察局拥有无人机：Dan Gettinger, *"Public Safety Drones: An Up-date,"* Center for the Study of the Drone, May 28, 2018, https://dronecenter.bard.edu/public-safety-drones-update/.

282 以智利首都圣地亚哥市为例：Derechos Digitales, *"Lo que la Corte Supre-ma no comprende sobre los globos de televigilanci*a," June 8, 2016, https://

www.derechosdigitales.org/10051/lo-que-la-corte-suprema-no-comprende-sobre-los-globos-de-televigilancia/.

282 该国的宪法：Comparative Constitutions Project, *Chile's Constitution of 1980 with Amendments Through 2015*, https://www.constituteproject.org/constitution/Chile_2015.pdf?lang=en, p. 9.

282 "显然，生活在气球之下的人们"：Derechos Digitales, "*Lo que la Corte Suprema no comprende sobre los globos de televigilancia.*"

283 20 世纪 30 年代，立法者刚刚强行禁止无授权的电话监听后不久：Meyer Berger, "*Tapping the Wires*," New Yorker, June 18, 1938, https://www.newyorker.com/magazine/1938/06/18/tapping-the-wires.

283 一个或多个摄像机：Rahul Thakkar, ed., *A Primer for Dissemination Services for Wide Area Motion Imagery*, OGC 12-077r1 (Wayland, MA: Open Geospatial Consortium, 2012), 7.

284 直到 2017年，美国国会才就"刺鳐"手机追踪器的管理进行了论证：Erin Kelly, "*Bipartisan Bill Seeks Warrants for Police Use of 'Stingray' Cell Trackers*," USA Today, February 15, 2017, https://www.usatoday.com/story/news/politics/onpolitics/2017/ 02/15/bipartisan-bill-seeks-warrants-police-use-stingray-cell-trackers/97954214/.

284 直到 2015 年也未明确使用该设备的机构是否需要先取得授权：Ellen Nakashima, "*FBI Clarifies Rules on Secretive Cellphone-Tracking Devices*," Washington Post, May 14, 2015, https://www.washingtonpost.com/world/national-security/fbi-clarifies-rules-on-secretive-cellphone-tracking-devices/2015/05/14/655b4696-f914-11e4-a13c-193b1241d51a_story.html?utm_term=.552514416d93.

286 2005 年前后，纽约市警察局：Adam Goldman and Matt Apuzzo, "*With Cameras, Informants, NYPD Eyed Mosques*," Associated Press, February 23, 2012, https://www.ap.org/ap-in-the-news/2012/with-cameras-informants-nypd-eyed-mosques.

286 2016 年巴西政府斥资 750 万美元购买了 4 个巨大的飞艇：Juanma Rubio, "*Brasil invierte 7,1 mil- lones en cuatro globos de seguridad.Esta tecnologia salta al mundo civil un sistema utilizado en Iraky Afganistán*,"

AS.com, August 1, 2016, https://as.com/masdeporte/2016/08/01/juegoso-
limpicos/1470016907_654948.html.

286 4 个气艇中的两个靠发电机提供动力：*"Balões de Vigilância — Jogos
Olímpicos Rio 2016,"* Konatus, March 2, 2017, http://www. konatus.com.
br/baloes-de-vigilancia-jogos-olimpicos-rio-2016/.

287 根据洛戈斯科技公司总裁约翰·马里昂的说法：约翰·马里昂接受作
者采访，2017 年 2 月 10 日。

287 2004 年，纽约市警察局：Kim Zetter, *"What an NYPD Spy Copter Re-
veals About the FBI's Spy Planes,"* Wired, June 5, 2015, https://www.wired.
com/2015/06/fbi-not-alone-in-operating-secret-spycraft/.

289 2010 年和 2012 年出现过两起判例：Orin Kerr, *"DC Circuit Introduces
'Mosaic Theory' of Fourth Amendment, Holds GPS Monitoring a Fourth
Amendment Search,"* Volokh Conspiracy, August 6, 2010, volokh.
com/2010/08/06/d-c-circuit-introduces-mosaic-theory-of-fourth-amend-
ment-holds-gps-monitoring-a-fourth-amendment-search/.

290 在卡彭特诉美国案中：Carpenter v. United States, No. 16-402, 585 U.S.
(2018).

290 该研究始于 2015年：Richard M. Thompson II, *Domestic Drones and
Privacy: A Primer* (Washington, DC: Congressional Research Service,
March 30, 2015), 6.

292 谷歌公司用于计算主要道路车流状况的手机追踪系统已经做了这一
点：Dave Barth, *"The Bright Side of Sitting in Traffic: Crowdsourcing Road
Congestion Data,"* Google Official Blog, August 25, 2009, https://googleblog.
blogspot.com/2009/08/bright-side-of-sitting-in-traffic.html.

297 韦斯莱先生说道：Greg Zacharias, *"Air Force Future Operating Concept:
Implications for Autonomy,"* PowerPoint presentation, Mitchell Institute,
Portland, ME, May 17, 2016.

297 可阐释人工智能项目：David Gunning, *"Explainable Artificial Intelligence
(XAI),"* PowerPoint presentation, Defense Advanced Research Projects
Agency, November 2017.

298 我就此事向查尔斯·布兰查德征求意见：查尔斯·布兰查德接受作者

采访，2017 年 7 月 26 日。

300 连微软这样的公司：Brad Smith, "*Facial Recognition Technology: The Need for Public Regulation and Corporate Responsibility*," Official Microsoft Blog, July 13, 2018, https://blogs.microsoft.com/on-the-issues/2018/07/13/facial-recognition-technology-the-need-for-public-regulation-and-corporate-responsibility/.

301 2014 年，白宫的一个特别工作组：Executive Office of the President, *Big Data: Seizing Opportunities, Preserving Values* (Washington, DC: White House, May 2014), https://obamawhitehouse.archives.gov/sites/default/files/docs/big_data_privacy_report_may_1_2014.pdf, p. 5.

301 美国已有几十个镇和县通过了具有约束力的法规：D. J. Pangburn, "*Berkeley Mayor: We Passed the 'Strongest' Police Surveillance Law*," Fast Company, April 24, 2018, https://www.fastcompany.com/40558647/berkeley-mayor-we-passed-the-strongest-police-surveillance-law.

301 2017 年，纽约州通过了一项法案：Roshan Abraham, "*New York City Passes Bill to Study Biases in Algorithms Used by the City*," Motherboard, December 19, 2017, https://motherboard.vice.com/en_us/article/xw4xdw/new-york-city-algorithmic-bias-bill-law.